Entscheidungsprozess zur kontinuierlichen Gestaltung von Produktionsnetzwerken

Decision Making Process for the Continuous Design of Global Production Networks

Von der Fakultät für Maschinenwesen
der Rheinisch-Westfälischen Technischen Hochschule Aachen
zur Erlangung des akademischen Grades eines
Doktors der Ingenieurwissenschaften
genehmigte Dissertation

vorgelegt von

Andreas Gützlaff

Berichter/in:

Univ.-Prof. Dr.-Ing. Dipl.-Wirt. Ing. Günther Schuh
apl. Professor Dr.-Ing. Wolfgang Boos

Tag der mündlichen Prüfung: 24. November 2021

ERGEBNISSE AUS DER PRODUKTIONSTECHNIK

Andreas Gützlaff

Entscheidungsprozess zur kontinuierlichen Gestaltung von Produktionsnetzwerken

Herausgeber:
Prof. Dr.-Ing. T. Bergs
Prof. Dr.-Ing. Dipl.-Wirt. Ing. G. Schuh
Prof. Dr.-Ing. C. Brecher
Prof. Dr.-Ing. R. H. Schmitt

Band 14/2022

WZL | RWTH AACHEN UNIVERSITY

Fraunhofer
IPT

Bibliografische Information der Deutschen Nationalbibliothek
Die Deutsche Nationalbibliothek verzeichnet diese Publikation in der Deutschen Nationalbibliografie; detaillierte bibliografische Daten sind im Internet über https://portal.dnb.de abrufbar.

Andreas Gützlaff:

Entscheidungsprozess zur kontinuierlichen Gestaltung von Produktionsnetzwerken

1. Auflage, 2022

Gedruckt auf holz- und säurefreiem Papier, 100% chlorfrei gebleicht.

Apprimus Verlag, Aachen, 2022
Wissenschaftsverlag des Instituts für Industriekommunikation und Fachmedien an der RWTH Aachen
Steinbachstr. 25, 52074 Aachen
Internet: www.apprimus-verlag.de, E-Mail: info@apprimus-verlag.de

Druck: CPI Druckdienstleistungen GmbH, Ferdinand-Jühlke-Straße 7 | 99095 Erfurt

ISBN 978-3-98555-058-6

D 82 (Diss. RWTH Aachen University, 2021)

Vorwort

Die vorliegende Dissertation entstand während meiner Tätigkeit als wissenschaftlicher Mitarbeiter am Lehrstuhl für Produktionssystematik des Werkzeugmaschinenlabors WZL der RWTH Aachen. Für die Möglichkeit, in diesem Umfeld lernen und mein Promotionsvorhaben realisieren zu können, gilt mein besonderer Dank Herrn Professor Günther Schuh. Seine Unterstützung und sein Vertrauen in meine Arbeit haben wesentlich zum Gelingen dieser Dissertation beigetragen. Für die Übernahme des Koreferats möchte ich Professor Wolfgang Boos danken. Herrn Professor Bernd Markert danke ich für die Übernahme des Prüfungsvorsitzes und Herrn Professor Manfred Wirsum für die Annahme des Prüfungsbeisitzes.

Herzlich bedanken möchte ich mich ebenfalls bei allen ehemaligen und heutigen Kolleginnen, Kollegen und Freunden am WZL. Eure konstruktive Zusammenarbeit, der fachliche Austausch, die Kollegialität auch in intensiven Projektphasen und die gemeinsamen Aktivitäten nach Feierabend bleiben unvergesslich! Besonders bedanken möchte ich mich bei Stephan Schmitz für das Heranführen an wissenschaftliches Arbeiten und Sven Cremer für den Austausch im Rahmen der Konzeptentwicklung. Für den großartigen Einsatz und die gute Zusammenarbeit danke ich meinen studentischen Mitarbeitenden Charlotte Wolf, Sebastian Henk, Mathis Niederau, Nicolas Kremer und Martin Benfer.

Mein tiefster Dank gilt meiner Familie, allen voran meinen Eltern Monika und Tony. Eure Unterstützung, euer Rückhalt und euer Vertrauen haben es mir ermöglich, diesen Weg einzuschlagen. Natalie, dir danke ich von Herzen für deinen unermüdlichen Rückhalt, dein Vertrauen und deine „Ungeduld“, diese Arbeit fertig zu stellen. Frederic, dir danke ich für dein herzliches Lachen und deine lebhafte Art, die die Fertigstellung dieser Arbeit begleitet haben. Louis, ich freue mich darauf, dich bald kennen zu lernen.

Aachen, im Dezember 2021
Andreas Gützlaff

Zusammenfassung

Unternehmen streben durch Produktionsnetzwerke Wettbewerbsvorteile wie Markterschließung, Kosteneinsparungen oder Zugang zu neuen Technologien an. Im Laufe der Zeit entstehen aber häufig aufgrund der Nutzung lokaler Opportunitäten in Kombination mit einer unstrukturierten Entwicklung des Gesamtnetzwerks historisch gewachsene Strukturen, die weit hinter dem Potenzial des Produktionsnetzwerks zurückbleiben. Eine kontinuierliche Gestaltung mittels Bewertung aller Einzelanpassungen im Netzwerk aus Perspektive des Gesamtunternehmens wird jedoch oft als zu aufwendig eingeschätzt.

Die Analyse bestehender Netzwerkgestaltungsansätze zeigt, dass zwar eine Vielzahl an Vorgehen existieren, diese jedoch häufig nur auf einzelne Fragestellungen der Netzwerkgestaltung anwendbar und in der Umsetzung aufwendig sind. In der Regel wird erst zum Ende des Entscheidungsprozesses deutlich, welche Informationen und Einflussfaktoren wirklich relevant für die Entscheidungsfindung sind; außerdem ist der Entscheidungsprozess für die Entscheidungsträger kaum nachvollziehbar. Die übergeordnete Forschungsfrage der vorliegenden Arbeit lautet somit: Wie kann ein aufwandsgerechter und transparenter Entscheidungsprozess zur kontinuierlichen Gestaltung von Produktionsnetzwerken gestaltet werden?

Zur Beantwortung dieser Frage entwickelt der Autor eine Gestaltungsmethodik, die auf drei Kernideen basiert: Erstens sorgen Standardelemente bei Vorgehen, Modellierung, Berechnung und Visualisierung für einen transparenten, leicht nachvollziehbaren Prozess. Zweitens verkürzt die frühzeitige Identifikation der Haupteinflussfaktoren auf die Entscheidung die Informationsbeschaffung. Drittens ermöglicht ein agiler Prozess die enge Einbindung von Entscheidungsträgern in den Prozess, ohne sie zu stark zeitlich zu binden.

Summary

Companies seek competitive advantages such as market development, cost savings or access to new technologies through production networks. Over time, however, the exploitation of local opportunities in combination with an unstructured development of the overall network often results in so-called historically grown structures that fall far short of the potential of the production network. Continuous design by evaluating all individual adjustments in the network from the perspective of the overall company is often considered too costly.

The analysis of existing design approaches shows that although a variety of approaches exist, they are often only applicable to individual issues of network design and are costly to implement. Often, it only becomes clear at the end of the decision-making process which information and influencing factors are really relevant for decision-making, and in some cases the decision-making process is hardly comprehensible for the decision-makers. Thus, the overarching research question is how to design an effortful and transparent decision-making process for the continuous design of production networks.

To answer this question, the author develops a design methodology based on three core ideas: First, standard elements in approach, modeling, calculation, and visualization ensure a transparent, easy-to-follow process. Second, early identification of the main factors influencing the decision shortens the information gathering process. Third, an agile process enables decision-makers to be closely involved in the process without tying up too much time.

Inhaltsübersicht

Inhaltsverzeichnis

Abbildungsverzeichnis

Formelverzeichnis

Formelzeichen

μ	Wachstumsparameter
σ	Standardabweichung der Normalverteilung
σ_a	Standardabweichung der aleatorischen Unsicherheit
σ_e	Standardabweichung der epistemischen Unsicherheit
A_0	Anschaffungsauszahlung zum Zeitpunkt t = 0
Abschreibungen	Kalkulatorische Abschreibungen pro Jahr
AnzAuf	Anzahl Aufträge
AnzNF	Anzahl Nachfragen
$AnzNF_{sofort}$	Anzahl sofort befriedigter Nachfragen
apa	Erwartete jährliche Entwicklung des Ausgangswerts
A_t	Auszahlung zum Zeitpunkt t
$C_{cust, l}$	Summe der Zollkosten je Verbindung
$C_{fix, j}$	Summe der Fixkosten eines Standorts
$C_{Standort,j}$	Summe der Basiskosten eines Standorts
C_{total}	Total Landed Cost
$C_{trans, l}$	Summe der Transportkosten je Verbindung
$C_{var, j}$	Summe der variablen Kosten eines Standorts
$EBITDA_{t,a}$	EBITDA der Alternative a zum Zeitpunkt t
$EBITDA_{t,sq}$	EBITDA der Ausgangssituation zum Zeitpunkt t
EF (t)	Einflussfaktor zum Zeitpunkt t
E_t	Einzahlung zum Zeitpunkt t
$EZÜ_t$	Einzahlungsüberschuss zum Zeitpunkt t
Gewinn	Durchschnittlicher Gewinn pro Jahr
i	Diskontierungszinssatz
j	Standort
k	Diskrete Variable zur Festlegung des Kundenkopplungspunkts
l	Transportverbindung

L, L^T	Mittels Cholesky-Zerlegung bestimmte Dreieckmatrize einer Korrelationsmatrix
LT	Liefertreue
LTA	Lieferterminabweichung
LTA_{OG}	Obergrenze für die zulässige Lieferterminabweichung
LTA_{UG}	Untergrenze für die zulässige Lieferterminabweichung
n	Nutzungsdauer des Investitionsobjekts (Jahre)
p	Produktfamilie
P	Korrelationsmatrix zur Modellierung der Korrelation von Einflussfaktoren
r	Interner Zinssatz
s	Standort
S_0	Ausgangswert eines arithmetischen Random Walk zum Zeitpunkt 0
SG	Servicegrad
snv	Standardnormalverteilte Zufallszahl
S_t	Wert eines arithmetischen Random Walk zum Zeitpunkt t
t	Jahresindex
$t \in \mathbb{N}_0$	Zeitpunkt
TAA	Abgangsterminabweichung
TAA_{OG}	Obergrenze für die zulässige Abgangsterminabweichung
TAA_{UG}	Untergrenze für die zulässige Abgangsterminabweichung
TT	Termintreue [%]
u	Technologie
WACC	Gewichtete durchschnittliche Kapitalkosten
x_0	Ausgangswert zum Zeitpunkt t_0
z	Faktor zur Festlegung der Intervallgrenze von arithmetischen Random Walks

Abkürzungsverzeichnis

%	Prozent
€	Euro
AHP	Analytischer Hierarchieprozess
DFG	Deutsche Forschungsgemeinschaft
EBIT	Earnings before interest and taxes
EBITDA	Earnings before interest, taxes, depreciation and amortisation
ERP	Enterprise-Resource-Planning
et al.	et alii / et aliae
etc.	et cetera
I.A.a. / i.A.a.	In Anlehung an / in Anlehnung an
i.d.R.	in der Regel
i.e.S.	im engeren Sinne
Kap.	Kapitel
MCS	Monte-Carlo-Simulation
MES	Manufacturing Execution System
Mio	Millionen
o.V.	ohne Verfasser
OEM	Original Equipment Manufacturer
PT	Personentag / Personentage
RWTH	Rheinisch-Westfälische Technische Hochschule
Vgl. / vgl.	Vergleiche / vergleiche
WACC	Weighted Average Cost of Capital
WZL	Werkzeugmaschinenlabor WZL der RWTH Aachen
z.B.	zum Beispiel

1 Einleitung

1.1 Ausgangssituation

Globale Wertschöpfungsketten stellen nach Aussage einer Studie der Weltbank das Rückgrat und zentrale Nervensystem der Weltwirtschaft dar.[1] Sie machen knapp zwei Drittel des internationalen Handels aus.[2] Insbesondere der Anteil an Halbzeugen am Welthandel hat dabei in den letzten zwanzig Jahren stark zugenommen. Die Supply Chains produzierender Unternehmen werden zunehmend international.[3] Neben seit Jahrzehnten international operierenden Großkonzernen ist diese Entwicklung in Deutschland auch bei mittelständischen Unternehmen zu beobachten, die sich durch Spezialisierung zu Weltmarktführern in ihrem Segment etablieren konnten.[4] Die Ausweitung globaler Produktionsnetzwerke zeigt sich darin, dass Unternehmen global deutlich mehr Standorte aufbauen als schließen.[5] Hauptgrund für die Standortverlagerungen sind Anpassungen an eine veränderte Marktsituation. Daneben spielen aber auch Kostenpotenziale und Zugang zu Wissen und Technologien eine entscheidende Rolle.[6] Neben der zunehmenden Anzahl an Standorten werden an den Standorten selbst zunehmend mehr Produktvarianten gefertigt, die gleichzeitig einen kürzeren Lebenszyklus haben.[7]

Durch die globale Verteilung der Wertschöpfung und die zunehmende Produktkomplexität zählen Produktionsnetzwerke heute zu den komplexesten und dynamischsten menschengeschaffenen Systemen.[8] Sie werden aus drei verschiedenen Perspektiven geplant und verändert: der Produkt-, der Standort- und der Netzwerkperspektive.[9] Aus Produktsicht führen die Allokation neuer Produkte, das

---

1 Vgl. Staritz, Gereffi et al. (2010) Global value chains in a postcrisis world, S. 7
2 Vgl. Felbermayr, Sandkamp et al. (2020) Lieferketten in der Zeit nach Corona, S. 11
3 Vgl. Ferdows (2018) Keeping up with growing complexity of managing global operations, S. 394 f.
4 Vgl. Lanza, Ferdows et al. (2019) Global Production Networks: Design and Operation, S. 823
5 Vgl. Schuh, Reuter et al. (2016) Gestaltung von globalen Produktionsnetzwerken, S. 10
6 Vgl. Lanza, Ferdows et al. (2019) Global Production Networks: Design and Operation, S. 828
7 Vgl. Roland Berger Strategie Consultants (2012) Mastering product complexity, S. 5
8 Vgl. Váncza (2016) Production Networks, S. 1
9 Vgl. Schuh, Prote et al. (2018) Continuous Production Network Design, S. 251

Ausphasen von Produkten und veränderliche Produktionsmengen im Rahmen des Produktlebenszyklus zu Veränderungen des Erzeugnisprogramms. Aus Standortperspektive werden für das jeweilige Erzeugnisprogramm und die lokalen Gegebenheiten des Standorts geeignete Technologien und Automatisierungsgrade der Produktionsanlagen bestimmt. Außerdem werden aus dieser Perspektive Layout und Ablaufprinzipen festgelegt. Durch den begrenzten Betrachtungsbereich beider Perspektiven führen diese Planungsmaßnahmen, obwohl für sich gesehen häufig optimal, aus Unternehmenssicht oft zu suboptimalen Strukturen des Gesamtnetzwerks.[10] Diese werden häufig auch als historisch gewachsene Strukturen bezeichnet.[11] Die Planung aus Netzwerkperspektive wirkt diesen Strukturen entgegen, indem sie sich mit der Öffnung neuer und der Schließung unrentabler Standorte sowie mit der Verteilung der Wertschöpfung im Netzwerk beschäftigt. In vielen Unternehmen findet die Netzwerkgestaltung jedoch nur unregelmäßig und aus einem akuten Handlungsbedarf heraus statt.[12] Studien zeigen, dass Produktionsnetzwerke dadurch häufig ein deutliches Optimierungspotenzial aufweisen, während Unternehmen mit einer systematischen, netzwerkweiten Produktionsstrategie eine höhere Umsatzrendite aufweisen.[13]

Eine kontinuierliche Gestaltung des Produktionsnetzwerks ist erforderlich, um der unstrukturierten und in Teilen zufälligen Entwicklung von Produktionsnetzwerken entgegenzuwirken.[14] Während es in der Literatur erste Ansätze zur kontinuierlichen Gestaltung von Produktionsnetzwerken gibt, stellt insbesondere die Synchronisation der einzelnen Entscheidungen aus Gesamtunternehmensperspektive eine große Herausforderung dar.[15] Aufgrund der hohen Komplexität von Produktionsnetzwerken blenden bestehende Ansätze zu Allokations- und Investitionsentscheidungen häufig aus Gesamtnetzwerksicht relevante Teilaspekte aus (vgl. Kapitel 3). Gleichzeitig eignen sich Ansätze zur Gesamtnetzwerkoptimierung aufgrund des erforderlichen Aufwands nicht für die kontinuierliche Anwendung auf alle Allokations- und Investitionsentscheidungen.[16] Zur Reduktion des Aufwands in der

---

[10] Vgl. Schuh, Prote et al. (2019) Handling Uncertainties in Production Network Design, S. 43

[11] Vgl. Lanza, Ferdows et al. (2019) Global Production Networks: Design and Operation, S. 823

[12] Vgl. Schuh, Reuter et al. (2016) Gestaltung von globalen Produktionsnetzwerken, S. 18

[13] Vgl. Abele, Meyer et al. (2008) Global Production, S. 1; Demeter (2003) Manufacturing strategy and competitiveness, S. 205

[14] Vgl. Schuh, Prote et al. (2017) Reference process for the continuous design of production networks, S. 499

[15] Vgl. Cheng, Farooq et al. (2015) International manufacturing network, S. 411

[16] Vgl. Schuh, Prote et al. (2018) Continuous Production Network Design, S. 248

Entscheidungsfindung kommen bei bestehenden Ansätzen häufig Optimierungen oder Heuristiken zum Einsatz, die mit deterministischen Modellen arbeiten.[17] Bei diesen wird im Gegensatz zu stochastischen Modellen ein gesicherter Informationsstand für die Ausgangssituation und die Entwicklung von Einflussgrößen und Parametern modelliert.[18] In der Praxis sind diese Ansätze aus zwei Gründen unzureichend: Zum einen ist die Beschaffung von Informationen immer mit einem Aufwand verbunden.[19] Aufwandsarme Entscheidungen können nicht beliebig viel Zeit und Aufwand in die Informationsbeschaffung investieren, ein Fokus auf die wichtigsten Aspekte ist erforderlich.[20] Zum anderen ist die Zukunft nicht exakt vorhersehbar.[21] Bei Entscheidungen mit unsicher Zukunftsentwicklung ist daher die Beachtung von Entwicklungsmöglichkeiten und ihrer Eintrittswahrscheinlichkeit erforderlich.[22] Die Berücksichtigung möglicher Zukunftsentwicklungen erzeugt allerdings ebenfalls Aufwand und Komplexität.[23] Bei Entscheidungsprozessen im Rahmen einer kontinuierlichen Produktionsnetzwerkgestaltung liegt somit ein Zielkonflikt zwischen Aufwand und Genauigkeit vor.

Die Vermeidung einer detaillierten Betrachtung von Unsicherheit in Entscheidungssituationen liegt in der Praxis aber nicht nur im Aufwand begründet. Gerade bei komplexen Entscheidungssituationen sind Menschen in ihrem Entscheidungsverhalten nicht immer streng rational.[24] Sie weisen Sicherheit einen besonderen Wert zu und sind häufig verlustavers. Das bedeutet, sie bewerten Verluste stärker als Gewinne gleicher Höhe. Gleichzeitig lassen sie sich in ihrer Entscheidungsfindung von der Darstellung der Ergebnisse beeinflussen.[25] Der Darstellung von Gestaltungsalternativen des Produktionsnetzwerks ist daher eine besondere Bedeutung beizumessen.

Zusammenfassend bedarf es einer Methode, die einzelne Investitions- und Allokationsentscheidungen im Produktionsnetzwerk ebenso wie Standortentscheidungen unterstützt. Der Entscheidungsprozess muss dabei auf der

---

[17] Vgl. Sager (2019) Konfiguration globaler Produktionsnetzwerke, S. 99

[18] Vgl. Domschke, Drexl et al. (2015) Einführung in Operations Research, S. 7

[19] Vgl. Kaplan, Cooper (1999) Prozesskostenrechnung als Managementinstrument, S. 140

[20] Vgl. Spetzler (2016) Decision quality, S. 66

[21] Vgl. Brunnberg (2018) Kapitalmarktkommunikation und Finanzanalysten, S. 80

[22] Vgl. Spetzler (2016) Decision quality, S. 78

[23] Vgl. Sager (2019) Konfiguration globaler Produktionsnetzwerke, S. 63

[24] Vgl. Laux, Gillenkirch et al. (2018) Entscheidungstheorie, S. 155

[25] Vgl. Laux, Gillenkirch et al. (2018) Entscheidungstheorie, S. 173

einen Seite so aufwandsarm gestaltet sein, dass alle Einzelentscheidungen im Netzwerkzusammenhang getroffen werden können. Dadurch wird eine kontinuierliche Gestaltung des Netzwerks ermöglicht. Ebenso muss er die Unsicherheit der Entscheidungssituation akkurat abbilden und transparent darstellen, um gute Entscheidungen zu ermöglichen. Denn Entscheidungen im Rahmen der Produktionsnetzwerkgestaltung sind in der Regel investitionsintensiv und schwer oder gar nicht revidierbar.[26]

1.2 Ziel der Arbeit

Das übergeordnete Ziel dieser Arbeit ist es, einen Beitrag zur kontinuierlichen Gestaltung von Produktionsnetzwerken zu leisten. Der Fokus liegt dabei auf der Verkürzung von Entscheidungsprozessen durch eine zielgerichtete Eingrenzung des Betrachtungsbereichs und die Auswahl geeigneter Modellierungsmöglichkeiten zur Szenarioerstellung. Diese Aspekte lassen sich wie folgt zusammenfassen:

> Ziel des Forschungsvorhabens ist die Entwicklung eines anwendungsorientierten Entscheidungsprozesses zur kontinuierlichen Gestaltung von Produktionsnetzwerken, der unter Berücksichtigung der Entscheidungsqualität mit möglichst geringem Aufwand eine Entscheidung aus unternehmerischer Perspektive ermöglicht.

Um dieses Ziel zur erreichen, wird eine Methodik entwickelt, die Entscheidungen zur Allokation von Produktion, zur Standorteröffnung und -schließung und zur Investition in Standorte berücksichtigt. Die Methodik setzt sich aus vier Teilmodellen zusammen:

- Einem Beschreibungsmodell für die eindeutige Darstellung von Gestaltungsalternativen und die Auswahl des Betrachtungsbereichs
- Einem Erklärungsmodell zur transparenten Darstellung der Auswirkung von Einflussfaktoren auf die Bewertungssituation der Alternativen
- Einem Entscheidungsmodell zur Auswahl von Gestaltungsalternativen unter Unsicherheit
- Einem Gestaltungsmodell zur Durchführung von Entscheidungsprozessen zur Netzwerkgestaltung

[26] Vgl. Balderjahn (2000) Standortmarketing, S. 13

Gemäß der explorativen Forschung nach KUBICEK zur erfahrungsgestützten Theorienbildung sind zur Absicherung des Forschungsprozesses Fragen an die Realität zu formulieren.[27] Aus der einleitenden Motivation und der Zielstellung der Arbeit lässt sich folgende zentrale Forschungsfrage ableiten:

Wie können Entscheidungsprozesse zur Anpassung des Produktionsnetzwerks aufwandsgerecht gestaltet und Entscheidungen aus gesamtunternehmerischer Perspektive getroffen werden?

Durch Beantwortung der Forschungsfrage soll es produzierenden Unternehmen ermöglicht werden, die Entscheidungsgeschwindigkeit und -qualität ihrer Netzwerkgestaltung zu erhöhen. Mittels zielgerichteter und aufwandsgerechter Methoden wird dazu Unsicherheit in der Entscheidungsfindung systematisch erkannt und reduziert. Die Transparenz im Entscheidungsprozess soll erhöht und der Aufwand reduziert werden, um eine kontinuierliche Netzwerkgestaltung zu ermöglichen. Die vorliegende Arbeit leistet damit einen wissenschaftlichen Beitrag zu dem von der Deutschen Forschungsgemeinschaft (DFG) geförderten Exzellenzcluster „Internet of Production" (Projekt-ID: 390621612) der RWTH Aachen.

1.3 Forschungsmethodischer Rahmen der Arbeit

Die Zielstellung dieser Arbeit ist durch die Tätigkeiten des Autors als wissenschaftlicher Mitarbeiter und Leiter der Gruppe „Globale Produktion" am Werkzeugmaschinenlabor WZL der RWTH Aachen im Rahmen zahlreicher Beratungsprojekte bei Unternehmen der produzierenden Industrie entstanden. Damit ist sie im Bereich der Ingenieurwissenschaften angesiedelt und steht in einem direkten Praxiszusammenhang, wie in Kapitel 2.4 weitergehend erläutert wird. Als „angewandte" Wissenschaft wird dabei ein Entscheidungsprozess zur Analyse menschlicher Gestaltungsalternativen unter Berücksichtigung natur- und technikwissenschaftlicher Erklärungsmodelle gebildet.[28]

Bei diesem praxisorientieren Ansatz steht nicht das Absichern von Erkenntnissen, sondern die Identifikation geeigneter Instrumente zur Beherrschung der Realität im

---

[27] Vgl. Kubicek (1976) Heuristische Bezugsrahmen, S. 12 ff.

[28] Vgl. Ulrich, Hill (1976) Wissenschaftstheoretische Grundlagen, S. 305; Kornwachs (2013) Technikwissenschaften, S. 22

Fokus. Das Formulieren deskriptiver Ursache-Wirkungs-Relationen reicht dazu nicht aus. Vielmehr bedarf es der Ermittlung konkreter Ziel-Mittel-Relationen. Die Auswahl der Mittel erfolgt nicht rein deduktiv durch eine logisch beweisbare Schlussweise, sondern abduktiv durch das Schließen von Teileigenschaften auf die Gesamteigenschaften. Maßstab für die Auswahl der Mittel sind konsistente Effektivität und Effizienz, was durch Experimente und Tests validiert werden muss.[29]

Durch die Zielorientierung des Ansatzes erfolgt jedoch auch immer eine Wertung des Autors, wodurch das gewonnene Wissen nicht mehr rein deskriptiv, sondern normativ ist.[30] Zur Begrenzung der Subjektivität werden nachfolgend das zugrunde liegende Vorverständnis des Autors und das methodische Vorgehen dargestellt.[31]

Die Darstellung des Vorverständnisses folgt der iterativen Heuristik nach KUBICEK.[32] Die Formulierung einer zentralen Forschungsfrage, wie sie für diese Arbeit in Kapitel 1.2 dargestellt wurde, stellt demnach ein Abbild des Vorverständnisses des Forschers dar. Sie dient als Ausgangspunkt für die Gewinnung neuer Fragen, die das Verständnis erweitern. Zur Ableitung dieser Fragen wird ein heuristischer Bezugsrahmen definiert, der die im Problemkontext vorhandenen Kategorien und Analyseeinheiten in Beziehung zueinander setzt. Er bildet damit die theoretische Perspektive des Forschers auf die Forschungsfrage und bewirkt die Explizierung des Vorverständnisses. Der heuristische Bezugsrahmen für die vorliegende Dissertation ist in Abbildung 1-1 dargestellt.

---

[29] Vgl. Kornwachs (2013) Technikwissenschaften, S. 22

[30] Vgl. Kornwachs (2013) Technikwissenschaften, S. 22; Binder, Kantowsky (1996) Technologiepotentiale, S. 3

[31] Vgl. Ulrich, Hill (1976) Wissenschaftstheoretische Grundlagen, S. 306

[32] Vgl. Kubicek (1976) Heuristische Bezugsrahmen, S. 14

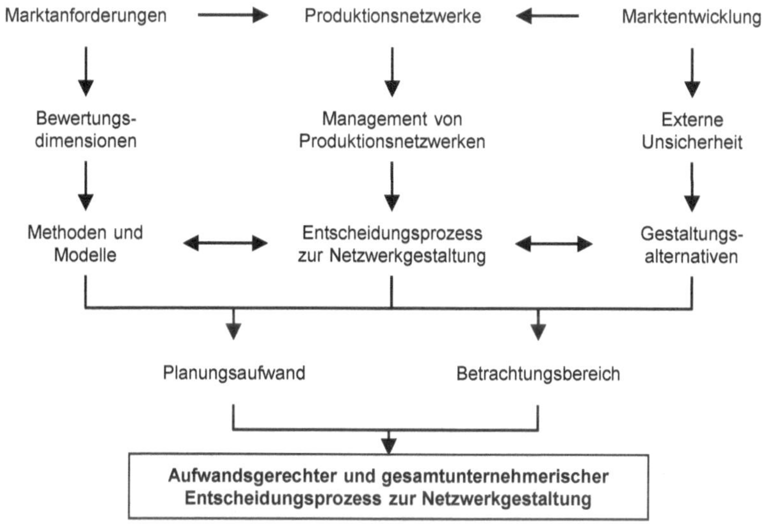

Abbildung 1-1: Heuristischer Bezugsrahmen

Auf Basis der in Kapitel 1.2 formulierten Teilziele, der übergeordneten Forschungsfrage und des heuristischen Bezugsrahmens leiten sich folgende Teilforschungsfragen ab:

- Wie lassen sich Alternativen zur Anpassung des Produktionsnetzwerks aufwandsarm und eindeutig beschreiben?
- Mittels welcher Methoden und Modelle lassen sich effizient bewertungsrelevante Einflussfaktoren unter Berücksichtigung von Unsicherheit ermitteln?
- Wie lassen sich Alternativen unter Unsicherheit transparent und gesamtunternehmerisch bewerten?
- Wie lassen sich Entscheidungsprozesse zur Netzwerkgestaltung transparent und aufwandsgerecht gestalten?

Der Erkenntnisgewinn zur Beantwortung dieser Forschungsfragen orientiert sich an dem explorativen Forschungszyklus nach TOMCZAK (vgl. Abbildung 1-2).[33] Auf Basis des dargestellten Vorverständnisses und der daraus abgeleiteten Fragen an die Realität werden Daten gesammelt und analysiert. Durch diese entsteht ein neues Abbild der

[33] Vgl. Tomczak (1992) Forschungsmethoden, S. 84

Realität, das kritisch zu prüfen und mit dem theoretischen Verständnis abzugleichen ist. Durch Abstraktion und Perspektivwechsel wird dann ein neues, weiterentwickeltes theoretisches Verständnis erzeugt.[34] Dieses iterative Vorgehen wird so lange wiederholt, bis sich das erzeugte Verständnis zur Beherrschung der Problemsituation eignet.[35]

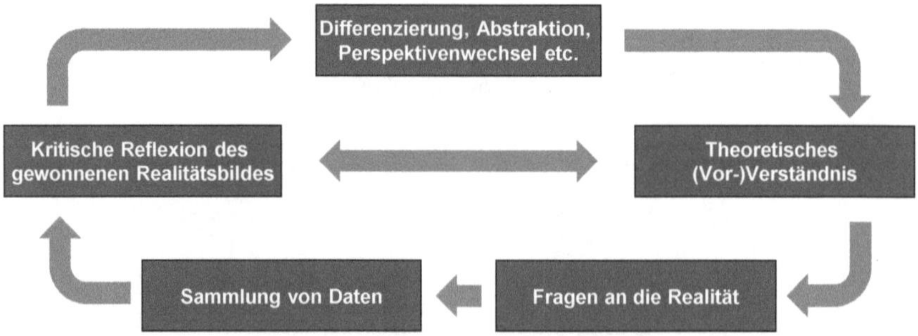

Abbildung 1-2: Explorativer Forschungszyklus nach Tomczak[36]

1.4 Aufbau der Arbeit

Der Aufbau der vorliegenden Arbeit richtet sich nach dem zuvor beschriebenen, praxisorientierten Ansatz und folgt dem Vorgehen der angewandten Forschung nach Ulrich. Der Fokus liegt dabei auf der kontinuierlichen Sicherstellung der Anwendbarkeit durch wiederkehrenden Bezug zur Praxis.[37] Der Zusammenhang zwischen den Phasen der angewandten Forschung nach Ulrich und dem Aufbau dieser Arbeit ist in Abbildung 1-3 dargestellt.

Kapitel 1 stellt die Motivation und Zielsetzung dieser Arbeit vor. Gefolgt von der Forschungsmethodik wird der daraus resultierende Aufbau dieser Arbeit dargestellt.

In Kapitel 2 werden die relevanten inhaltlichen Grundlagen dargestellt. Dazu wird der Untersuchungsbereich dieser Arbeit eingegrenzt und Grundlagen der Produktionsnetzwerkgestaltung und der Entscheidungstheorie dargestellt. Hierauf aufbauend wird der Handlungsbedarf aus Sicht der Praxis aus der Analyse aktueller Herausforderungen abgeleitet.

---

[34] Vgl. Tomczak (1992) Forschungsmethoden, S. 84

[35] Vgl. Kubicek (1976) Heuristische Bezugsrahmen, S. 29

[36] I.A.a. Tomczak (1992) Forschungsmethoden, S. 84

[37] Vgl. Ulrich, Dyllick et al. (1984) Management, S. 192 f.

Das nachfolgende Kapitel 3 stellt den Stand der Forschung dem Handlungsbedarf aus der Praxis gegenüber. Die bestehenden Gestaltungs- und Entscheidungsmodelle zur Produktionsnetzwerkplanung werden in Hinblick auf den Handlungsbedarf bewertet und der Forschungsbedarf abgeleitet.

Kapitel 4 fasst die inhaltlichen und formellen Anforderungen an die vorliegende Arbeit zusammen und stellt diesen die Kernidee und das Grobkonzept der Methodik entgegen. Das Grobkonzept wird im Anschluss in Kapitel 5 in Teilbereiche untergliedert und detailliert dargestellt.

In Kapitel 6 wird die Methodik auf zwei verschiedene Fragestellungen der Produktionsnetzwerkgestaltung angewendet und in Hinblick auf die Anforderungen reflektiert. Kapitel 7 fasst die Arbeit schließlich zusammen und gibt einen Ausblick auf weiteren Forschungsbedarf.

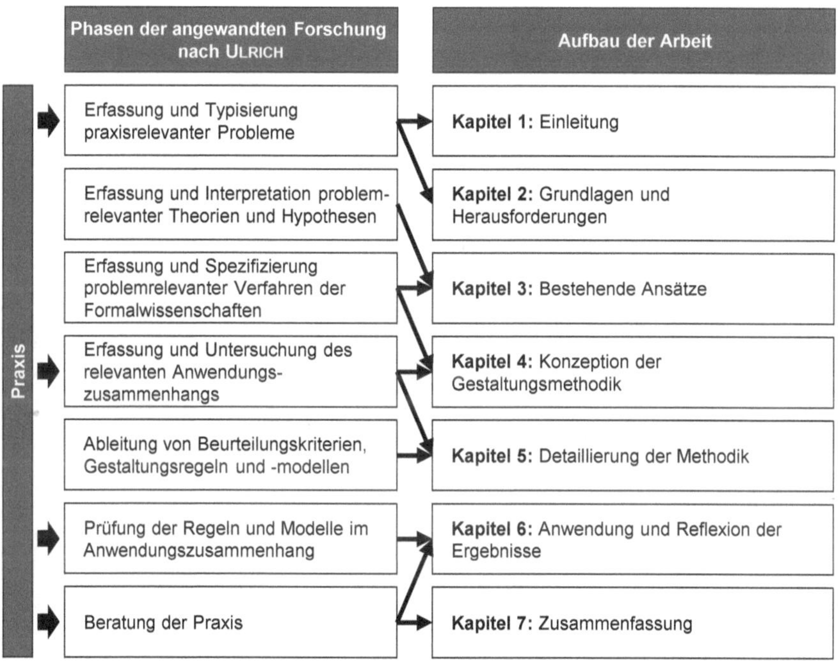

Abbildung 1-3: Forschungsprozess nach ULRICH und Anwendung in dieser Arbeit[38]

[38] In Anlehnung an Ulrich, Dyllick et al. (1984) Management, S. 193

2 Grundlagen und Herausforderungen

In Kapitel 2 werden die relevanten Grundlagen und Herausforderungen bezüglich der Themenstellung dieser Arbeit vorgestellt. Kapitel 2.1 umfasst grundlegende Begriffsdefinitionen und die Spezifikation des Betrachtungsbereichs. Kapitel 2.2 stellt die Bewertungsdimensionen und den Gestaltungsbereich für Anpassungen an der Produktionsnetzwerkstruktur dar und beschreibt die Entscheidungsunterstützung mittels Modellen. In Kapitel 2.3 werden entscheidungstheoretische Grundlagen zum Umgang mit Unsicherheit und dem Umgang mit multikriteriellen Zielsystemen dargestellt. Das anschließende Kapitel 2.4 leitet die zentralen Herausforderungen von Entscheidungsprozessen zur Produktionsnetzwerkgestaltung her, welche in Kapitel 2.5 aus der Praxisperspektive zusammengefasst werden.

2.1 Definition und Einordnung des Betrachtungsbereichs

Im Titel und der Einleitung der Arbeit wurden Produktionsnetzwerke als Betrachtungsbereich bereits genannt. Je nach Fragestellung werden jedoch unterschiedliche Perspektiven der Betrachtung von Produktionsnetzwerken eingenommen. Dementsprechend existieren verschiedene Begriffsdefinitionen, die zunächst erläutert werden. Außerdem wird die im Rahmen dieser Arbeit gewählte Perspektive auf Produktionsnetzwerke dargestellt. Im Anschluss werden die verschiedenen Managementaufgaben im Kontext von Produktionsnetzwerken dargestellt und die im Rahmen dieser Arbeit relevanten Bereiche herausgestellt. Daraus ergibt sich eine Spezifizierung des Betrachtungsbereichs.

2.1.1 Grundlegende Begriffsdefinitionen

Produktionsnetzwerke sind Teil eines oder mehrerer produzierender Unternehmen. Die Begriffe *Unternehmung*, *Betrieb* und *Produktion* werden deshalb zuerst definiert, bevor die unterschiedlichen Definitionen von Produktionsnetzwerken dargestellt werden.

Unternehmung und Betrieb

GUTENBERG definiert Unternehmen als in einer Marktwirtschaft autonom agierende und auf Gewinnerzielung angelegte Betriebe.[39] Betriebe sind Einheiten, die technische, kommerzielle und finanzielle Dimensionen in sich vereinen.[40] Sie werden als formelle Organisationen verstanden, d.h. sie sind durch Aufgabenteilung und Koordination charakterisiert. Die Organisation ist dabei rational gestaltet und dient der Erreichung unternehmerischer Ziele.[41] Die Begriffe Unternehmen und Betrieb werden in der Literatur nicht weitergehend differenziert und daher in dieser Arbeit synonym verwendet.[42]

Produktion

In der allgemeinen Produktionstheorie wird Produktion als Prozess der Objekttransformation zur Leistungsbestimmung definiert. Dieser Transformationsprozess ist durch Menschen veranlasst, erfolgt systematisch und dient dem Ziel einer Nutzenerhöhung bzw. Wertschöpfung. Die Transformation bezeichnet dabei alle Aktivitäten zur qualitativen, räumlichen oder zeitlichen Veränderung von Objekten und deren Eigenschaften. Sie schließt logistische Prozesse wie Transport, Lagerung, Sortierung und Umschlag ein.[43] Vereinfachend definieren GÜNTHER UND TEMPELMEIER Produktion als Erzeugung von Ausbringungsgütern (Produkten) aus materiellen und nichtmateriellen Einsatzgütern (Produktionsfaktoren) nach bestimmten technischen Verfahrensweisen.[44] Im Rahmen dieser Arbeit werden darunter Fertigung und Montage von Produkten und alle damit zusammenhängenden logistischen Prozesse verstanden.

Produktionsnetzwerke

Produktionsnetzwerke bestehen aus geografisch verteilten Produktionseinheiten, welche durch Material-, Informations- und Finanzflüsse verbunden sind.[45] Hinsichtlich der Zahl an betrachteten Unternehmen und Standorten existieren unterschiedliche Definitionen. Nach RUDBERG UND OLHAGER lassen sich diese in vier Kategorien unterteilen (vgl. Abbildung 2-1).

---

[39] Vgl. Gutenberg (1951) Grundlagen der Betriebswirtschaftslehre, S. 392
[40] Vgl. Gutenberg (1951) Grundlagen der Betriebswirtschaftslehre, S. 2
[41] Vgl. Bullinger, Spath et al. (2009) Handbuch Unternehmensorganisation, S. 3
[42] Vgl. Dyckhoff (2006) Produktionstheorie, S. 4
[43] Vgl. Dyckhoff (2003) Neukonzeption der Produktionstheorie, S. 709 f.
[44] Vgl. Günther, Tempelmeier (2016) Produktion und Logistik, S. 6
[45] Vgl. Lanza, Ferdows et al. (2019) Global Production Networks: Design and Operation, S. 825

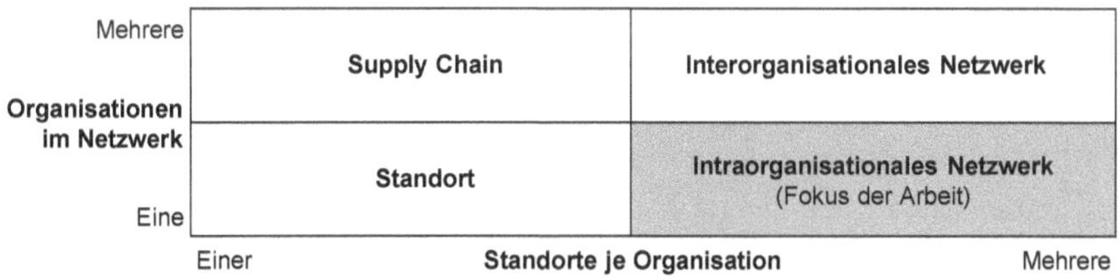

Abbildung 2-1: Klassifikation der Definitionen von Produktionsnetzwerken[46]

Die Definitionen variieren nicht nur hinsichtlich des Betrachtungsbereichs, sondern auch hinsichtlich der damit verbundenen Planungsaufgaben:

1. **Fabrik:** Die Fabrik stellt die einfachste Form einer Wertschöpfungseinheit dar.[47] Für Planungs- und Entscheidungsprozesse der Fabrik stellt das Produktionsnetzwerk im Sinne der geografisch verteilten Wertschöpfung einen externen Faktor dar, der nicht Teil des Planungsgegenstands selbst ist. Ansätze zur kontinuierlichen Fabrikplanung liefern beispielsweise HARTKOPF oder NÖCKER.[48]

2. **Intraorganisationales Netzwerk:** Nach dieser Definition besteht ein Produktionsnetzwerk aus Fabriken, die zum selben Unternehmen gehören und gemäß einer übergeordneten Unternehmensstrategie produzieren. Andere Unternehmen wirken sich in Form von zu berücksichtigenden Zulieferern, Konkurrenten oder Kunden auf die Planungsaktivitäten aus, der Fokus liegt aber auf der Wertschöpfungsverteilung der zum Unternehmen gehörenden Werke.[49]

3. **Supply Chain:** Die Supply Chain orientierte Definition betrachtet insbesondere den Warenstrom aus Produktsicht. Sie schließt über Unternehmensgrenzen hinweg alle an der Produktentstehung beteiligten Werke und Warenhäuser mit

[46] Aus dem Englischen: Rudberg, Olhager (2003) Manufacturing networks and supply chains, S. 33

[47] Vgl. Rudberg, Olhager (2003) Manufacturing networks and supply chains, S. 33

[48] Vgl. Hartkopf (2013) Kontinuierliche Planung technologischer und kapazitiver Werksentwicklungen; Nöcker (2012) Zustandsbasierte Fabrikplanung

[49] Vgl. Lanza, Ferdows et al. (2019) Global Production Networks: Design and Operation, S. 2; Shi, Gregory (1998) International manufacturing networks, S. 209; Christodoulou, Fleet et al. (2007) Making the right things in the right places, S. 10

ein.[50] Supply Chain orientierte Ansätze beschäftigen sich überwiegend mit Logistik- und Absatzplanung.[51]

4. **Interorganisationales Netzwerk:** Die umfassendste Definition von Produktionsnetzwerken kombiniert die Supply Chain- und die intraorganisationale Sichtweise. Hiernach werden Produkte und damit verbundene Dienstleistungen über Produktionsnetze bereitgestellt, in denen autonome Unternehmen einen relativ stabilen Verbund bilden. Ein Produktionsnetzwerk umfasst dabei Lieferanten und Hersteller, die an direkten Wertschöpfungsaktivitäten beteiligt sind, Distributionszentren und Logistikdienstleister sowie Einrichtungen und Kanäle für die Rücknahmelogistik.[52] Diese Definition wird häufig bei der Planung von Kooperationen und der strategischen Ausrichtung von Unternehmen im Produktionsverbund verwendet.[53]

Die Sichtweise auf Produktionsnetzwerke ist abhängig von den angestrebten Erkenntniszielen. Hierbei kann grundsätzlich zwischen einer Makro- und einer Mikroebene unterschieden werden (vgl. Abbildung 2-2). Die Makrosicht auf strategische Netzwerke im Sinne von interorganisationalen Netzwerken „hat objektiven Charakter und führt zu einer übergreifenden, strukturellen Analyse“[54]. Die Mikrosicht im Sinne des intraorganisationalen Netzwerks dagegen „stellt die Sicht eines einzelnen Akteurs im Netzwerk dar. Er hat in der Regel keine übergreifende Sicht. Seine Akteursposition ist maßgeblich von den für ihn verfügbaren Informationen sowie den von ihm als entscheidungsrelevant empfundenen Parametern abhängig“[55].

[50] Vgl. Günther (2005) Supply Chain Management und Logistik, S. 5

[51] Vgl. Stadtler (2005) Supply chain management and advanced planning, S. 579 ff.

[52] Vgl. Váncza (2016) Production Networks, S. 1

[53] Vgl. Coe, Yeung (2015) Global production networks, S. 195

[54] Bellmann, Hippe (1996) Management von Unternehmensnetzwerken, S. 35

[55] Bellmann, Hippe (1996) Management von Unternehmensnetzwerken, S. 37

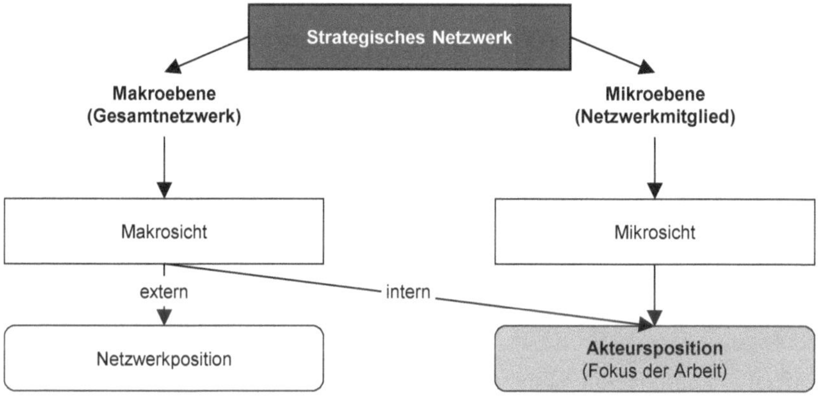

Abbildung 2-2: Betrachtungsebenen und Positionen in strategischen Unternehmensnetzwerken[56]

Die vorliegende Arbeit beschäftigt sich mit dem Entscheidungsprozess zur Gestaltung von Produktionsnetzwerken (vgl. Kapitel 2.2), bei dem gerade der Gewinnung von Informationen zur Entscheidungsfindung eine zentrale Bedeutung zukommt. Daher wird die Akteursposition aus Mikrosicht eingenommen. Für die vorliegende Arbeit wird in Anlehnung an die Definition von LANZA ET AL. folgende Definition für Produktionsnetzwerke im Sinne eines intraorganisationalen Netzwerks verwendet:[57]
Globale Produktionsnetzwerke bestehen aus geografisch verteilten Produktionseinheiten, die durch Material-, Informations- und Finanzflüsse verbunden sind. Sie werden von Menschen gestaltet und geführt. Die Wertschöpfungsaktivitäten der Produktionseinheiten folgen dabei einer übergeordneten Unternehmensstrategie.

2.1.2 Management von Produktionsnetzwerken

Produktionsnetzwerke unterliegen einem kontinuierlichen Wandel. Grund hierfür ist eine Vielzahl an Einflussfaktoren, die sich auf das Produktionsnetzwerk auswirken. Dies sind beispielsweise Marktentwicklungen, Änderungen an Kostenfaktoren wie

[56] Eigene Abbildung in Anlehnung an Bellmann, Hippe (1996) Management von Unternehmensnetzwerken, S. 37

[57] Vgl. Lanza, Ferdows et al. (2019) Global Production Networks: Design and Operation, S. 825

Löhnen, Energiepreisen und Transportkosten oder rechtliche Rahmenbedingungen.[58] Um in diesem dynamischen Umfeld des Produktionsnetzwerks eine wettbewerbsfähige Produktion zu gewährleisten, ist ein aktives Management erforderlich. Hierzu existieren eine Vielzahl von Ansätzen zum Management von Produktionsnetzwerken.[59] FRIEDLI ET AL. kategorisieren diese Ansätze in die drei Bereiche Strategie, Konfiguration und Koordination. Die vorliegende Arbeit dient der Planung einer Netzwerkstruktur, die im Bereich der Koordination verortet ist (vgl. Abbildung 2-3). Die einzelnen Bereiche sind jedoch nicht unabhängig und wirken sich aufeinander aus, daher werden sie nachfolgend vorgestellt.[60]

Übergeordnet dient die **Strategie** primär der Schaffung und Sicherstellung langfristiger Wettbewerbsvorteile von Unternehmen.[61] Wettbewerbsvorteile sind vom Kunden wahrgenommene Leistungsmerkmale, die von der Konkurrenz nicht angeboten werden und für die der Kunde bereit ist, zu bezahlen, oder Kostenvorteile bei gleicher angebotener Leistung.[62] Die im Management von Produktionsnetzwerken relevanten Strategiebereiche der Netzwerk- und der Produktionsstrategie sind an der Gesamtunternehmensstrategie, den Marktanforderungen und den Kundenbedürfnissen ausgerichtet.[63] Die Produktionsstrategie befasst sich mit der Frage, welche Leistungsmerkmale durch die Produktion zu erfüllen sind. Diese werden in verschiedenen Kriterien zusammengefasst.

---

[58] Vgl. Lanza, Ferdows et al. (2019) Global Production Networks: Design and Operation, S. 830

[59] Eine Übersicht der spezifischen Ansätze zum Management von Produktionsnetzwerken bieten beispielsweise: Cheng, Farooq et al. (2015) International manufacturing network; Olhager, Pashaei et al. (2015) Design of global production and distribution networks; Lanza, Ferdows et al. (2019) Global Production Networks: Design and Operation

[60] Vgl. Friedli, Mundt et al. (2014) Strategic management of global manufacturing networks, S. 63

[61] Vgl. Friedli, Mundt et al. (2014) Strategic management of global manufacturing networks, S. 5

[62] Vgl. Porter (1993) Competition in global industries, S. 20

[63] Vgl. Friedli, Mundt et al. (2014) Strategic management of global manufacturing networks, S. 47

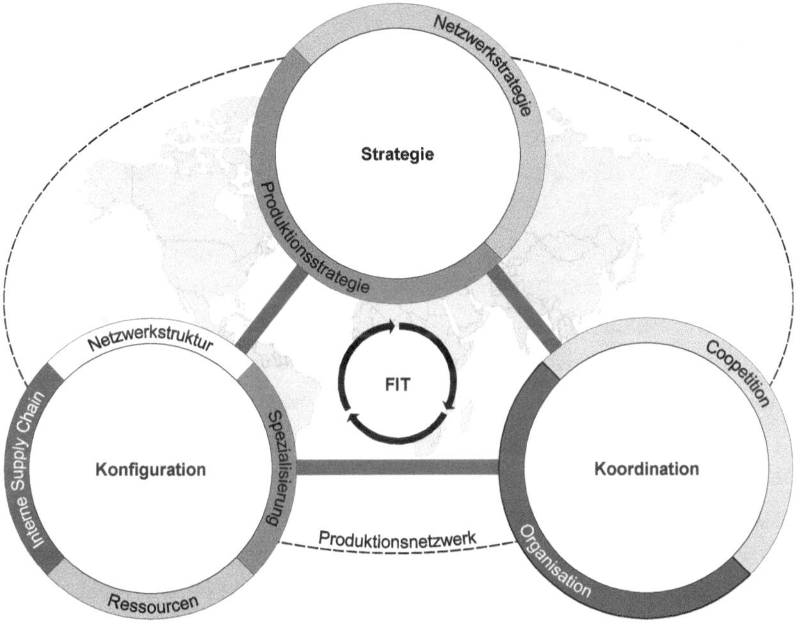

Abbildung 2-3: Managementmodell für globale Produktionsnetzwerke[64]

Die ursprünglich in der Literatur genannten Kriterien Zeit und Kosten wurden durch weitere Ansätze kontinuierlich erweitert.[65] FRIEDLI nennt die Kategorien Qualität, Preis, Liefertreue, Flexibilität, Service und Innovation.[66] Eine genauere Kategorisierung der Leistungsmerkmale in Bezug zur Gestaltung von Produktionsnetzwerken erfolgt in Kapitel 2.2.1. In der Netzwerkstrategie wird festgelegt, in welchen Ländern und Industriebereichen das Unternehmen grundsätzlich aktiv sein soll. Dabei wird auch festgelegt, ob in den jeweiligen Regionen das Angebot durch eine Produktion vor Ort, eine Belieferung aus anderen Märkten oder eine Kooperation mit lokalen Partnern oder abhängig von den in der

[64] Eigene Darstellung in Anlehnung an Friedli, Mundt et al. (2014) Strategic management of global manufacturing networks, S. 46

[65] Vgl. Mourtzis, Doukas (2012) Decentralized manufacturing systems review, S. 114

[66] Vgl. Friedli, Mundt et al. (2014) Strategic management of global manufacturing networks, S. 48

Produktionsstrategie genannten Kriterien erfolgen sollte.[67] Die Strategie liefert damit die Rahmenbedingungen für die Netzwerkkonfiguration und -koordination.

Die **Konfiguration** befasst sich mit der Netzwerkstruktur, der Spezialisierung des Netzwerks und der einzelnen Standorte, der Verteilung von Investitionen und Technologien sowie der internen Supply Chain. Die Betrachtungsdimensionen dieser Kategorie haben eine stark ausgeprägte Interdependenz.[68] In der Dimension Netzwerkstruktur werden die geografische Verteilung der Standorte und Produktionskapazitäten geplant und somit das unternehmensinterne Produktionsnetzwerk geschaffen. In diese Betrachtungsebene fällt die Gestaltung vom Produktionsnetzwerken, die vor dem Hintergrund der in Kapitel 1.2 vorgestellten Zielstellung in dieser Arbeit adressiert wird. Die Spezialisierung des Netzwerks dient zur Festlegung, wie die Märkte durch das Netzwerk beliefert werden, beispielsweise durch eine feste Zuweisung der Produkte an Standorte oder die Belieferung von Märkten durch dedizierte Werke.[69] Auf einzelne Standorte bezogen erfolgt die Zuweisung durch Standortrollenmodelle. Durch diese werden die strategische Rolle des Standorts im Netzwerk und die daraus resultierenden Kompetenzen des Standorts festgelegt.[70] Die Verteilung der Investitionen und insbesondere der Technologien hängt insbesondere von der Rolle der einzelnen Standorte ab. Dienen diese beispielsweise als Low-Cost Standorte, geht dies in der Regel mit niedriger Automatisierung und geringen Investitionen einher.[71] Die interne Supply Chain ergibt sich zum Teil aus der Netzwerkstruktur und der Spezialisierung des Netzwerks. Ein weiterer wichtiger Aspekt in diesem Bereich ist jedoch der Einkauf. Je nach Preisunterschied bei lokalem oder globalem Einkauf kann dies einen signifikanten Einfluss auf die Netzwerkstruktur haben. Insbesondere bei geringer Wertschöpfungstiefe ist der Einkauf ein entscheidender Erfolgsfaktor des globalen Produktionsnetzwerks.[72]

---

67 Vgl. Miltenburg (2005) Manufacturing strategy, S. 141
68 Vgl. Friedli, Mundt et al. (2014) Strategic management of global manufacturing networks, S. 50
69 Vgl. Friedli, Mundt et al. (2014) Strategic management of global manufacturing networks, S. 52
70 Vgl. Ferdows (1997) Making the Most of Foreign Factories, S. 10
71 Vgl. Friedli, Mundt et al. (2014) Strategic management of global manufacturing networks, S. 54
72 Vgl. Friedli, Mundt et al. (2014) Strategic management of global manufacturing networks, S. 55 f.

Die **Koordination** umfasst die Organisation und die Coopetition. Die Organisation beschreibt die Aufbauorganisation, die Zentralisierung und Standardisierung der Prozesse, Systeme und Entscheidungsbefugnisse im Netzwerk sowie die formale Eigenständigkeit der Standorte durch ihre Organisation beispielsweise als Kosten- oder Profitcenter. Die Coopetition beschreibt die Beziehung der einzelnen Netzwerkakteure zueinander. Hierunter fallen beispielsweise der Austausch von Wissen und Informationen, aber auch das Anreizsystem der einzelnen Akteure.[73] Die Verfügbarkeit von Wissen und Information im Entscheidungsprozess wird in Kapitel 2.3.2 weiter detailliert.

Idealerweise erfolgt die Verknüpfung der Bereiche Strategie, Konfiguration und Koordination durch einen **Fit**. Die Produktionsstrategie wird dabei unter Einbeziehung interner und externer Bedingungen gebildet und gibt die Rahmenbedingungen für die Netzwerkkoordination vor. Die Koordination unterstützt den Strategie- und den Konfigurationsbereich[74].

2.1.3 Spezifizierung des Betrachtungsbereichs

Im Rahmen der vorliegenden Arbeit soll eine Methodik zur Anpassung der Netzwerkstruktur entwickelt werden. Die Netzwerkstruktur unterliegt jedoch einem komplexen Geflecht aus voneinander abhängigen Managementbereichen und Einflüssen. Der Gestaltungsprozess kann daher nicht isoliert, sondern nur im Kontext der anderen Managementaktivitäten im Netzwerk betrachtet werden. Um die Anpassung der Netzwerkstruktur in den Kontext des Gesamtmanagements von Produktionsnetzwerken zu setzen, eignet sich der Referenzprozess zur kontinuierlichen Gestaltung von Produktionsnetzwerken nach SCHUH ET AL. (vgl. Abbildung 2-4).

Übergeordnetes Ziel des Referenzrahmens ist, wie bei der vorliegenden Arbeit, eine kontinuierliche Gestaltung des Produktionsnetzwerks.[75] Der Entscheidungsprozess zur Gestaltung des Netzwerks, der den Betrachtungsbereich der vorliegenden Arbeit bildet, ist dabei im taktischen Bereich eingeordnet. Er wird flankiert von einem

[73] Vgl. Friedli, Mundt et al. (2014) Strategic management of global manufacturing networks, S. 57-63

[74] Vgl. Friedli, Mundt et al. (2014) Strategic management of global manufacturing networks, S. 63 f.

[75] Vgl. Schuh, Prote et al. (2017) Reference process for the continuous design of production networks, S. 446

Netzwerk-Strategieprozess und einer Steuerung der Umsetzung. In dem Netzwerk-Strategieprozess wird die Produktionsstrategie festgelegt und auf Wertströme im Netzwerk aufgeschlüsselt. Außerdem wird die Netzwerkorganisation festgelegt.[76]

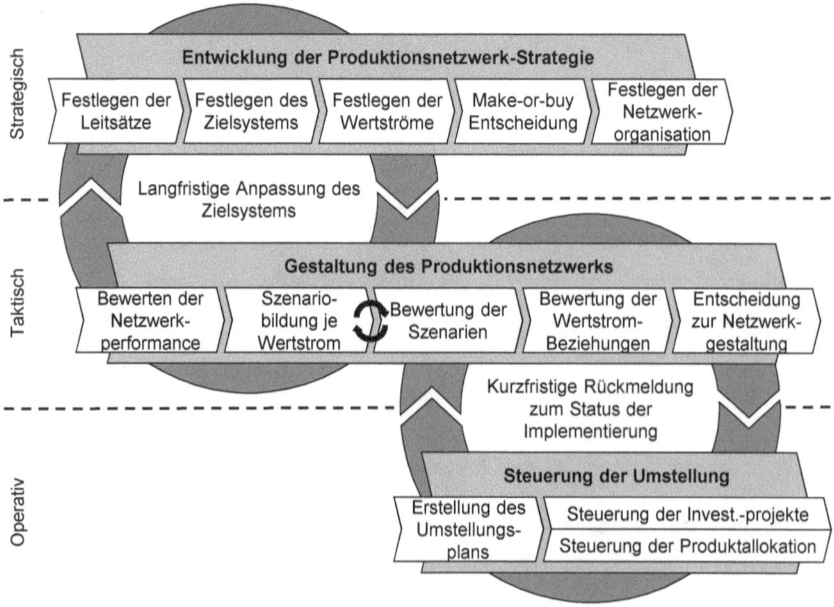

Abbildung 2-4: Referenzprozess zur kontinuierlichen Gestaltung von Produktionsnetzwerken nach SCHUH ET AL.[77]

Die Anpassung der Netzwerkstruktur bzw. die Gestaltung des Produktionsnetzwerks erfolgt in der taktischen Phase. Nach SCHUH ET AL. werden dabei zunächst Szenarien je Wertstrom erstellt und bewertet. Diese Einzelaktivitäten werden im Prozessverlauf synchronisiert und führen gegebenenfalls zu neuen, kombinierten Planungsfällen, bevor eine endgültige Entscheidung getroffen wird. Auf diesem Bereich liegt der Fokus der vorliegenden Arbeit. Die vorgelagerte Identifikation von Handlungsbedarf, die zum Start eines Entscheidungsprozesses führt, entsteht beispielsweise durch die Markteinführung neuer Produkte, das Erreichen eines Kapazitätslimits an

---

[76] Vgl. Schuh, Prote et al. (2018) Continuous Production Network Design, S. 249

[77] Aus dem Englischen: Schuh, Prote et al. (2017) Reference process for the continuous design of production networks, S. 448

bestehenden Standorten oder, wie im Referenzmodell vorgesehen, durch eine kontinuierliche Überwachung des Netzwerks. Dies kann beispielsweise über Kennzahlen geschehen.[78] Daneben gibt es datengetriebene Ansätze zur Identifikation von Handlungsbedarfen.[79] Aufgrund der Vielzahl an Identifikationsmöglichkeiten wird der Bereich ausgeklammert.

Die Steuerung der Umsetzung ist ebenfalls nicht mehr im Betrachtungsbereich der Arbeit, liefert aber den Anknüpfungspunkt zum weiteren Vorgehen nach einer getroffenen Entscheidung zur Anpassung des Netzwerks. Die Netzwerkstrategie, die Identifikation von Anpassungsbedarf und die Umsetzung der Anpassung bilden somit die Schnittstellen zum Entscheidungsprozess zur Netzwerkgestaltung, der in der vorliegenden Arbeit entwickelt wird.

2.2 Grundlagen der Gestaltung von Produktionsnetzwerken

Um Produktionsnetzwerke aus unternehmerischer Perspektive zu gestalten, werden in diesem Kapitel zunächst die Ziele aufgezeigt, die durch Anpassungen am Produktionsnetzwerk verfolgt werden. Im nächsten Schritt werden die Anpassungsformen aufgezeigt, durch die der Gestaltungsbereich bestimmt wird. Zur Entscheidungsunterstützung werden in der Regel Modelle des Produktionsnetzwerks verwendet. Kapitel 2.2.3 stellt die zum Einsatz kommenden Modellformen vor.

2.2.1 Ziele der Gestaltung von Produktionsnetzwerken

Wie in Kapitel 2.1.1 dargestellt, verfolgen Betriebe unternehmerische Ziele. Diese legen „den als erstrebenswert angesehenen Zustand der Unternehmung fest."[80] Es lassen sich Sachziele und Formalziele unterscheiden. Sachziele beschreiben einen explizit durch konkrete sachliche Merkmale anzustrebenden Endzustand. Formalziele sind übergeordnete Ziele, an denen Sachziele ausgerichtet werden und die den unternehmerischen Erfolg ausdrücken.[81] Ziele werden durch eine Zielgröße

---

[78] Vgl. Reuter, Prote et al. (2016) Performance Differences between Manufacturing Sites, S. 235

[79] Vgl. Schuh, Gützlaff et al. (2020) Proactive Identification of Adaptation Needs in Global Production Networks, S. 70

[80] Heinen (1966) Das Zielsystem der Unternehmung, S. 18

[81] Vgl. Laux, Gillenkirch et al. (2018) Entscheidungstheorie; S. 46; Thommen (2008) Managementorientierte Betriebswirtschaftslehre, S. 112

präzisiert. Je nach Messbarkeit der Zielgröße werden quantitative und qualitative Ziele unterschieden. Quantitative Ziele lassen sich darüber hinaus in monetäre und nichtmonetäre Ziele unterscheiden.[82]

Bei Entscheidungen im Rahmen der Produktionsnetzwerkgestaltung werden in der Regel mehrere Ziele verfolgt. Neben Wirtschaftlichkeit und Qualität finden sich in der Literatur zunehmend mehr Ziele. Durch Lean Manufacturing ist die Zeit als Bewertungsdimension in den Vordergrund gerückt, durch zunehmende Komplexitätssteigerung im Rahmen des Trends zu Mass Customization außerdem die Flexibilität. Weitere potenzielle Ziele stellen beispielsweise die Innovations- und Adaptionsfähigkeit des Netzwerks dar.[83] Diese Arbeit beschränkt sich im Folgenden auf die in der Literatur am häufigsten genannten Formalziele *Wirtschaftlichkeit*, *Qualität*, *Zeit* und *Flexibilität*.[84] Es liegt damit ein multikriterielles Zielsystem vor.

Diesen Zielen lassen sich unterschiedliche Sachziele mit spezifischen Zielgrößen zuordnen.[85] Die Ziele und Teilzeile konkurrieren häufig miteinander, d.h. zur besseren Erfüllung des einen Ziels müssen Nachteile bei anderen Zielgrößen in Kauf genommen werden.[86] Nachfolgend werden die vier Ziele weiter detailliert und die Zielkonflikte dargestellt.

2.2.1.1 Wirtschaftlichkeit

Wirtschaftlichkeit ist definiert als Quotient von Ertrag und Aufwand.[87] Entscheidungen zur Netzwerkgestaltung lassen sich in der Regel als Investitionsentscheidungen auffassen, da die Umsetzung der Entscheidung mit einem Einmalaufwand und einem Migrationsprozess verbunden ist, perspektivisch aber Einsparungen erzielt werden.[88] Zur Bewertung der Wirtschaftlichkeit von Investitionen lassen sich statische und dynamische Verfahren sowie Operations Research-Modelle unterscheiden (vgl. Abbildung 2-5). Statische Verfahren rechnen mit Durchschnittswerten ohne Auf- und Abzinsung. Sie lassen sich daher mit

---

[82] Vgl. Klein, Scholl (2012) Planung und Entscheidung, S. 95
[83] Vgl. Mourtzis, Doukas (2012) Decentralized manufacturing systems review, S. 114
[84] Vgl. Friedli, Mundt et al. (2014) Strategic management of global manufacturing networks, S. 47
[85] Vgl. Rittstieg (2018) Leistungsfähigkeit von Produktionsstandorten, S. 25
[86] Vgl. Laux, Gillenkirch et al. (2018) Entscheidungstheorie, S. 47
[87] Vgl. Thommen (2008) Lexikon der Betriebswirtschaft, S. 715
[88] Vgl. Abele (2006) Handbuch globale Produktion, S. 167

geringem Aufwand direkt aus dem betrieblichen Rechnungswesen ableiten. Dynamische Verfahren erfassen dagegen die zeitlich unterschiedlich anfallenden Zahlungsströme während der gesamten Nutzungsdauer. Operations Research-Modelle versuchen mit umfassenden Entscheidungsmodellen Zusammenhänge zwischen Absatz, Produktion, Finanzierung und Investition zu berücksichtigen.[89]

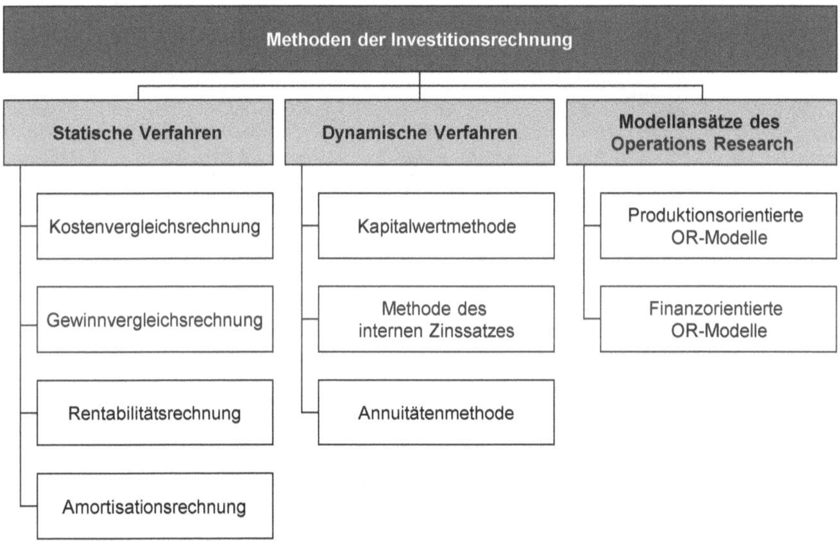

Abbildung 2-5: Übersicht über die Investitionsrechenverfahren[90]

Im Folgenden werden die *Kapitalwertmethode*, die *interne Zinsfußmethode*, die *statische Amortisationsrechnung* sowie die *Kostenvergleichsrechnung* vorgestellt, da sie die in der Praxis relevantesten Ansätze darstellen.[91] Der Fokus liegt dabei auf den Berechnungsformeln, da sie im Rahmen der Methode wieder aufgegriffen werden. Für weiterführende Informationen bezüglich der grundsätzlichen Verwendung und der Vor- und Nachteile der jeweiligen Investitionsrechenverfahren eignet sich Grundlagenliteratur zu Investition und Finanzierung, beispielsweise die für die nachfolgenden Formeln verwendeten Quellen.

[89] Vgl. Thommen (2008) Managementorientierte Betriebswirtschaftslehre, S. 534 f.

[90] Eigene Darstellung in Anlehnung an Thommen (2008) Managementorientierte Betriebswirtschaftslehre, S. 534

[91] Vgl. Jonen, Harbrücker (2019) Investitionsrechenverfahren in der Praxis, S. 22

Der Kapitalwert K_0 einer Investition errechnet sich aus der Summe der Barwerte aller zukünftigen Ein- und Auszahlungen sowie dem initialen Investment. Der Barwert entspricht den um einen Diskontierungszinssatz abgezinsten Einnahmen zu einem bestimmten Zeitpunkt. Als Diskontierungszinssatz werden häufig die gewichteten durchschnittlichen Kapitalkosten (eng.: Weighted Average Cost of Capital), kurz WACC, verwendet.[92] Der Kapitalwert beschreibt damit den Wert einer Investition zum Ausgangszeitpunkt. [93]

Formel 2-1: Berechnung des Kapitalwerts[94]

$$K_0 = -A_0 + \sum_{t=1}^{n} \frac{E_t - A_t}{q^t} = -A_0 + \sum_{t=1}^{n} \frac{EZÜ_t}{(1+i)^t}$$

A_0 = Anschaffungsauszahlung zum Zeitpunkt null
t = Jahresindex
n = Nutzungsdauer des Investitionsobjekts (Jahre)
E_t = Einzahlung zum Zeitpunkt t
A_t = Auszahlung zum Zeitpunkt t
$EZÜ_t$ = Einzahlungsüberschuss zum Zeitpunkt t
i = Diskontierungszinssatz

Der *interne Zinssatz* bezeichnet den Diskontierungszinssatz, bei dem sich ein Kapitalwert von $K_0 = 0$ ergibt. Er stellt damit die effektive Verzinsung der Investition dar. Eine Investition ist vorteilhaft, wenn der interne Zinssatz über einem geforderten Mindestzinssatz, beispielsweise dem zur Kapitalwertrechnung herangezogenen Diskontierungszinssatz, liegt.[95] Zur Berechnung werden meist Näherungsformeln verwendet, da eine allgemeine Lösungsformel für Gleichungen eines Grades von n größer 4 nicht existiert.[96] Formal lässt sich der interne Zinssatz als Auflösung der folgenden Gleichung nach dem internen Zinssatz r beschreiben:

[92] Vgl. Schacht (2009) Praxishandbuch Unternehmensbewertung, S. 109 f.
[93] Vgl. Becker, Peppmeier (2018) Investition und Finanzierung, S. 57 f.
[94] Vgl. Becker, Peppmeier (2018) Investition und Finanzierung, S. 57 f.
[95] Vgl. Thommen (2007) Betriebswirtschaftslehre, S. 808 f.
[96] Vgl. Becker, Peppmeier (2018) Investition und Finanzierung, S. 61

Formel 2-2: Berechnung des internen Zinssatzes[97]

$$0 = -A_0 + \sum_{t=1}^{n} \frac{EZÜ_t}{(1+r)^t}$$

r = Interner Zinssatz

Die *Amortisationszeit* z bezeichnet die Zeit bis zur Rückzahlung des Investitionsbetrags durch Einzahlungsüberschüsse. Je kürzer die Amortisationszeit, desto geringer ist die Gefahr, dass sich unvorhergesehene oder unvorhersehbare Ereignisse negativ auf die Investition auswirken.[98] Sie berechnet sich wie folgt:

Formel 2-3: Berechnung der Amortisationszeit[99]

$$z = \frac{A_0}{Gewinn + Abschreibungen}$$

Gewinn = Durchschnittlicher Gewinn pro Jahr

Abschreibungen = Kalkulatorische Abschreibungen pro Jahr

Die *Kostenvergleichsrechnung* betrachtet die Betriebs- und Kapitalkosten einer Investition in einer bestimmten Berechnungsperiode, z.B. einem Jahr.[100] Im Rahmen von Produktionsnetzwerken eignen sich hierfür insbesondere Total Landed Cost. Die Kosten fokussieren sich dabei auf die Kosten der Verfügbarkeit von Produkten bei Kunden oder in Distributionszentren der Absatzregion. Weitere Kosten wie Forschung und Entwicklung, Marketing und Vertrieb, Sonderabschreibungen oder nicht direkt zuordenbare Verwaltungsaktivitäten sind nicht berücksichtigt.[101] *Total Landed Cost* c_{total} berechnen sich wie folgt:

Formel 2-4: Berechnung der Total Landed Cost[102]

$$c_{total} = \sum_{j=1}^{p} c_{Standort,j} + \sum_{j=1}^{p} (c_{fix,j} + c_{var,j}) + \sum_{l=1}^{m} c_{trans,l} + \sum_{l}^{m} c_{cust,l}$$

c_{total} = Total Landed Cost

j = Standort

[97] Vgl. Becker, Peppmeier (2018) Investition und Finanzierung, S. 61

[98] Vgl. Thommen (2007) Betriebswirtschaftslehre, S. 799 ff.

[99] Vgl. Becker, Peppmeier (2018) Investition und Finanzierung, S. 52

[100] Vgl. Thommen (2008) Managementorientierte Betriebswirtschaftslehre, S. 535

[101] Vgl. Meyer (2006) Globale Produktionsnetzwerke, S. 21

[102] Vgl. Varandani (2014) Managementkomplexität als Gestaltungsgröße, S: 131

l = Transportverbindung
$c_{Standort,j}$ = Summe der Basiskosten eines Standorts
$c_{fix,j}$ = Summe der Fixkosten eines Standorts
$c_{var,j}$ = Summe der variablen Kosten eines Standorts
$c_{trans,l}$ = Summe der Transportkosten je Verbindung
$c_{cust,l}$ = Summe der Zollkosten je Verbindung

2.2.1.2 Qualität

Die Qualität von Produkten umfasst die Erfüllung der vorgesehenen Funktion und Leistung sowie den Wert und Nutzen für einen Kunden.[103] In der Literatur wird teilweise zwischen logistischer und technologischer Qualität unterschieden.[104]

Logistische Qualität umfasst die Zielgrößen Lieferqualität, die Lieferfähigkeit und die Termintreue. Lieferqualität ist als Anteil der richtigen Menge ohne Qualitätsmängel der Produkte an den ausgelieferten Kundenaufträgen definiert.[105] Ein Maß für die Lieferqualität ist die Reklamationsrate, welche als Quotient von fehlerhaften Teilen an der Gesamtzahl gelieferter Teile definiert ist.[106] Lieferfähigkeit und Termintreue sind der Aufteilung nach LÖDDING folgend der Zielkategorie Zeit zugeordnet (vgl. nachfolgendes Kapitel 2.2.1.3).

Technologische Qualität lässt sich in Funktionalität, Zuverlässigkeit, Langlebigkeit und Umweltverträglichkeit der produzierten Güter erfassen.[107] Um Reklamationen zu vermeiden und eine hohe Lieferqualität zu erreichen, ist eine hohe Produktionsqualität erforderlich.[108] Ein Maß für die Produktionsqualität ist der Qualitätsgrad, der die Anzahl der Gutteile an der Anzahl der insgesamt produzierten Teile eines Betrachtungsbereichs in einem Zeitintervall misst.[109]

2.2.1.3 Zeit

Im Wettbewerb produzierender Unternehmen ist die Lieferzeit ein entscheidender Differenzierungs- und Erfolgsfaktor.[110] Abhängig davon, ob sich ein Unternehmen als

---

[103] Vgl. DIN EN ISO 9002:2015-11 Qualitätsmanagementsysteme: Grundlagen und Begriffe, S. 10
[104] Vgl. Erlach (2010) Wertstromdesign, S. 20
[105] Vgl. Erlach (2010) Wertstromdesign, S. 21
[106] Vgl. Jodlbauer (2008) Produktionsoptimierung, S. 58
[107] Vgl. Günther, Tempelmeier (2016) Produktion und Logistik, S. 3
[108] Vgl. Erlach (2010) Wertstromdesign, S. 20
[109] Vgl. Gottmann (2016) Produktionscontrolling, S. 110
[110] Vgl. Dombrowski, Krenkel et al. (2018) Strategic Positioning of Production, S. 1198

Auftrags- oder Lagerfertiger positioniert, wird die Lieferzeit in unterschiedlichen vom Kunden wahrgenommenen, externen Zielgrößen erfasst.[111] Auftragsfertiger messen neben der reinen Lieferzeit die Lieferterminabweichung und die daraus resultierende Liefertermintreue. Bei der Lagerfertigung wird dagegen der Servicegrad als Maß für die Lieferfähigkeit verwendet (vgl. Abbildung 2-6). Zur Erfüllung dieser externen Zielgrößen müssen im internen Produktionsbetrieb Durchlaufzeit, Terminabweichung und Termintreue der Produktionsaufträge optimiert werden.[112] Lieferzeit ist definiert als Zeit zwischen Auftragseingang und Auslieferung des Auftrags.[113] Die Durchlaufzeit beschreibt die Zeit von der Freigabe des Auftrags bis zum Bearbeitungsende und unterteilt sich in Rüst-, Bearbeitungs-, Liege- und Transportzeiten.[114] Die Zeiten werden in der Regel als (gewichtetes) Mittel über mehrere Aufträge erfasst.[115] Durch die Abweichung zwischen Plan- und Istwerten ergeben sich die Liefertreue, der Servicegrad und die Termintreue, welche nachfolgend definiert werden.

	intern	extern
Logistikleistung	• Durchlaufzeit • Terminabweichung • Termintreue	*Auftragsfertigung* • Lieferzeit • Lieferterminabweichung • Liefertreue *Lagerfertigung* • Servicegrad

Abbildung 2-6: Zielgrößen der Logistikleistung[116]

Die Liefertreue LT gibt den prozentualen Anteil der innerhalb einer definierten Liefertermintoleranz gelieferten Aufträge an:

[111] Vgl. Lödding (2016) Verfahren der Fertigungssteuerung, S. 21 f.
[112] Vgl. Lödding (2016) Verfahren der Fertigungssteuerung, S. 22
[113] Vgl. Wiendahl (1997) Fertigungsregelung, S. 12
[114] Vgl. Wiendahl (1997) Fertigungsregelung, S. 36
[115] Vgl. Rittstieg (2018) Leistungsfähigkeit von Produktionsstandorten, S. 34 f.
[116] Eigene Darstellung in Anlehung an Lödding (2016) Verfahren der Fertigungssteuerung, S. 22

Formel 2-5: Berechnung der Liefertreue[117]

$$\boldsymbol{LT = \frac{AnzAuf\ mit\ LTA_{UG} \leq LTA \leq LTA_{OG}}{AnzAuf} * 100}$$

LT = Liefertreue [%]
LTA_{UG} = Untergrenze für die zulässige Lieferterminabweichung
LTA = Lieferterminabweichung
LTA_{OG} = Obergrenze für die zulässige Lieferterminabweichung
AnzAuf = Anzahl Aufträge

Der Servicegrad *SG* bezeichnet die Anzahl an Anfragen, die im betrachteten Zeitraum sofort befriedigt werden können:

Formel 2-6: Berechnung des Servicegrads[118]

$$SG = \frac{AnzNF_{sofort}}{AnzNF} * 100$$

SG = Servicegrad [%]
$AnzNF_{sofort}$ = Anzahl sofort befriedigter Nachfragen
AnzNF = Anzahl Nachfragen

Die Termintreue *TT* misst den Anteil an Aufträgen, die im betrachteten Zeitraum und Produktionsbereich innerhalb einer gegebenen Termintoleranz fertiggestellt werden:

Formel 2-7: Berechnung der Termintreue[119]

$$TT = \frac{AnzAuf\ mit\ TAA_{UG} \leq TAA \leq TAA_{OG}}{AnzAuf}$$

TT = Termintreue [%]
TAA_{UG} = Untergrenze für die zulässige Abgangsterminabweichung
TAA = Abgangsterminabweichung
TAA_{OG} = Obergrenze für die zulässige Abgangsterminabweichung

2.2.1.4 Flexibilität

Durch kürzer werdende Produktlebenszyklen und schneller wechselnde Kundenanforderungen muss die Produktion so gestaltet sein, dass Prozesse und Strukturen schnell an neue Bedingungen angepasst werden können.[120] Die

[117] Vgl. Lödding (2016) Verfahren der Fertigungssteuerung, S. 27
[118] Vgl. Lödding (2016) Verfahren der Fertigungssteuerung, S. 30
[119] Vgl. Lödding (2016) Verfahren der Fertigungssteuerung, S. 34
[120] Vgl. Rudtsch (2016) Bewertung von Produktionssystemen in der frühen Entwicklungsphase, S. 39

Veränderungsfähigkeit wird dabei je nach Betrachtungsumfang zwischen Flexibilität, Wandlungsfähigkeit und Agilität unterschieden.[121] Agilität zielt vor allem auf die grundsätzliche Wandelbarkeit des Netzwerks, beispielsweise durch die Reduktion der Fixkostenanteile an den Produktionskosten. Sie lässt sich allerdings eher durch die Konfiguration der Produktionstechnologien als durch die Gestaltung des Produktionsnetzwerks erzielen.[122] Wandelbarkeit wird durch schnelle Anpassungen an der Produktion und dem Produktionsnetzwerk erreicht. Insbesondere die Digitalisierung und schnelle Adaptionszeiten sind Befähiger einer schnelleren Wandlungsfähigkeit von Produktionsnetzwerken.[123] Der im Rahmen dieser Arbeit vorgestellte Entscheidungsprozess leistet hierzu einen Beitrag. Für Entscheidungen im Rahmen der Produktionsnetzwerkentwicklung ist daher vor allem die Flexibilität der Produktion relevant. Flexibilität ist definiert als Fähigkeit, „den notwendigen funktionalen dimensionalen und strukturellen Anforderungen in den Betrachtungsebenen Prozess, Ressourcen, Produktions-, Gebäude-, und Fabriksystem zu entsprechen".[124] Es existiert eine Vielzahl an Flexibiltätsformen, die jedoch untereinander nicht überschneidungsfrei sind. Ein Auszug ist in Abbildung Abbildung 2-7 dargestellt.

[121] Vgl. Wiendahl, ElMaraghy et al. (2007) Changeable Manufacturing - Classification, Design and Operation, S. 786

[122] Vgl. Schuh, Prote et al. (2019) Fixed Cost Management, S. 626 f.

[123] Vgl. Lanza, Ferdows et al. (2019) Global Production Networks: Design and Operation, S. 839

[124] Vgl. Schenk, Wirth (2004) Fabrikplanung und Fabrikbetrieb, S. 10

Flexibilitätsform	Beschreibung
Maschinenflexibilität	Mehrere Bearbeitungsprozesse können auf einer Maschine ohne Umrüsten durchgeführt werden
Betriebsflexibilität	Anzahl möglicher Arbeitspläne für ein (Zwischen-)Produkt
Prozessflexibilität	Anzahl unterschiedlicher Teile, die ohne größeres Umrüsten hergestellt werden können
Produktflexibilität	Aufwand zur Einführung eines neuen Produkts im Produktionsbetrieb
Ablaufflexibilität	Anzahl möglicher Routen in der Produktion für alle Teile/Anzahl Teile
Volumenflexibilität	Fähigkeit, Produktionsvolumina profitabel zu variieren
Produktionsflexibilität	Anzahl Produkte, die ohne zusätzliches Investment hergestellt werden können

Abbildung 2-7: Flexibilitätsformen in der Fertigung[125]

Im Rahmen dieser Arbeit werden im Folgenden insbesondere die Volumen- bzw. Mengenflexibilität weiter betrachtet, da sie in der Literatur im Kontext der Produktions- und Produktionsnetzwerkplanung häufig genannt wird.[126] ROGALSKI definiert Mengenflexibilität als Maß, „in welchem Umfang kurzfristige, mengenbezogene Nachfrageschwankungen durch das betrachtete Produktionssystem abgefangen werden können, ohne dass dadurch ein betriebswirtschaftliches Defizit entsteht oder umfassende Erweiterungen am System erforderlich sind.“[127]

2.2.2 Anpassungsformen im Rahmen der Netzwerkgestaltung

In Kapitel 2.1 wurde der Betrachtungsbereich der vorliegenden Arbeit auf die Gestaltung intraorganisationaler Produktionsnetzwerke eingegrenzt. Jede Änderung an der Produktionsstruktur oder am Transformationsprozess der Produktentstehung fällt damit potenziell in den Betrachtungsbereich.[128] In der Praxis ist jedoch eine

[125] Vgl. ElMaraghy (2005) Flexible and reconfigurable manufacturing systems paradigms, S. 262

[126] Vgl. Rudtsch (2016) Bewertung von Produktionssystemen in der frühen Entwicklungsphase, S. 40; Rittstieg (2018) Leistungsfähigkeit von Produktionsstandorten, S. 33

[127] Rogalski (2009) Methodik zur Flexibilitätsbewertung von Produktionssystemen, S. 40

[128] Vgl. Dyckhoff (2006) Produktionstheorie, S. 8

Eingrenzung erforderlich, da beispielsweise nicht zu erwarten ist, dass die Rüstoptimierung eines Produkts an einer bestimmten Maschine eines Standorts signifikante Auswirkungen auf das Gesamtnetzwerk hat. Zur Eingrenzung der Anpassungsbedarfe eignet sich die allgemeine Systemtheorie, die das Verhalten des Gesamtsystems durch die Aufteilung voneinander abhängiger Elemente in Zusammenhang setzt.[129] Ein System besteht dabei aus Subsystemen, welche selbst aus Subsystemen oder Elementen bestehen. Die Subsysteme und Elemente können jeweils in Beziehung zueinander stehen.[130]

WESTKÄMPER unterscheidet sieben Systemebenen der Produktion (vgl. Abbildung 2-8). Die oberste Gliederungsebene bildet dabei das Produktionsnetzwerk, welches sich aus Produktionsstandorten zusammensetzt, die durch Warenströme verknüpft sind. Die darunterliegenden Produktionsstandorte sind die lokalen Orte der Produktionsprozesse. Unterste Organisationseinheit innerhalb der Standorte sind Arbeitsplätze und Maschinen. Diese lassen sich in unterschiedlichen Aggregationsformen als Produktionssegmente, Fertigungssysteme und Fertigungszellen arrangieren. Innerhalb von Segmenten, Systemen, Zellen und Maschinen finden wertschöpfende und nicht wertschöpfende Prozesse im Rahmen der Produktentstehung statt. Prozesse lassen sich weiter in technische und wirtschaftliche Prozesse unterteilen.[131]

---

[129] Vgl. Ulrich, Probst (1991) Anleitung zum ganzheitlichen Denken und Handeln, S. 30

[130] Vgl. Ulrich, Schwaninger (2001) Systemorientiertes Management, S. 245

[131] Vgl. Westkämper, Decker (2006) Organisation der Produktion, S. 55 ff.

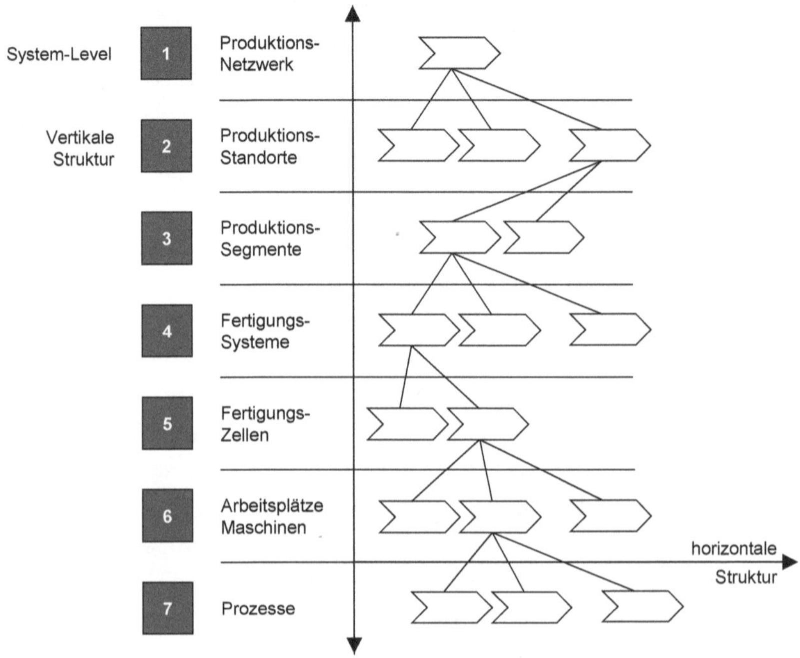

Abbildung 2-8: Systemebenen der Produktion[132]

Innerhalb dieser Systemebenen lassen sich die Anpassungsbedarfe der Produktionsnetzwerkgestaltung charakterisieren. Dazu werden die vier Objektarten Produktionskette, Standort, Ressource und Fertigungsvorgang verwendet.[133] Die Produktionskette beschreibt dabei die technischen Prozesse zur Entstehung eines Produkts oder bei aggregierter Betrachtung einer Produktfamilie. Standorte entsprechen den Produktionsstandorten nach WESTKÄMPER. Ressourcen bezeichnen je nach Aggregationsniveau Segmente, Systeme, Zellen oder Arbeitsplätze bzw. Maschinen, die einem Schritt der Produktionskette zugeordnet werden können. Die Technologien bezeichnen die technologischen Verfahren, die in den einzelnen

[132] Eigene Abbildung in Anlehnung an Westkämper, Decker (2006) Organisation der Produktion, S. 56

[133] Vgl. Rodemann, Niederau et al. (2021) Adaptation Needs in the Design of Global Production Networks, S. 653 f.

Prozessen der Produktionskette bei den Ressourcen angewendet werden können.[134] Jedes dieser Objekte kann im Rahmen der Produktionsnetzwerkgestaltung angepasst oder beibehalten werden. RODEMANN ET AL. beschreiben in einer Morphologie die möglichen Änderungsformen, durch die sich das Netzwerk modifizieren lässt.[135] Die Morphologie liefert damit die im Rahmen dieser Arbeit betrachteten Anpassungen am Produktionsnetzwerk. Ein neuer Standort entspricht zum Beispiel einer Veränderung der Produktionskette durch Eröffnung eines Standorts. Dabei werden Ressourcen in Betrieb genommen. Der Fertigungsvorgang ist je nach am Standort gefertigten Produkt neu oder bekannt. Gleichzeitig kann die Standorteröffnung mit Anpassungen an bestehenden Standorten einhergehen.

Objektart	Anpassungsform				
Produktionskette	Keine Veränderung	Ramp-Up	Veränderung	Ramp-Down	
Standort	Keine Ver-änderung	Eröffnung	Ver-größerung	Ver-kleinerung	Schließung
Ressource	Keine Veränderung	Inbetriebnahme	Modifikation	Stilllegung	
Fertigungs-vorgang	Bekannt	Neu			

Abbildung 2-9: Morphologie zur Beschreibung von Anpassungsbedarfen der Produktionsnetzwerkgestaltung[136]

2.2.3 Modellgestützte Gestaltung von Produktionsnetzwerken

Zur Gestaltung von Produktionsnetzwerken sind Modelle des Netzwerks ein zentrales Element der Entscheidungsunterstützung.[137] Nachfolgend werden daher die

[134] Vgl. Rodemann, Niederau et al. (2021) Adaptation Needs in the Design of Global Production Networks, S. 653f.

[135] Vgl. Rodemann, Niederau et al. (2021) Adaptation Needs in the Design of Global Production Networks, S. 656

[136] Eigene Abbildung in Anlehnung an Rodemann, Niederau et al. (2021) Adaptation Needs in the Design of Global Production Networks, S. 656

[137] Vgl. Cheng, Farooq et al. (2015) International manufacturing network, S. 400

grundsätzlichen Eigenschaften von Modellen und die im Rahmen der Netzwerkgestaltung zum Einsatz kommenden Modellarten sowie die Herausforderung der Modellierung in der Praxis vorgestellt.

Modelle sind nach STACHOWIAK durch drei Merkmale charakterisiert:

- Abbildungsmerkmal: Modelle sind immer Abbildungen oder Repräsentationen natürlicher oder künstlicher Originale.[138]
- Verkürzungsmerkmal: Modelle erfassen nicht alle Attribute des abgebildeten Originals, sondern nur die den Modellerstellern und -anwendern relevant erscheinenden.[139]
- Pragmatisches Merkmal: Modelle sind immer für ein handelndes Subjekt geschaffen und erfüllen ihre Funktion in einem bestimmten Zeitintervall und zu einem bestimmten Zweck.[140]

Da Produktionsnetzwerke Betrieben zuzuordnen sind, die betriebswirtschaftliche Ziele verfolgen, lässt sich zur weiteren Klassifikation von Modellen die Systematik betriebswirtschaftlicher Modelle nach SCHWEITZER UND KÜPPER verwenden (vgl. Abbildung 2-10). Danach lassen sich Ideal- und Realmodelle unterscheiden. Idealmodelle basieren auf rein fiktiven Originalen. Sie dienen zur realwissenschaftlichen Theoriebildung, haben aber im Rahmen der anwendungsorientierten Entscheidungsunterstützung keine Relevanz.[141] Realmodelle lassen sich weiter in Beschreibungs-, Erklärungs-, Prognose- und Entscheidungsmodelle unterteilen, wobei Erklärungs- und Prognosemodelle unter dem Begriff Theorie subsumiert werden können.[142]

[138] Vgl. Stachowiak (1973) Allgemeine Modelltheorie, S. 131

[139] Vgl. Stachowiak (1973) Allgemeine Modelltheorie, S. 132

[140] Vgl. Stachowiak (1973) Allgemeine Modelltheorie, S. 132 f.

[141] Vgl. Schweitzer, Küpper (1997) Produktions- und Kostentheorie, S. 3

[142] Vgl. Raffée (1974) Grundprobleme der Betriebswirtschaftslehre, S. 30

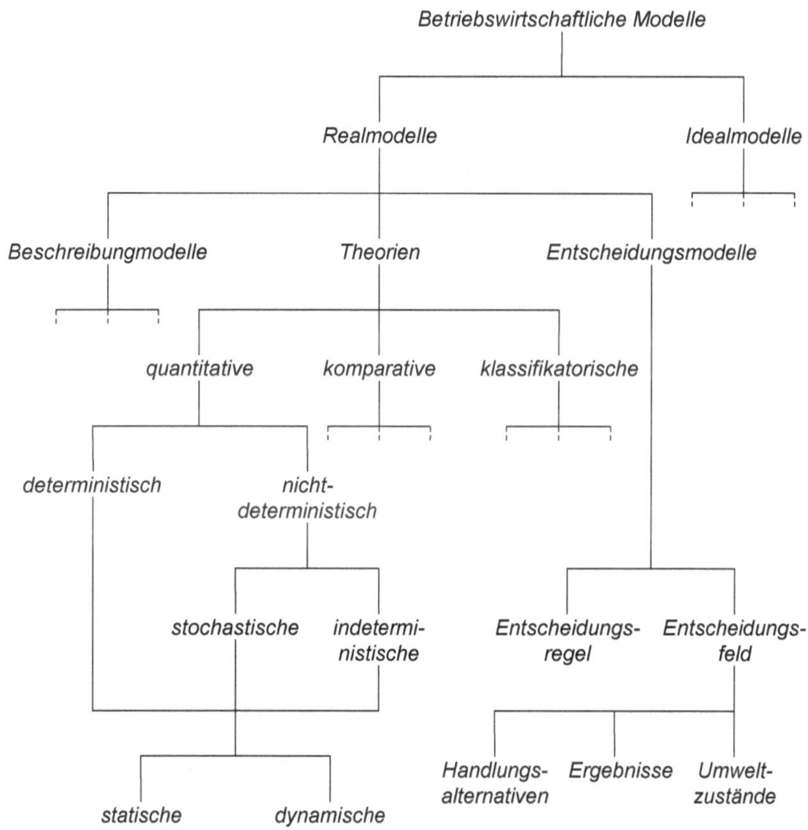

Abbildung 2-10: Betriebswirtschaftliche Modelle[143]

Beschreibungsmodelle enthalten ausschließlich Aussagen über Elemente, Eigenschaften und Relationen von Objekten.[144] Theorien entstehen durch die Ergänzung mindestens einer Hypothese zu Zusammenhängen oder zukünftigen Entwicklungen.[145] Zur Verifizierung sind daher Validierungen der Hypothesen erforderlich.[146] Im Rahmen der Produktionsnetzwerkgestaltung sind insbesondere

[143] Eigene Abbildung in Anlehung an Schweitzer, Küpper (1997) Produktions- und Kostentheorie, S. 9; Laux, Gillenkirch et al. (2018) Entscheidungstheorie, S. 33

[144] Vgl. Schweitzer, Küpper (1997) Produktions- und Kostentheorie, S. 5

[145] Vgl. Richter (2009) Zur Güte von Beschreibungsmodellen, S. 4

[146] Vgl. Kornmeier (2007) Wissenschaftstheorie und wissenschaftliches Arbeiten, S. 35 f.

quantitative Modelle relevant.[147] Diese lassen sich je nach Berücksichtigung der Unsicherheit (vgl. Kapitel 2.3.2.1) in deterministische, stochastische und indeterministische Modelle unterscheiden, die sich je nach Berücksichtigung des Zeitbezugs in statische und dynamische Modelle aufteilen.[148] Bei Entscheidungsmodellen werden schließlich Umweltzustände und Ergebnisse um Gestaltungsalternativen und Regeln zur Entscheidungsfindung ergänzt.[149] Die Entscheidungsregeln lassen sich darüber hinaus je nach Lösungsverfahren in exakte Verfahren und Heuristiken unterscheiden. Bei Heuristiken erfolgt der Ausschluss von Gestaltungsalternativen willkürlich, z.B. durch die Entscheider, oder durch Verfahren, die zulässige Lösungen erzeugen und verbessern, dabei aber keine Optimalität garantieren.[150] Alle drei Verfahren zur Lösungsfindung kommen in bestehenden Ansätzen der Produktionsnetzwerkgestaltung zum Einsatz, zum Beispiel in Form von Optimierung, genetischen Algorithmen oder Fallstudien.[151]

Die Auswahl der geeigneten Modelle ist abhängig vom einzelnen Entscheidungsfall. Mit dem Verkürzungsmerkmal der Modelle nach STACHOWIAK geht immer eine Abstraktion der Realität einher. Der Grad der Abstraktion ist dabei von einem Spannungsfeld aus Anforderungen an die Genauigkeit und der Restriktionen der Modellstruktur abhängig. Gleichzeitig muss das Modell in der Lage sein, die unterschiedlichen Gestaltungsalternativen abzubilden, ist allerdings durch die verfügbaren Daten limitiert (vgl. Abbildung 2-11). Kapitel 3 gibt einen Überblick über bestehende Ansätze zur Gestaltung von Produktionsnetzwerken und die dort verwendeten Modelle.

[147] Vgl. Lanza, Ferdows et al. (2019) Global Production Networks: Design and Operation, S. 836

[148] Vgl. Schweitzer, Küpper (1997) Produktions- und Kostentheorie, S.9

[149] Vgl. Laux, Gillenkirch et al. (2018) Entscheidungstheorie, S. 32 f.

[150] Vgl. Mollemeier (1997) Integrierte Steuerung getakteter Variantenfließlinien, S. 122

[151] Vgl. Lanza, Ferdows et al. (2019) Global Production Networks: Design and Operation, S. 836

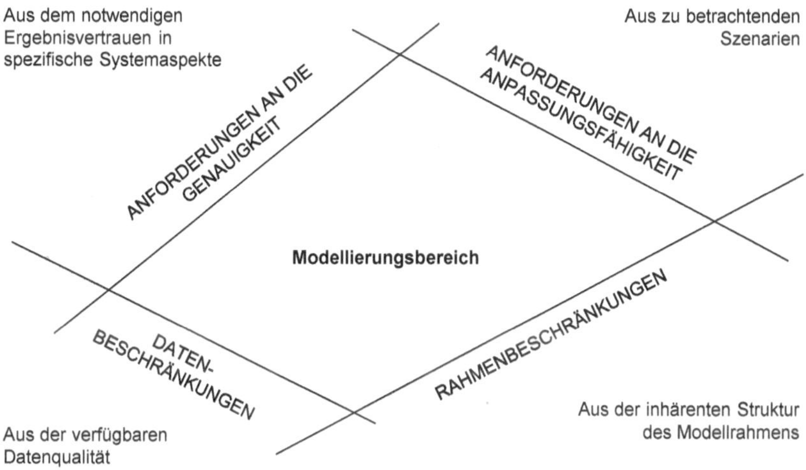

Abbildung 2-11: Anforderungen und Restriktionen bei der Modellauswahl und -gestaltung[152]

2.3 Entscheidungstheoretische Grundlagen

Die Gestaltung von Produktionsnetzwerken stellt einen Entscheidungsprozess dar. Dementsprechend werden nachfolgend Grundlagen zum Aufbau und Ablauf von Entscheidungsprozessen erläutert. Entscheidungen in der Praxis sind immer von Unsicherheit geprägt. Die Entscheidungstheorie unterscheidet zwischen verschiedenen Arten der Unsicherheit. Diesen werden Modellierungsformen zur Berücksichtigung und Ansätze zur Unsicherheitsreduktion zugeordnet. Da die Netzwerkgestaltung wie im vorherigen Kapitel erläutert eine multikriterielle Bewertung erfordert, werden außerdem entsprechende Ansätze aus der Entscheidungstheorie aufgezeigt.

2.3.1 Aufbau und Ablauf von Entscheidungsprozessen

Jeder Mensch trifft täglich eine Vielzahl von Entscheidungen. Diese *schnellen Entscheidungen* werden intuitiv oder mit sehr kurzer Planungszeit getroffen. Sie sind

---

[152] Aus dem Englischen: Benfer, Ziegler et al. (2019) Determination of the abstraction level in production network models, S. 201

jedoch weder komplex noch wichtig.[153] *Signifikante Entscheidungen*, die komplex oder wichtig sind, werden im Unternehmensumfeld typischerweise mehrmals pro Woche gefällt und erfordern eine kurze Planungsphase von einigen Stunden.[154] Beide unterscheiden sich jedoch deutlich von ***strategischen Entscheidungen***[155], die seltener anfallenden und sich durch eine hohe Komplexität und Bedeutung für Unternehmen oder Personen charakterisieren lassen.[156] Entscheidungen zur Produktionsnetzwerkgestaltung sind strategische Entscheidungen, da Produktionsnetzwerke hohe Komplexität aufweisen und Entscheidungen häufig nur mit sehr hohem Aufwand revidierbar sind.[157]

Strategische Entscheidungen erfordern einen systematischen Entscheidungsprozess. Dieser entspricht „einem Problemlösungsprozess, wobei die möglichen Lösungen des (Entscheidungs-) Problems durch die erwogenen Alternativen repräsentiert werden und die tatsächliche Lösung sich durch die gewählte Alternative ergibt.“[158] Ein generisches Vorgehen von Entscheidungsproblemen ist in Abbildung 2-12 dargestellt. Die einzelnen Schritte sind jedoch nicht unabhängig und starr in der vorgegebenen Reihenfolge durchzuführen.[159] Zur Verringerung des Planungsaufwands kann es z.B. zweckmäßig sein, „schon bei der Zusammenstellung der Alternativen deren mögliche Folgen mehr oder weniger grob abzuschätzen, um im Rahmen einer Vorentscheidung offensichtlich nachteilige Alternativen auszuschließen.“[160]

---

[153] Vgl. Spetzler (2016) Decision quality, S. 26

[154] Vgl. Spetzler (2016) Decision quality, S. 26 f.

[155] Strategische Entscheidungen sind nach Spetzler et al. nicht in zeitlicher Einordnung nach strategischen, taktischen und operativen Entscheidungen zu unterscheiden, sondern als Abgrenzung zu schnellen und signifikanten Entscheidungen, vgl. Spetzler (2016) Decision quality, S. 26 f.

[156] Vgl. Spetzler (2016) Decision quality, S. 27 f.

[157] Vgl. Váncza (2016) Production Networks, S. 1; Pieper (1994) Standortwahlverhalten der Industrie in Deutschland, S. 14

[158] Laux, Gillenkirch et al. (2014) Entscheidungstheorie, S. 12

[159] Vgl. Laux, Gillenkirch et al. (2014) Entscheidungstheorie, S. 15 f.

[160] Laux, Gillenkirch et al. (2014) Entscheidungstheorie, S. 16

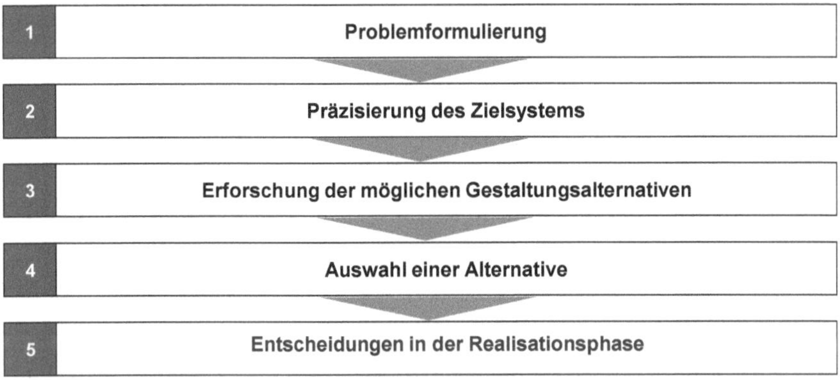

Abbildung 2-12: Generischer Entscheidungsprozess[161]

Aus der Differenz zwischen einem angestrebten Soll- und einem zugehörigen Ist-Zustand wird im ersten Schritt das *Problem formuliert* und verifiziert.[162] Die Herausforderung der Problemformulierung besteht in der ausreichenden Präzisierung der Problemstellung, um die weiteren Handlungsschritte zielgerichtet ausführen zu können. Die Problemformulierung selbst stellt damit schon ein Entscheidungsproblem dar.[163] Die Verifizierung dient zur Überprüfung, ob die Soll-Ist-Abweichung auf zuverlässigen Informationen beruht und erheblich ist, sowie zur Beurteilung, ob die Problembearbeitung und der damit verbundene Aufwand lohnenswert sind.[164]

Die anschließende *Präzisierung des Zielsystems* dient dazu, den in der Problemformulierung definierten Soll-Zustand in quantifizierbaren Zielen auszudrücken. Das übergeordnete ökonomische Ziel von Unternehmen ist typischerweise die Steigerung des Unternehmenswerts, auch Shareholder Value genannt. Dieser errechnet sich aus dem Kapitalwert des auf den Betrachtungszeitpunkt abgezinsten künftig erwarteten Cash Flows, im Englischen als *net present value* oder kurz NPV bezeichnet.[165] Daneben verfolgen Unternehmen aber auch indirekte Ziele wie Kundenbindung, Steigerung des Marktanteils,

[161] Eigene Darstellung in Anlehnung an Laux, Gillenkirch et al. (2014) Entscheidungstheorie, S. 12
[162] Vgl. Klein, Scholl (2012) Planung und Entscheidung, S. 3 f.
[163] Vgl. Laux, Gillenkirch et al. (2014) Entscheidungstheorie, S. 12 f.
[164] Vgl. Grünig, Kühn (2013) Entscheidungsverfahren für komplexe Probleme, S. 78
[165] Vgl. Spetzler (2016) Decision quality, S. 85

Mitarbeiterzufriedenheit oder Markenbewusstsein, die sich nicht immer direkt in einen Kapitalwert umrechnen lassen.[166] Zu beachten ist dabei, dass die Ziele frei von Überschneidungen sind. Andernfalls müssen Ziele gestrichen oder zu einem übergeordneten Ziel vereinigt werden.[167] Für die Gestaltung von Produktionsnetzwerken relevante Bewertungsdimensionen sind in Kapitel 2.2.1 zusammengefasst. Lösungsansätze für multikriterielle Zielsysteme werden in Kapitel 2.3.3 vorgestellt.

Die *Erforschung möglicher Gestaltungsalternativen* bildet das Bindeglied zwischen Zielsetzung und Umsetzung der Entscheidung und ist somit Vorbereitung zielgerichteter Entscheidungen innerhalb einer befristeten Zeit.[168] Die Erarbeitung der Alternativen ist ein kreativer Prozess, der vom Wissensstand und der Kreativität der Entscheider abhängt.[169]

Um die Vorteilhaftigkeit der Alternativen anhand der definierten Ziele zu bewerten, müssen die Konsequenzen der Alternativen abgeschätzt werden. Hierbei ist eine sichere Prognose der Ergebnisse nicht möglich, da Entscheidungen grundsätzlich einem unvollkommenen Informationsstand unterliegen.[170] Der Informationsstand lässt sich verbessern, was allerdings mit einem höheren Planungsaufwand verbunden ist.[171] Die verbleibende Unsicherheit muss durch Eintrittswahrscheinlichkeiten berücksichtigt werden.[172] Der Zusammenhang zwischen Information und Unsicherheit im Entscheidungsprozess wird in Kapitel 2.3.2.2 detailliert.

Die *Auswahl einer Alternative* stellt die eigentliche Entscheidung dar. Nachdem die vorherigen Schritte im Idealfall soweit ausgeführt wurden, dass der Aufwand einer weiteren *Erforschung der Gestaltungsalternativen* keinen Mehrwert im Verhältnis zum erwarteten Erkenntnisgewinn bietet, wird die Alternative mit dem höchsten Nutzen gewählt.[173] Die Formulierung des Nutzens als Präferenzfunktion Φ (A_a)

[166] Vgl. Spetzler (2016) Decision quality, S. 85
[167] Vgl. Grünig, Kühn (2013) Entscheidungsverfahren für komplexe Probleme, S. 112 f.
[168] Vgl. Wöhe, Döring et al. (2016) Einführung in die allgemeine Betriebswirtschaftslehre, S. 72
[169] Vgl. Bretzke (1980) Problembezug von Entscheidungsmodellen, S. 109 f.
[170] Vgl. Grünig, Kühn (2013) Entscheidungsverfahren für komplexe Probleme, S. 125
[171] Vgl. Laux, Gillenkirch et al. (2014) Entscheidungstheorie, S. 14
[172] Vgl. Grünig, Kühn (2013) Entscheidungsverfahren für komplexe Probleme, S. 102
[173] Vgl. Spetzler (2016) Decision quality, S. 21

ermöglicht die Einführung von Entscheidungsmodellen.[174] Modelle für multikriterielle Zielsysteme bei Unsicherheit sind in Kapitel 2.3.3 aufgeführt. Die Präferenzfunktion ist abhängig von der individuellen Risikopräferenz der Entscheider. Bei Risikofreude ziehen sie ein riskantes Ergebnis einem sicheren Ergebnis mit gleicher Gewinnerwartung vor. Bei Risikoaversion verhält es sich umgekehrt. Die Risikopräferenz hat eine Auswirkung auf die Präferenzfunktion der Entscheider und damit auf ihre Entscheidungsfindung.[175] Die jeweils andere Lösung würde nur gegen eine zusätzliche Risiko- bzw. Sicherheitsprämie akzeptiert.[176] Im Rahmen dieser Arbeit wird vereinfachend von einem risikoneutralen Verhalten ausgegangen.[177]

Nach der Auswahl einer Alternative ist der Entscheidungsprozess noch nicht abgeschlossen, sondern er geht in eine Realisationsphase über. Bei komplexen Problemen und längerfristigen Umsetzung sind *Entscheidungen in der Realisationsphase* erforderlich, da die Alternativen Detailentscheidungen offen lassen.[178] Es empfiehlt sich daher, die in der Umsetzung involvierten Personen in die Entscheidungsfindung einzubeziehen.[179]

Die Entscheidungstheorie bietet verschiedene Lösungsansätze zur Unterstützung von Entscheidungsprozessen (vgl. Abbildung 2-13). Die deskriptive Entscheidungstheorie ermittelt durch empirische Forschung, wie Individuen oder Gruppen in realen Situationen Entscheidungen treffen. Im Fokus steht dabei die Frage, weshalb sie in der Realität von rationalen Entscheidungen abweichen.[180] In der Literatur wird eine Vielzahl von Effekten beschrieben, die zu einer Abweichung von rationalem

[174] Vgl. Laux, Gillenkirch et al. (2014) Entscheidungstheorie, S. 34

[175] Vgl. Laux, Gillenkirch et al. (2018) Entscheidungstheorie, S. 134 f.

[176] Vgl. Laux, Gillenkirch et al. (2014) Entscheidungstheorie, S. 96

[177] Für die individuellen Entscheider kann die persönlich optimale Alternative aufgrund der Risikopräferenz variieren. Das im Rahmen dieser Arbeit vorgestellte Entscheidungsmodell ermöglicht die Anwendung der Risikopräferenz auf die erarbeiteten Alternativen. Weiterführende Informationen zu Risikopräferenz und deren Auswirkung auf die Entscheidung liefern Friedman, Savage (1948) The Utility Analysis of Choices Involving Risk; Schneeweiß (1967) Entscheidungskriterien bei Risiko und Reilly (1986) The Markowitz Utility Function

[178] Vgl. Laux, Gillenkirch et al. (2014) Entscheidungstheorie, S: 15

[179] Vgl. Spetzler (2016) Decision quality, S. 119

[180] Vgl. Laux, Gillenkirch et al. (2014) Entscheidungstheorie, S. 17

Verhalten führen und daher vermieden werden sollten.[181] Die Effekte sind bei jeder Entscheidungssituation zu beachten und zu vermeiden. Der im Rahmen dieser Arbeit entwickelte Entscheidungsprozess ist so gestaltet, dass irrationale Entscheidungen gemäß der deskriptiven Entscheidungstheorie durch eine transparente Darstellung der Entscheidungssituation reduziert werden.[182] Der Fokus dieser Arbeit liegt allerdings auf der präskriptiven Entscheidungstheorie, welche Verhaltensempfehlungen für alternative Entscheidungssituationen in der Realität gibt.[183] Diese untergliedert sich in Regeln für die Explikation individueller Zielsysteme, Entscheidungsmodelle und Strukturempfehlungen für die Modellkonstruktion. Die ersten beiden Punkte wurden im Rahmen dieser Arbeit bereits mit direktem Bezug auf Produktionsnetzwerke in Kapitel 2.2 eingeführt. Strukturempfehlungen für die Modellkonstruktion dienen als Orientierungshilfe für Entscheidungsprobleme, indem sie untersuchen, „nach welchen Regeln und Kriterien in alternativen Entscheidungssituationen die Modellkonstruktion erfolgen soll, um zu einer zielgerechten Entscheidung zu gelangen."[184] Die im Rahmen dieser Arbeit entwickelte Methode (vgl. Kapitel 4 und 5) verfolgt dieses Ziel.

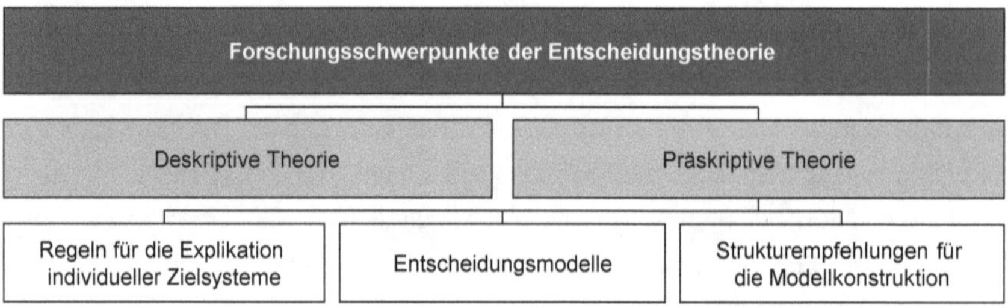

Abbildung 2-13: Forschungsschwerpunkte der Entscheidungstheorie[185]

[181] Vgl. Laux, Gillenkirch et al. (2014) Entscheidungstheorie, S. 155-208, Spetzler (2016) Decision quality, S. 121-154

[182] Vgl. Laux, Gillenkirch et al. (2018) Entscheidungstheorie, S. 197

[183] Vgl. Laux, Gillenkirch et al. (2014) Entscheidungstheorie, S. 17

[184] Laux, Gillenkirch et al. (2014) Entscheidungstheorie, S. 184

[185] Vgl. Laux, Gillenkirch et al. (2014) Entscheidungstheorie, S. 16

2.3.2 Unsicherheit im Entscheidungsprozess

Unsicherheit ist definiert als Abweichung vom unerreichbaren Ideal vollständiger deterministischer Sicherheit.[186] Bei einer Entscheidung liegt Unsicherheit vor, wenn mindestens zwei mögliche Umweltzustände vorliegen oder eintreten können, die sich unterschiedlich auf die zu wählenden Alternativen auswirken.[187] Unsicherheit ist „einer der wichtigsten Aspekte im Rahmen der Planung."[188] Die Berücksichtigung im Planungsprozess reicht von vollkommener Vernachlässigung bei deterministischen Modellen bis zur Verwendung komplexer stochastischer Modelle. Es handelt sich allerdings immer um Planungsheuristiken, bei denen ein Kompromiss zwischen Planungsaufwand und -ergebnis zu finden ist (vgl. Kapitel 2.3.2.2).[189] Im Rahmen der Produktionsnetzwerkgestaltung gibt es eine Vielzahl unterschiedlicher Planungsmodelle unter Vernachlässigung oder Berücksichtigung von Unsicherheit.[190] Die relevantesten Ansätze und Modelle werden in Kapitel 3 vorgestellt.

2.3.2.1 Arten von Unsicherheit

Unsicherheit lässt sich je nach Betrachtungsfall in unterschiedliche Dimensionen unterteilen.[191] Für modellgestützte Entscheidungsprozesse ist insbesondere die Unterscheidung von *Natur*, *Lokalisierung* und *Level* der Unsicherheit relevant.[192]

Natur der Unsicherheit

Die Natur der Unsicherheit beschreibt ihre generelle Charakteristik. Es wird zwischen *ontologischer*, *aleatorischer* und *epistemischer* Unsicherheit differenziert.[193]

Ontologische Unsicherheit wird auch als (unbewusstes) Unwissen beschrieben und bezeichnet Informationen, „deren Existenz und Beschaffungsmöglichkeit dem Betrachter oder Modellierer nicht gegenwärtig ist."[194] In der Praxis ist ontologische Unsicherheit insbesondere relevant, wenn undenkbare oder unvorhergesehene

[186] Vgl. Walker, Harremoës et al. (2003) Defining Uncertainty, S. 5
[187] Vgl. Laux, Gillenkirch et al. (2014) Entscheidungstheorie, S. 33
[188] Klein, Scholl (2012) Planung und Entscheidung, S. 405
[189] Vgl. Klein, Scholl (2012) Planung und Entscheidung, S. 406
[190] Vgl. Lanza, Ferdows et al. (2019) Global Production Networks: Design and Operation, S. 836
[191] Vgl. Thunnissen (2003) Design and Development of Complex Systems, S. 15
[192] Vgl. Walker, Harremoës et al. (2003) Defining Uncertainty, S. 8 f.
[193] Vgl. Tröger (2018) Unsicherheit und Uneindeutigkeit in Verlässlichkeitsmodellen, S. 27
[194] Tröger (2018) Unsicherheit und Uneindeutigkeit in Verlässlichkeitsmodellen, S. 28

Ereignisse eintreten können, die einen extremen Einfluss haben. Diese Ereignisse lassen sich nicht aus vergangenen, beobachteten Ereignissen ableiten und werden als „schwarze Schwäne“ bezeichnet.[195] Dementsprechend empfiehlt sich eine fehlertolerante Auslegung von Modellen und Systemen.[196] In der Entscheidungstheorie spiegelt sich dies mit der Präferenz für möglichst robuste Szenarien.[197]

Aleatorische Unsicherheit resultiert aus realem, nicht-deterministischen Verhalten und bezeichnet damit eine inhärente Variabilität.[198] Neben tatsächlich inhärenter Zufälligkeit lassen sich im Entscheidungsprozess auch wirtschaftliche, kulturelle und soziale Dynamik sowie technologische Durchbrüche als aleatorische Unsicherheit auffassen.[199] Dies lässt sich etwa durch die Nichtvorhersagbarkeit von Aktienkursen belegen.[200] Aleatorische Unsicherheit lässt sich statistisch abbilden und dadurch im Rahmen von modellgestützten Entscheidungsprozessen berücksichtigen.[201]

Epistemische Unsicherheit beschreibt einen Mangel an Informationen, die zwar den Entscheidern nicht vorliegen, aber prinzipiell verfügbar sind. Beispiele für epistemische Unsicherheit sind unvollständige oder fehlerhafte Daten, begrenztes Wissen, subjektive Einschätzungen und vereinfachende Modelle.[202] Durch Aufwand, etwa in Form von Datenbeschaffung oder Modellspezifizierung, ist epistemische Unsicherheit reduzierbar.[203] Bei modellbasierten Systemen existiert epistemische Unsicherheit in Form von struktureller Unsicherheit, Parameterunsicherheit, semantischer Unsicherheit und experimenteller Unsicherheit. Strukturelle Unsicherheit liegt vor, wenn Zusammenhänge nicht formuliert sind. Parameterunsicherheit beschreibt die Problematik, gültige Wertbelegungen für

---

[195] Vgl. Motet, Bieder (2017) The illusion of risk control, S. 3

[196] Vgl. Tröger (2018) Unsicherheit und Uneindeutigkeit in Verlässlichkeitsmodellen, S. 29

[197] Vgl. Marchau, Walker et al. (2019) Decision making under deep uncertainty, S. 25

[198] Vgl. Tröger (2018) Unsicherheit und Uneindeutigkeit in Verlässlichkeitsmodellen, S. 32, Kreye, Melanie E et al. (2011) Manifestation of uncertainty - a classification, S. 97

[199] Vgl. Walker, Harremoës et al. (2003) Defining Uncertainty, S. 13-14; Knetsch (2003) Unsicherheiten in Ingenieurberechnungen, S. 29

[200] Vgl. Brunnberg (2018) Kapitalmarktkommunikation und Finanzanalysten, S. 80

[201] Vgl. Sedehi, Teymouri et al. (2019) Quantification of Aleatory Uncertainty in Modal Updating Problems using a New Hierarchical Bayesian Framework, S. 1

[202] Vgl. Walker, Harremoës et al. (2003) Defining Uncertainty, S. 13

[203] Vgl. Kiureghian, Ditlevsen (2009) Aleatory or epistemic? Does it matter?, S. 105; Swiler, Swiler et al. (2009) Epistemic uncertainty quantification tutorial, S. 1005

Modellparameter zu bestimmen. Semantische Unsicherheit entsteht durch fehlende Eindeutigkeit in der Sprache, etwa durch kontextabhängige Interpretierbarkeit von Informationen. Experimentelle Unsicherheit schließlich entsteht durch (bekannte) Fehlertoleranzen in Messungen, die sich durch präzisere Untersuchungen vollständig eliminieren ließen.[204]

Lokalisierung der Unsicherheit

Die Lokalisierung oder Manifestation der Unsicherheit beschreibt, an welcher Stelle sie im Entscheidungsprozess auftritt.[205] Für modellgestützte Entscheidungsprozesse eignet sich die Klassifikation nach KREYE ET AL. (vgl. Abbildung 2-14). Dabei wird zwischen Kontext-, Daten-, Modell- und Ergebnisunsicherheit unterschieden.

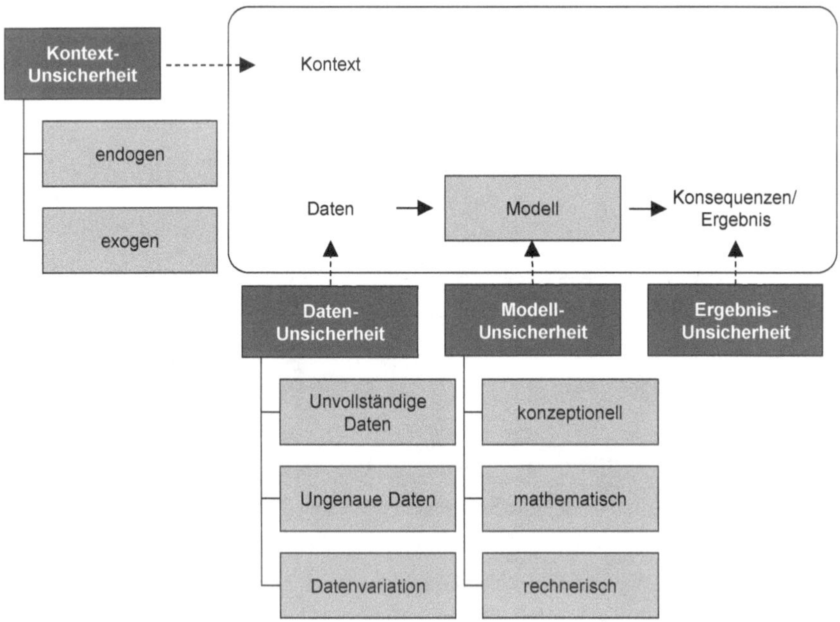

Abbildung 2-14: Lokalisierung der Unsicherheit[206]

[204] Vgl. Tröger (2018) Unsicherheit und Uneindeutigkeit in Verlässlichkeitsmodellen, S. 34-39

[205] Vgl. Walker, Harremoës et al. (2003) Defining Uncertainty, S. 9

[206] Eigene Darstellung in Anlehnung an Kreye, Melanie E et al. (2011) Manifestation of uncertainty - a classification, S. 98

Kontextunsicherheit beschreibt die Gegebenheiten, unter denen die Entscheidung zu fällen ist. DE WECK ET AL. unterscheiden dabei endogene und exogene Unsicherheit.[207] Endogene oder auch interne Unsicherheit beschreibt die Unsicherheit innerhalb des betrachteten Systems, typischerweise des Unternehmens. Sie umfasst beispielsweise die Unternehmensstrategie oder die Ausgestaltung von Wartungsverträgen.[208] Das Unternehmen kann im Entscheidungsprozess Einfluss auf die endogene Unsicherheit nehmen und diese somit beeinflussen.[209] Exogene Unsicherheit beschreibt alle externen Einflüsse, die auf die Entscheidungssituation einwirken. Die Marktumgebung, etwa das Verhalten von Wettbewerbern, sowie das politische und kulturelle Umfeld sind Beispiele hierfür.[210] Exogene Unsicherheit ist im Rahmen des Entscheidungsprozesses nicht beeinflussbar.[211]

Datenunsicherheit betrifft die in das Entscheidungsmodell einfließenden Daten. In der Literatur existiert eine Vielzahl an objektiven und subjektiven Dimensionen, um Datenqualität zu beschreiben.[212] Nach BRAMBRING lassen sie sich auf die drei Bewertungsdimensionen Konsistenz, Korrektheit und Vollständigkeit reduzieren. Konsistenz beschreibt die widerspruchsfreie Ableitung von Informationen aus einem Datensatz. Daten sind korrekt, wenn sie die Realität exakt wiedergeben und nicht beispielsweise Messungenauigkeiten auftreten. Vollständig sind Daten, wenn keine Lücken im Datensatz auftreten und alle erhobenen bzw. benötigten Daten tatsächlich vorliegen.[213] Durch Spiegelung dieser Qualitätsanforderungen ergeben sich die Arten der Unsicherheit nach KREYE ET AL. (vgl. Abbildung 2-14).

Unsicherheit im Entscheidungsmodell kann auf drei unterschiedliche Arten entstehen: konzeptionelle, mathematische und rechenbasierte Unsicherheit.[214] Konzeptionelle Unsicherheit entsteht durch die modellimmanente Abstraktion des realen Sachverhalts.[215] Ursache ist das Unverständnis eines realen Ablaufs, z.B. dem physikalischen Verhalten von Materialien, oder die bewusste Vereinfachung des

[207] Vgl. Weck, Eckert et al. (2007) A Classification of Uncertainty, S. 4-6
[208] Vgl. Weck, Eckert et al. (2007) A Classification of Uncertainty, S: 4
[209] Vgl. Kreye, Melanie E et al. (2011) Manifestation of uncertainty - a classification, S. 99
[210] Vgl. Weck, Eckert et al. (2007) A Classification of Uncertainty, S. 4
[211] Vgl. Kreye, Melanie E et al. (2011) Manifestation of uncertainty - a classification, S. 99
[212] Vgl. Brambring (2017) Steigerung der Datenintegrität, S. 46
[213] Vgl. Brambring (2017) Steigerung der Datenintegrität, S. 47
[214] Vgl. Kreye, Melanie E et al. (2011) Manifestation of uncertainty - a classification, S. 100
[215] Vgl. Rocquigny (2012) Modelling Under Risk and Uncertainty, S. 50

Modells.[216] Mathematische Modellunsicherheit entsteht durch Approximation und Vereinfachung von Rechenoperationen.[217] Die rechenbasierte Unsicherheit entsteht aus der softwareseitigen Implementierung des Modells und den damit verbundenen möglichen Hard- und Softwarefehlern.[218] Die Validierung von Modellen ist ein zentrales Element zur Reduktion von Modellunsicherheit und zur Auswahl geeigneter Modelle.[219]

Phenomologische Unsicherheit beschreibt schließlich die Nichtvorhersagbarkeit der Zukunft aufgrund unbekannter Ereignisse oder Einflüsse. KREYE ET AL. definieren darunter „unbekannte Unsicherheit", die damit der ontologischen Unsicherheit (vgl. Abschnitt „Natur der Unsicherheit") gleicht, deren Reduktion durch die Bildung robuster Szenarien angestrebt wird. [220]

Stufen der Unsicherheit

In der Wissenschaft wird teilweise zwischen Risiko und Unsicherheit unterschieden. Risiko wird dabei als Erfassung möglicher Umweltzustände mit konkreten Eintrittswahrscheinlichkeiten beschrieben. Bei Unsicherheit im engeren Sinne ist diese Erfassung nicht möglich.[221] Diese Unterscheidung ist jedoch nicht trennscharf, da sich beide Fälle sowie ontologische Unsicherheit unter Unsicherheit als Überbegriff subsumieren lassen.[222] Daneben wird Risiko gemeinhin mit dem Eintreten negativer Ereignisse verbunden und deren Vermeidung unter dem Begriff Risikomanagement häufig als strategische Planungsaufgabe verstanden.[223] Daher wird in der vorliegenden Arbeit der Begriff Unsicherheit als Überbegriff synonym verwendet.[224] Zur Separierung des Maßes an Unsicherheit eignet sich die Unterteilung nach MARCHAU ET AL. (vgl. Abbildung 2-15). Diese reicht von vollständiger deterministischer

---

[216] Vgl. Du, Chen (2000) Managing the Effect of Uncertainty, S. 1471, Benfer, Ziegler et al. (2019) Determination of the abstraction level in production network models, S. 200

[217] Vgl. Kreye, Melanie E et al. (2011) Manifestation of uncertainty - a classification, S. 101

[218] Vgl. Walker, Harremoës et al. (2003) Defining Uncertainty, S. 9-10, Kreye, Melanie E et al. (2011) Manifestation of uncertainty - a classification S. 100-101

[219] Vgl. Rajabally, Sen et al. (2003) Appropiate use of models in engineering design, S. 2

[220] Vgl. Kreye, Melanie E et al. (2011) Manifestation of uncertainty - a classification, S. 101f

[221] Vgl. Laux, Gillenkirch et al. (2018) Entscheidungstheorie, S. 93

[222] Vgl. Svetlova, van Elst (2012) How is non-knowledge represented in economic theory?, S. 1

[223] Vgl. Brauweiler (2019) Risikomanagement in Unternehmen, S. 3

[224] Diese Begriffsverwendung findet sich auch in anderen Ansätzen, z.B. Pede (2020) Planning for resilience, S. 10

Sicherheit bis zu völliger Ignoranz. Vollständige Sicherheit liegt vor, wenn eine Situation vollständig bekannt ist. Dies ist bei komplexen Entscheidungssituationen in der Realität fast nie der Fall, weshalb es sich eher um eine theoretische Grenze handelt. Stufe 1 Unsicherheit beschreibt Situationen, die nicht vollständig sicher sind, bei denen eine Berücksichtigung der Unsicherheit in der Modellierung aber nicht notwendig ist, da sie aus der Vergangenheit spezifisch genug abgeleitet werden kann. Eine Sensitivitätsanalyse ist ausreichend. Als Stufe 2 wird eine Unsicherheit bezeichnet, die durch Wahrscheinlichkeiten ausgedrückt werden kann. Sie lässt sich durch stochastische Modelle berücksichtigen. Beispiele sind die Preisentwicklung von Rohmaterialien oder der Absatz von Produkten.[225] Modellierungsarten sind im nachfolgenden Kapitel 2.3.2.2 detailliert. Unsicherheit auf Stufe 3 liegt vor, wenn eine begrenzte Zahl unterschiedlicher Situationen in der Zukunft eintreten können, die sich nicht durch Wahrscheinlichkeiten ausdrücken lassen. Hierbei wird die Auswahl eines robusten Szenarios aus unterschiedlichen Alternativen empfohlen. Stufe 4 wird auch als „tiefe Unsicherheit" bezeichnet und beschreibt Situationen, die entweder noch in eine (große) Anzahl möglicher Umweltzustände überführt werden kann (Stufe 4a) oder sich überhaupt nicht abschätzen lassen (Stufe 4b). Nach diesem Level folgt schließlich vollkommene Ignoranz bzw. rein ontologische Unsicherheit.[226]

---

[225] Vgl. Weck, Eckert et al. (2007) A Classification of Uncertainty, S. 8

[226] Vgl. Marchau, Walker et al. (2019) Decision making under deep uncertainty, S. 7 f.

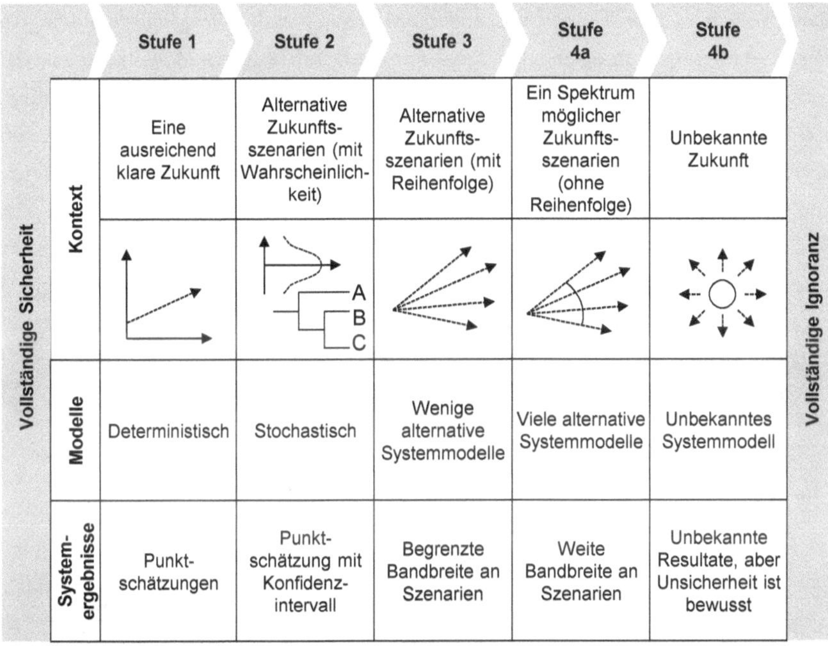

Abbildung 2-15: Stufen der Unsicherheit nach Marchau, Walker et al.[227]

2.3.2.2 Modellierung von Unsicherheit

Grundlage der Modellierung von Unsicherheit ist die numerische Beschreibung der Wahrscheinlichkeit, dass Ereignisse eintreten.[228] Dabei werden Eingangsparameter nicht als feste Größe, sondern durch Zufallsvariablen abgebildet.[229] Das Verhalten der Zufallsvariablen wird über Verteilungsfunktionen ausgedrückt. Beispiele hierfür sind die Gleichverteilung, die Dreiecksverteilung, die Normalverteilung oder – als nichtsymmetrische Abwandlung – die Beta-Verteilung.[230]

Je nachdem, ob Unsicherheit für ein bestimmtes Ereignis oder einen Zeitraum ausgedrückt werden soll, existieren zeitabhängige und zeitunabhängige Modellierungsarten (vgl. Abbildung 2-16). Die zeitunabhängigen Modellierungsarten

---

[227] Vgl. Marchau, Walker et al. (2019) Decision making under deep uncertainty, S. 9

[228] Vgl. Weck, Eckert et al. (2007) A Classification of Uncertainty, S. 7

[229] Vgl. Knetsch (2003) Unsicherheiten in Ingenieurberechnungen, S. 21

[230] Vgl. Romeike, Hager (2020) Risiko-Management 4.0, S. 170-174

lassen sich dabei in vorgängerabhängige und vorgängerunabhängige Modellierungsarten unterscheiden. Bei der vorgängerabhängigen Modellierung ist die Ausprägung zum jeweiligen Zeitpunkt abhängig von der vorherigen Ausprägung. Diese Art der Modellierung wird verwendet, um beispielsweise Entwicklungen von Rohstoffpreisen oder Wechselkursen abzubilden.[231] Daneben wird zwischen diskreten und stetigen Auftretensarten unterschieden. Diskrete Modellierung wird für Unsicherheiten wie Lieferengpässe verwendet, die zu einem bestimmten Zeitpunkt auftreten. Stetige Modellierung dagegen wird für die Abbildung von Entwicklungen verwendet.[232]

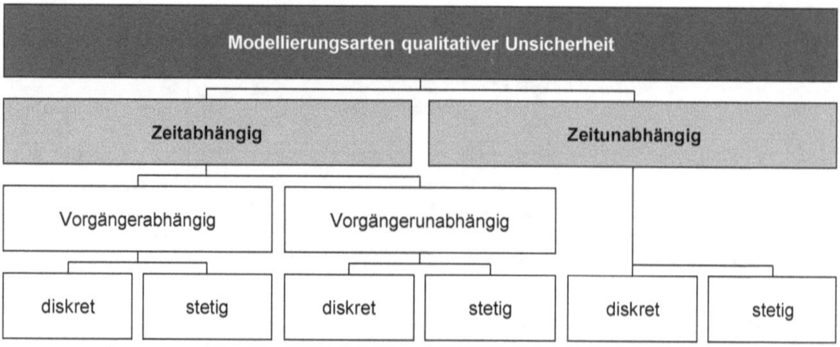

Abbildung 2-16: Modellierungsarten quantitativer Unsicherheiten[233]

Für die im Rahmen der vorliegenden Arbeit benötigten Modelle zur Abbildung der zeitabhängigen Entwicklung von Einflussfaktoren unter Unsicherheit (vgl. Kapitel 1.2) eignen sich insbesondere zeitabhängige Modellierungsarten. Arithmetische Random Walks fallen in diese Kategorie.[234] Es handelt sich dabei um zeit- und vorgängerabhängige stochastische Prozesse, bei denen die Ausgangssituation zu einem Zeitpunkt $t = 0$ bekannt ist.[235] Gegenüber anderen stochastischen Prozessen lassen sie sich vergleichsweise einfach und mit wenigen Parametern beschreiben, weshalb Sie

[231] Vgl. Krebs (2012) Bewertung vernetzter Produktionsstandorte, S. 65 f.
[232] Vgl. Krebs (2012) Bewertung vernetzter Produktionsstandorte, S. 66
[233] Eigene Abbildung in Anlehnung an Rimpau (2011) Wissensbasierte Risikobewertung, S. 64
[234] Vgl. Romeike, Hager (2020) Risiko-Management 4.0, S. 273
[235] Vgl. Krebs (2012) Bewertung vernetzter Produktionsstandorte, S. 68

im Rahmen dieser Arbeit als Modellierungsart fokussiert werden.[236] Die Unsicherheit wird bei arithmetischen Random Walks mittels eines Wachstumsparameters als Trend und einer Zufallszahl für die Abweichung im Zeitpunkt beschrieben. Die Zufallszahl bildet eine gewünschte Verteilungsfunktion ab. Die Unsicherheit wächst aufgrund der Multiplikation mit der Quadratwurzel des Zeitintervalls im Zeitverlauf an.[237] Für eine Normalverteilung ergibt sich die Formel für den arithmetischen Random Walk wie folgt:

Formel 2-8: Arithmetischer Random Walk mit Trend[238]

$$S_t = S_0 + \mu \times t + snv \times \sigma \times \sqrt{t}$$

S_t = Wert zum Zeitpunkt t
S_0 = Ausgangswert zum Zeitpunkt 0
μ = Wachstumsparameter
t = Zeitpunkt
snv = Standardnormalverteilte Zufallszahl
σ = Standardabweichung der Normalverteilung

Mit $\mu = 0$ erhält man einen arithmetischen Random Walk ohne Trend, mit $\sigma = 0$ wird ein deterministischer Verlauf beschrieben. Zusätzlich lässt sich ein Vertrauensintervall bestimmen, das die Wahrscheinlichkeit angibt, dass der Wert zum Zeitpunkt t innerhalb des Intervalls liegt. Bei der Normalverteilung ergibt sich das Intervall durch die Multiplikation der Standardabweichung σ mit einem Faktor z. Bei einem z von 1,65 liegen Werte mit einer Wahrscheinlichkeit von 90% innerhalb des Intervalls, bei z = 2 beträgt die Wahrscheinlichkeit 95,45% und bei z = 3 sind es 99,73%.[239] Die obere und untere Intervallgrenze werden durch folgende Formel beschrieben:

Formel 2-9: Obere und untere Intervallgrenze arithmetischer Random Walks mit Trend

$$S_t = S_0 + \mu \times t \pm z \times \sigma \times \sqrt{t}$$

z = Faktor zur Festlegung der Intervallgrenze

---

[236] Weiterführerende Literatur und alternative stochastische Prozesse finden sich z.B. bei Schäffler (2017) Verallgemeinerte stochastische Prozesse und Kersting, Wakolbinger (2014) Stochastische Prozesse
[237] Vgl. Romeike, Hager (2020) Risiko-Management 4.0, S. 275
[238] Vgl. Romeike, Hager (2020) Risiko-Management 4.0, S. 275
[239] Vgl. Romeike, Hager (2020) Risiko-Management 4.0, S. 557

Random Walks werden häufig im Risikomanagement zur Risikoaggregation in Kombination mit numerischen Verfahren wie der Monte-Carlo-Simulation verwendet.[240] Bei dieser wird eine Vielzahl von Zufallsvarianten der betrachteten stochastischen Größen erzeugt. Die erzeugten Varianten lassen sich in Dichtefunktionen abbilden, die damit angenähert die Verteilungsfunktion darstellen.[241] Zusätzlich lassen sich in der Monte-Carlo-Simulation Korrelationen zwischen verschiedenen Faktoren beschreiben.[242] Damit liefert sie in der Entscheidungssituation Transparenz über die künftige Entwicklung der im Modell betrachteten Realität unter den getroffenen Annahmen, etwa hinsichtlich der Wahrscheinlichkeitsverteilung.[243]

Die Abbildung von epistemischer und aleatorischer Unsicherheit erfolgt über eine Berücksichtigung der jeweiligen Unsicherheit als eigener Wahrscheinlichkeitsverteilung oder in einer zweistufigen Monte-Carlo-Simulation: Dabei wird zunächst eine Monte-Carlo-Simulation mit rein aleatorischer Unsicherheit durchgeführt. Die resultierenden Werte werden im nächsten Schritt durch eine zweite Simulation um die epistemische Unsicherheit variiert.[244]

2.3.2.3 Vorgehen zur Reduktion von Unsicherheit

In Kapitel 2.3.2.1 wurde dargestellt, das ein Zusammenhang zwischen der Natur der Unsicherheit und dem Informationsstand in der Entscheidungssituation existiert. Während ontologische Unsicherheit nicht erfasst werden kann und sich durch robuste Szenarien abbilden lässt, sind aleatorische und epistemische Unsicherheit konkreter berücksichtigbar. Aleatorische Unsicherheit ist, wie im vorherigen Kapitel aufgezeigt, nicht reduzierbar, aber durch Modelle beschreibbar. Epistemische Unsicherheit dagegen lässt sich durch Informationsbeschaffung reduzieren (vgl. Abbildung 2-17).

[240] Vgl. Kupfer (2020) Investition in Innovation, S. 99-112; Gleißner, Wolfrum (2019) Risikoaggregation und Monte-Carlo-Simulation, S. 26

[241] Vgl. Rocquigny (2012) Modelling Under Risk and Uncertainty, S. 283

[242] Vgl. Romeike, Hager (2020) Risiko-Management 4.0, S. 451, ein konkretes Verfahren wird in Kapitel 5.2.4 beschrieben

[243] Vgl. Gleißner, Wolfrum (2019) Risikoaggregation und Monte-Carlo-Simulation, S. 31

[244] Vgl. Knetsch (2003) Unsicherheiten in Ingenieurberechnungen, S. 33 f.

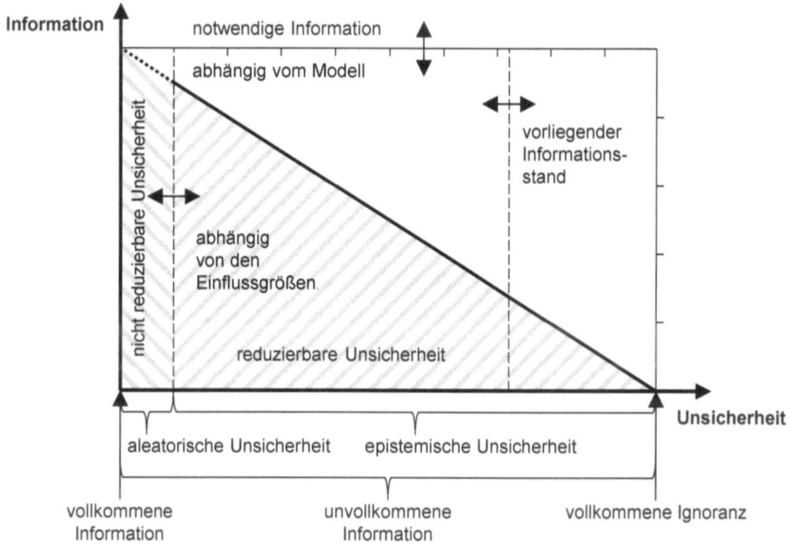

Abbildung 2-17: Zusammenhang zwischen Information und Unsicherheit bezogen auf ein Modell[245]

Zum Abbau der Unsicherheit lassen sich umfangreichere Informationen beschaffen oder die vorhandenen Daten besser verarbeiten.[246] Der zur Entscheidungsfindung notwendige Informationsbedarf beschreibt die Art, Menge und Beschaffenheit der notwendigen Informationen.[247] Er ergibt sich in Abhängigkeit der zur Entscheidungsfindung eingesetzten Modelle. Die Informationen sind durch interne und externe Quellen beschaffbar. Interne Quellen sind beispielsweise Funktionsbereiche des Unternehmens wie Rechnungswesen und Controlling, Daten aus Enterprise Resource Planning (ERP) und Manufactuing Excecution Systemen (MES) oder Einschätzungen des Vertriebs.[248] Beispiele für externe Informationen sind Online-Datenbanken, Fachartikel oder Fachstudien.[249] Durch die Erhebung und Verarbeitung der Information entsteht ein zeitlicher und finanzieller Aufwand, der den Kosten einer potenziellen

[245] Eigene Darstellung in Anlehung an Knetsch (2003) Unsicherheiten in Ingenieurberechnungen, S. 31
[246] Vgl. Adam (2014) Planung und Entscheidung, S. 223
[247] Vgl. Klein, Scholl (2012) Planung und Entscheidung, S. 24-25
[248] Vgl. Bea, Friedl et al. (2011) Allgemeine Betriebswirtschaftslehre, S. 319-425
[249] Vgl. Bea, Friedl et al. (2011) Allgemeine Betriebswirtschaftslehre, S. 319-425

Fehlentscheidung aufgrund des Informationsmangels entgegensteht (vgl. Abbildung 2-18).

Um den optimalen Informationsstand zu erreichen, muss die potenziell verfügbare Information bewertet werden. Der Wert der Information entspricht nach dem Bayes'schen Theorem der Eingrenzung des Wahrscheinlichkeitsurteils nach der Informationsbeschaffung (a-posteriori) im Vergleich zur Ausgangssituation vor der Informationsbeschaffung.[250] Da die Bewertung allerdings erst nach der Informationsbeschaffung erfolgen kann, ist sie in der Entscheidungssituation von der Anfangserwartung bezüglich der Umweltzustände und der Zuverlässigkeit der Information abhängig. Da diese nicht vorab bekannt sind, ist die Entscheidung zur Informationsbeschaffung immer subjektiv. Der Informationswert kann jedoch nicht negativ sein. Sofern die Kosten zur Informationsbeschaffung allerdings den Informationswert übersteigen, ist die Informationsbeschaffung in der Entscheidungssituation nachteilig. In der Praxis erfolgt die Informationsbeschaffung daher meist in einem mehrstufigen Prozess, in dem weitere Informationen davon abhängen, welche Informationen im vorherigen Schritt eingegangen sind.[251]

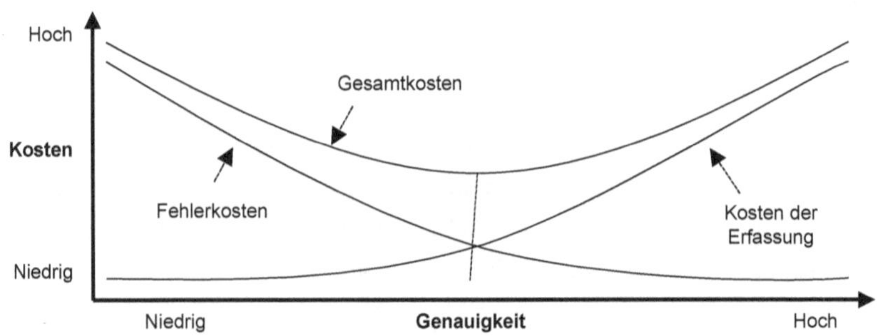

Abbildung 2-18: Zusammenhang zwischen Fehlerkosten und Kosten der Informationsbeschaffung[252]

[250] Vgl. Laux, Gillenkirch et al. (2018) Entscheidungstheorie, S. 382-383

[251] Vgl. Laux, Gillenkirch et al. (2018) Entscheidungstheorie, S. 383

[252] Eigene Darstellung in Anlehung an Kaplan, Cooper (1999) Prozesskostenrechnung als Managementinstrument, S. 140

2.3.3 Multikriterielle Bewertungs- und Entscheidungsverfahren bei Unsicherheit

In Kapitel 2.2.1 wurde aufgezeigt, dass die Gestaltung von Produktionsnetzwerken verschiedenen Zielen unterliegt, deren Erfüllung sich in verschiedenen Alternativen aufgrund der in Kapitel 2.3.2 dargestellten Unsicherheit nicht eindeutig vorhersagen lässt. Um in diesem Kontext Entscheidungen zu treffen, gibt es eine Vielzahl von Prinzipen, nach denen Entscheidungen getroffen werden können. Beispiele hierfür sind die MaxMin- und die MaxMax-Regel. Dabei wird jeweils die Alternative gewählt, die im ungünstigsten bzw. im günstigsten Zustandsszenario das beste minimale bzw. maximale Ergebnis liefert. Diese Regeln sind jedoch für unternehmerische Entscheidungen in der Praxis untauglich, da sie nur einzelne Zustandsszenarien bewerten oder diese als gleich wahrscheinlich betrachten.[253] Daher werden sie hier nicht weiter ausgeführt. Das (μ.σ)- sowie das Bernoulli-Prinzip betrachten jeweils die Risikoausprägung der entscheidenden Personen. Beim (μ.σ)-Prinzip wird die Standardabweichung σ vom Erwartungswert μ gemessen. Bei risikoscheuen Entscheidern werden negative, bei risikofreudigen Entscheidern positive Abweichungen stärker gewichtet.[254] Das Bernoulli-Prinzip überführt die konkreten möglichen Ergebnisausprägungen in Nutzwerte. Bei Risikoaversion haben schlechte Ausprägungen der Ergebnisse einen stärkeren Einfluss auf den Nutzen als positive Ausprägungen, bei Risikofreude verhält es sich umgekehrt.[255] Generell wird ein abnehmender Grenznutzen unterstellt. Der Nutzen steigt dabei streng monoton, nimmt aber mit zunehmendem Ergebnisniveau ab.[256] Beide Verfahren zeigen auf, dass eine Bewertung der Entscheidungssituation letzten Endes immer subjektiv ist.

Aufgrund der vier im Rahmen dieser Arbeit betrachteten Zielgrößen (vgl. Kapitel 2.2.1) liegt eine multikriterielle Entscheidungssituation vor. Diese lässt sich auf zwei Arten lösen: durch Gewichtung der Zielgrößen oder eine Reihenfolge der Zielerfüllung. Die Gewichtung von Zielgrößen erfolgt, indem einzelne Ausprägungen

---

[253] Vgl. Laux, Gillenkirch et al. (2018) Entscheidungstheorie, S. 95-100, die Untauglichkeit gilt auch für die Abwandlung der MinMax- und MaxMin-Regeln wie dem Hurwicz-Prinzips, der Niehans-Savage-Regel oder der Laplace-Regel.

[254] Vgl. Laux, Gillenkirch et al. (2018) Entscheidungstheorie, S. 117 f.

[255] Vgl. Laux, Gillenkirch et al. (2018) Entscheidungstheorie, S. 130-134

[256] Vgl. Laux, Gillenkirch et al. (2018) Entscheidungstheorie, S. 132

der Zielgrößen gegeneinander aufgewogen werden. Dadurch entstehen Entscheidungsequivalenzen, die von den Entscheidern bewertet werden. Beispielhafte Verfahren sind der paarweise Vergleich oder der Analytical Hierarchy Process (AHP).[257] Hierbei werden sukzessive alle Zielgrößen in eine Zielgröße überführt. Bei unternehmerischen Entscheidungen bietet sich als übergeordnete Zielgröße der Kapitalwert als Ausdruck des Shareholder Value an.[258]

Grundproblem dieser Methoden ist aber, dass Bewertungsfaktoren mit unterschiedlichen Einheiten wie Zeit und Geldeinheiten durch eine subjektive Bewertung in Verhältnis zueinander gesetzt werden. Dadurch geht Transparenz über die Entscheidungssituation verloren. Gleichzeitig dienen die Ziele unterschiedlichen Zwecken: Qualität, Flexibilität und Zeit dienen primär der Erfüllung von Kundenforderungen, die Produkte zur richtigen Zeit in der richtigen Menge zu erhalten. Die Wirtschaftlichkeit ist dagegen primär ein unternehmensinternes Ziel. Nach FERDOWS UND DE MEYER sind die Zielgrößen Qualität, Stabilität und Geschwindigkeit daher qualifizierende Ziele, um die Produkte zu vertreiben, während die Kosteneffizienz als Optimierungsgröße einfließt (vgl. Abbildung 2-19). Daraus folgt, dass die qualifizierenden Ziele bis zu einem gewissen Grad erfüllt sein müssen. Der Erfüllungsgrad stellt aber gleichzeitig den Grenznutzen dar, dessen Übererfüllung keinen Mehrwert erzeugt. Die Wirtschaftlichkeit verbleibt somit als einzige Zielgröße ohne Grenznutzen und wird unter Berücksichtigung der anderen Ziele optimiert.

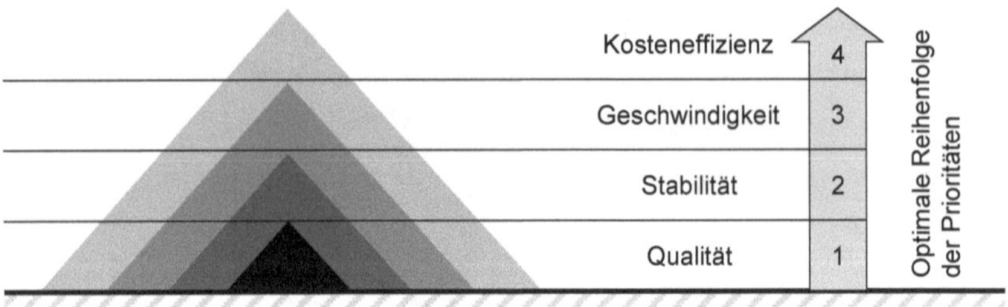

Abbildung 2-19: Sand Cone Modell nach FERDOWS UND DE MEYER[259]

[257] Paarweiser Vergleich: Vgl. Busse von Colbe, Witte (2018) Investitionstheorie und Investitionsrechnung, S. 307-331; Analytic Hierachy Process: Vgl. Saaty (1977) A scaling method for priorities in hierarchical structures, S. 234-281

[258] Vgl. Spetzler (2016) Decision quality, S. 91

[259] Eigene Darstellung in Anlehnung an Ferdows, Meyer (1990) Lasting improvements in manufacturing performance, S. 175

Unabhängig von der jeweiligen Entscheidungsbewertung lassen sich in Entscheidungssituationen Dominanzkriterien aufstellen. Absolute Dominanz liegt vor, wenn eine Alternative im schlechtesten Zustandsszenario ein besseres oder gleich gutes Ergebnis bietet wie das dominierte Szenario im besten Zustandsszenario. Zustandsdominanz liegt vor, wenn eine Alternative bei allen Zustandsszenarien mindestens gleich gut und in mindestens einem Fall besser abschneidet. In beiden Fällen ist die dominante Alternative objektiv vorteilhaft und sollte gewählt werden.[260] Stochastische Dominanz liegt vor, wenn eine Alternative bei allen Zustandsszenarien einen höheren Erwartungswert als die anderen Ergebnisse liefert. Ihre Bewertung ist jedoch von der Risikoeinstellung der entscheidenden Personen abhängig.[261]

2.4 Herausforderungen im Entscheidungsprozess zur Produktionsnetzwerkgestaltung

In den Kapiteln 2.2 und 2.3 wurden die Grundlagen der Gestaltung von Produktionsnetzwerken und der Entscheidungstheorie eingeführt. In der Praxis ergeben sich aber wie in Kapitel 1.1 dargestellt zahlreiche Herausforderungen. Diese werden nachfolgend vorgestellt. Die einzelnen Abschnitte orientieren sich dabei an dem Aufbau und Ablauf von Entscheidungsprozessen. Sie zeigen insbesondere auf, weshalb die Entscheidungsgeschwindigkeit und Entscheidungsqualität in der Praxis nicht ausreichen, um Produktionsnetzwerke kontinuierlich durch Entscheidungsprozesse zu gestalten.

2.4.1 Entwicklung maßgeblicher und belastbarer Gestaltungsalternativen

Nur Unternehmen, die in der Lage sind, rechtzeitig auf Veränderungen zu reagieren und sich an diese anzupassen, können bei hohem Wettbewerbsdruck und zunehmender Dynamik bestehen.[262] Die Reaktionsgeschwindigkeit ist bei der Gestaltung von Produktionsnetzwerken ein entscheidender Wettbewerbsfaktor.[263] Gleichzeitig gibt es bei der Gestaltung von Produktionsnetzwerken einerseits große Freiheitsgrade, etwa bei der Standortwahl. Andererseits gibt es eine Vielzahl von

---

260 Vgl. Laux, Gillenkirch et al. (2018) Entscheidungstheorie, S. 108 f.

261 Vgl. Laux, Gillenkirch et al. (2018) Entscheidungstheorie, S. 109 f.

262 Vgl. Moser, Stricker et al. (2016) Risk Efficient Migration Strategies for Global Production Networks, S. 104

263 Vgl. Lanza, Ferdows et al. (2019) Global Production Networks: Design and Operation, S. 839

Einflussvariablen wie Absatzmengen und -volatilität, Produkt- und Produktionsprozessvariablen, Vertragsvereinbarungen mit Zulieferern und Standortfaktoren wie Umweltauflagen, rechtliche Rahmenbedingungen oder auch der Zugang zu aktuellen Technologien.[264] Infolgedessen ist das Management von Produktionsnetzwerken komplex und der Gestaltungsprozess aufwendig.[265] Die Komplexität nimmt darüber hinaus durch eine zunehmende Produktdiversität weiter zu.[266] Um schnelle Gestaltungsentscheidungen für Produktionsnetzwerke zu treffen, ist eine Verringerung der Komplexität erforderlich.[267] Gleichzeitig ist eine hohe Entscheidungsqualität sicherzustellen, da einmal getroffene Entscheidungen nur schwer oder gar nicht revidierbar sind und die strategischen Optionen eines Unternehmens auf lange Zeit einschränken können.[268] Entscheidungen sind maximal so gut wie die beste entwickelte Alternative. Viele Organisationen neigen jedoch dazu, sich schnell auf naheliegende Optionen einzugrenzen. Gerade im Kontext komplexer Entscheidungen ist es daher wichtig, verschiedene Alternativen mit dezidierten Risiken und Chancen zu erzeugen.[269] Eine *systematische Eingrenzung der Entscheidungskomplexität* ist somit ein zentrales Element der kontinuierlichen Gestaltung von Produktionsnetzwerken.

Zur Entscheidungsunterstützung bei der Gestaltung des Produktionsnetzwerks existiert eine Vielzahl an quantitativen und qualitativen Ansätzen und Methoden.[270] Diese Methoden lassen sich beliebig detailliert oder aggregiert gestalten.[271] Zu einfache Modelle liefern jedoch keine ausreichende Entscheidungsunterstützung. Bei zu aufwendigen Optimierungsmodellen müssten in der Praxis zu viele Annahmen getroffen, eine große Anzahl unlösbarer qualitativer Variablen quantifiziert und komplexe, intransparente Algorithmen verwendet werden. Solche Modelle haben eine geringe Praxistauglichkeit.[272] Der Übergang zu rein theoretischen Idealmodellen

[264] Vgl. Ferdows (2018) Keeping up with growing complexity of managing global operations, S. 396
[265] Vgl. Ferdows, Vereecke et al. (2016) Delayering the global production network, S. 73
[266] Vgl. Mourtzis, Doukas (2014) Design and Planning of Manufacturing Networks, S. 2
[267] Vgl. Ferdows, Vereecke et al. (2016) Delayering the global production network, S. 73
[268] Vgl. Ferdows, Vereecke et al. (2016) Delayering the global production network, S. 73
[269] Vgl. Spetzler (2016) Decision quality, S. 14
[270] Vgl. Lanza, Ferdows et al. (2019) Global Production Networks: Design and Operation, S. 836
[271] Vgl. Benfer, Ziegler et al. (2019) Determination of the abstraction level in production network models, S. 200
[272] Vgl. Ferdows, Vereecke et al. (2016) Delayering the global production network, S. 73

ist daher fließend (vgl. Kapitel 2.2.3). Bei zu detaillierten Modellen steigt außerdem der Aufwand zur Informationsbeschaffung (vgl. Kapitel 2.4.2) und zur Modellerstellung.[273] Bei zu aggregierten Modellen ist die erforderliche Modellierungsgenauigkeit und die damit einhergehende Aussagekraft des Modells nicht gegeben.[274] Zusammenfassend ist somit die Auswahl geeigneter Methoden für eine *anforderungsgerechte Modellierung des Produktionsnetzwerks* zur fundierten Entscheidungsfindung unerlässlich.

2.4.2 Beschaffung relevanter und verlässlicher Informationen

Die Menge der in Unternehmen und unternehmensübergreifend erhobenen Daten steigt jedes Jahr enorm an.[275] Mit diesen Daten steigen die potenziell verfügbaren Informationen über die zur Entscheidung relevanten Einflussfaktoren. Die Informationen liegen allerdings häufig nicht in der zur Verarbeitung notwendigen Form vor.[276] In einer Benchmark-Studie des WZL wurden falsche und fehlerhafte quantitative Informationen als einer der drei Hauptgründe genannt, unter denen die Güte von Netzwerkentscheidungen leidet.[277] Hinzu kommt, dass die Daten verschiedener Standorte häufig nicht direkt miteinander vergleichbar sind. Dies liegt zum einen daran, dass häufig unterschiedliche IT- Systeme in den Werken eingesetzt werden.[278] Gleichzeitig haben viele Unternehmen Herausforderungen in der Erstellung einer transparenten und verursachungsgerechten Gemeinkostenverrechnung.[279] Die Datenerhebung ist außerdem mit einem großen Aufwand verbunden, da im Entscheidungsprozess eine Vielzahl an qualitativen und quantitativen Einflussfaktoren auf die Entscheidungsfindung einwirken.[280] Darüber hinaus sind häufig die Zusammenhänge zwischen entscheidungsrelevanten Parametern nicht transparent.[281] Entscheidungen werden somit oft durch

[273] Vgl. Schuh, Prote et al. (2018) Continuous Production Network Design, S. 246
[274] Vgl. Schuh, Prote et al. (2017) Assessment of production network scenarios, S. 117
[275] Vgl. Steven, Klünder (2020) Big Data, S. 10
[276] Vgl. Capgemini (2012) Big Data & Decision Making, S. 11
[277] Vgl. Schuh, Reuter et al. (2016) Gestaltung von globalen Produktionsnetzwerken, S. 19
[278] Vgl. Schuh, Reuter et al. (2016) Gestaltung von globalen Produktionsnetzwerken, S. 14
[279] Vgl. Prote (2017) Bewertung von Standortalternativen in Produktionsnetzwerken, S. 54
[280] Vgl. Prote (2017) Bewertung von Standortalternativen in Produktionsnetzwerken, S. 28
[281] Vgl. Schuh, Reuter et al. (2016) Gestaltung von globalen Produktionsnetzwerken, S. 19

unsystematische zusätzliche Analysen verlängert.[282] Um Entscheidungen im Rahmen der Netzwerkgestaltung schnell treffen zu können, ist daher eine *Transparenz über die Entscheidungsrelevanz von Informationen* zur zielgerichteten Informationsbeschaffung erforderlich.

Um alternative Netzwerkszenarien bewerten zu können, ist außerdem stets eine Betrachtung möglicher zukünftiger Zustände erforderlich.[283] Neben einer reinen Informationsbeschaffung zum Status quo ist daher auch eine Extrapolation der Einflussfaktoren über den Betrachtungszeitraum notwendig. Dabei unterliegen Einflussfaktoren selbst häufig wieder anderen Einflüssen, deren Entwicklung prognostiziert werden muss. So haben beispielsweise Lohnkosten in vielen Fällen einen starken Einfluss auf die Kosten in der Entscheidungssituation. Die Lohnkosten selbst sind jedoch von der Entwicklung des lokalen Lohnniveaus abhängig.[284] Eine vollständige Betrachtung aller Einflussfaktoren in Modellen ist nicht zielführend, da es zu einem sogenannten Overfitting kommt, bei dem die Prognosegüte des Modells wieder abnimmt.[285] Gleichzeitig würde der Aufwand zur Modellerstellung enorm ansteigen. Neben fehlerhaften oder nicht vergleichbaren Informationen, deren Aufbereitung durch zusätzlichen Aufwand möglich ist und die somit epistemischer Unsicherheit unterliegen, ist die Berücksichtigung der Unsicherheit hinsichtlich der Entwicklung von Einflussparametern erforderlich. Dies kann beispielsweise durch stochastische Abbildung der aleatorischen Unsicherheit geschehen. Die *Erfassung der Unsicherheit der Informationen* ist daher ein zentrales Element in der Entscheidungsfindung.

2.4.3 Ganzheitliche Bewertung von Gestaltungsalternativen

Entscheidungen zur Gestaltung von Produktionsnetzwerken haben häufig langfristige Auswirkungen und gehen mit verhältnismäßig großen Investitionen einher.[286] Diese Entscheidungen werden in der Regel von der Geschäftsführung oder anderen hochrangigen Managementebenen getroffen, allerdings durch ein Projektteam

---

[282] Vgl. Spetzler (2016) Decision quality, S. 74 f.
[283] Vgl. Ferdows, Vereecke et al. (2016) Delayering the global production network, S. 73
[284] Vgl. Rittstieg (2018) Leistungsfähigkeit von Produktionsstandorten, S. 143
[285] Vgl. Schuh, Prote et al. (2019) Databased prediction of order-specific transition times, S. 470
[286] Vgl. Balderjahn (2000) Standortmarketing, S. 13

vorbereitet.[287] Dadurch entsteht eine Diskrepanz im Wissen um den Entstehungsprozess der Entscheidungsunterlagen. Die Entscheidung ist jedoch aufgrund des multikriteriellen Zielsystems (vgl. Kapitel 2.2.1), der Vielzahl an Gestaltungsmöglichkeiten (vgl. Kapitel 2.2.2) und Einflussfaktoren (vgl. Kapitel 2.4.1) komplex. Studien zeigen, dass die strategische Entscheidungsfindung auf Basis einer umfangreichen Datengrundlage häufig daran scheitert, dass die Aufbereitung der Informationen nicht nachvollzogen werden kann und den Informationen somit nicht getraut wird.[288] Die Vorbereitung der Entscheidung ist damit hinfällig und die im Entscheidungsprozess implementierten Faktoren zur Sicherstellung einer hohen Entscheidungsqualität werden obsolet (vgl. Kapitel 2.3.1). Die *Nachvollziehbarkeit des Entscheidungsprozesses* ist somit ein zentrales Element zur Implementierung in der Praxis.

Produktionsnetzwerke werden heute überwiegend durch unregelmäßig angestoßene Projekte konfiguriert.[289] Die Folge sind suboptimale, historisch gewachsene Netzwerke.[290] Ein etablierter, kontinuierlicher Planungsprozess zur Netzwerkgestaltung hat sich dagegen in der Praxis als überlegen erwiesen.[291] Ziel dabei ist die Erreichung von Resilienz durch schnellere Adaption des Netzwerks.[292] Hierfür ist ein rein strategischer Planungsprozess nicht ausreichend, die Gestaltungsentscheidungen müssen als taktische Projekte kurzfristig geplant werden können.[293] Die vorliegende Arbeit versucht hierzu einen Beitrag zu leisten. Dazu muss die Entscheidungskomplexität im Gestaltungsprozess systematisch eingegrenzt werden (vgl. Kapitel 2.4.1). Es existiert allerdings eine Vielzahl von Abhängigkeiten, beispielsweise durch die Unternehmensstrategie und das interorganisationale Netzwerk, die im Entscheidungsprozess berücksichtigt werden müssen.[294] Gleichzeitig besteht bei einem zu stark eingegrenzten Betrachtungsbereich die Gefahr, strukturelle Auswirkungen und Remanenzkosten von Entscheidungen nicht

---

[287] Vgl. Schuh, Reuter et al. (2016) Gestaltung von globalen Produktionsnetzwerken, S. 19

[288] Vgl. Merendino, Dibb et al. (2018) Big data, big decisions, S. 71

[289] Vgl. Schuh, Reuter et al. (2016) Gestaltung von globalen Produktionsnetzwerken, S. 18

[290] Vgl. Lanza, Ferdows et al. (2019) Global Production Networks: Design and Operation, S. 823

[291] Vgl. Srai, Christodoulou (2014) Capturing value from global networks, S. 20

[292] Vgl. Srai, Christodoulou (2014) Capturing value from global networks, S. 11; Lanza, Ferdows et al. (2019) Global Production Networks: Design and Operation, S. 839

[293] Vgl. Schuh, Prote et al. (2017) Reference process for the continuous design of production networks, S. 448

[294] Vgl. Cheng, Farooq et al. (2019) Management of international manufacturing networks, S. 92 f.

ausreichend zu berücksichtigen.[295] Remanenzkosten beschreiben bei rückläufiger Beschäftigung, etwa durch die Verlagerung von Produkten, nicht proportional mitsinkende Kosten.[296] Die *Auswirkungen auf das Gesamtunternehmen* durch die Gestaltung von Teilbereichen des Netzwerks müssen daher transparent sein.

2.5 Handlungsbedarf aus der Praxis

Wie in Kapitel 1.1 dargestellt, unterliegen Produktionsnetzwerke einer konstanten Dynamik, einer hohen Komplexität und einer Vielzahl an Freiheitsgraden in der Gestaltung. Mit der in Kapitel 1.2 definierten Zielstellung, einen Entscheidungsprozess zur kontinuierlichen Produktionsnetzwerkgestaltung zu entwickeln, ergibt sich ein Spannungsfeld zwischen Entscheidungsgeschwindigkeit und Entscheidungsqualität. In den Kapiteln 2.2 und 2.3 sind Grundlagen der Produktionsnetzwerkgestaltung und der Entscheidungslehre mit Themenstellung dieser Arbeit in Bezug gesetzt worden. Vor diesem Hintergrund wurde in Kapitel 2.4 aufgezeigt, dass die Entscheidungsgeschwindigkeit und Entscheidungsqualität in der Produktionsnetzwerkgestaltung nicht ausreichen, um einen kontinuierlichen Gestaltungsprozess zu etablieren. Zu den größten Herausforderungen zählen die Entwicklung maßgeblicher und belastbarer Szenarien, die Beschaffung relevanter und verlässlicher Informationen und die ganzheitliche Bewertung von Gestaltungsalternativen (vgl. Abbildung 2-20). Entscheidungsprozesse sind dadurch zu aufwendig und langwierig, um eine hohe Resilienz des Netzwerks sicherzustellen.

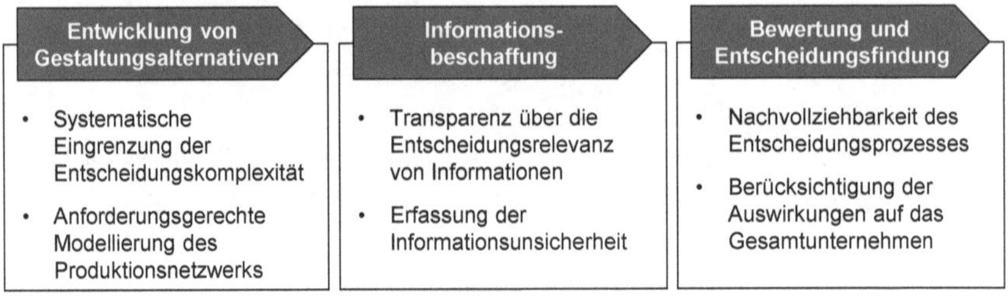

Abbildung 2-20: Herausforderungen bei der kontinuierlichen Gestaltung von Produktionsnetzwerken in der Praxis

[295] Vgl. Prote (2017) Bewertung von Standortalternativen in Produktionsnetzwerken, S. 55 f.
[296] Vgl. Prote (2017) Bewertung von Standortalternativen in Produktionsnetzwerken, S. 45

Die Herausforderungen werden in Kapitel 3 als Anforderungen an bestehende Lösungsansätze verwendet, um das Forschungsdefizit herzuleiten. Aus den Herausforderungen aus der Praxis und dem Forschungsdefizit ergeben sich die Anforderungen an die im Rahmen dieser Arbeit entwickelte Methode in Kapitel 4.

3 Bestehende Ansätze

Im vorliegenden Kapitel werden bestehende Ansätze zur Produktionsnetzwerkgestaltung vorgestellt. Dabei wird zwischen prozessbasierten Ansätzen in Kapitel 3.1 und Ansätzen mit Entscheidungsmodellen in Kapitel 3.2 unterschieden. Durch die Entscheidungsmodelle, beispielsweise aus dem Operations-Research-Bereich, werden konkrete beste Alternativen ermittelt. Die rein prozessbasierten Ansätze liefern ein methodisches Vorgehen zur Entscheidungsfindung, die Auswahl der Alternativen bleibt aber den Entscheidungsträgern überlassen. Die vorgestellten Ansätze werden in Kapitel 3.3 in Hinblick auf Anforderungen bewertet, die sich aus dem Handlungsbedarf aus der Praxis in Kapitel 2.5 ergeben. Aus dem Erfüllungsgrad der Anforderungen leitet sich schließlich das Forschungsdefizit in Kapitel 3.4 ab, woraus sich die Anforderungen aus der Theorie für diese Arbeit ergeben. Neben den in diesem Kapitel betrachteten Vorgehen existiert eine Vielzahl von Ansätzen zur Bestimmung grundlegender Gestaltungsrichtlinien zur strategischen Ausrichtung von Produktionsnetzwerken.[297] Diese Ansätze bieten jedoch keine Methoden und Modelle zur konkreten Konfiguration des Netzwerks und werden nach der Aufteilung in Kapitel 2.1.3 dem strategischen Gestaltungsbereich zugeordnet. Im Rahmen dieser Arbeit werden sie nicht weiter erörtert, sondern stellen potenzielle Methoden zur Herleitung von strategischen Gestaltungsvorgaben dar (vgl. Kapitel 5.4.2).

3.1 Prozessbasierte Ansätze zur Netzwerkgestaltung

Nachfolgend werden die relevantesten prozessbasierten Ansätze zur Konfiguration von Produktionsnetzwerken vorgestellt. Sie enthalten, anders als die in Kapitel 3.2

[297] Beispiele für diese auf strategische Gestaltungsleitlinien ausgerichteten Ansätze sind Ferdows (1997) Making the Most of Foreign Factories; Shi, Gregory (1998) International manufacturing networks; Christodoulou, Fleet et al. (2007) Making the right things in the right places; Errasti (2013) Global production networks; Srai, Christodoulou (2014) Capturing value from global networks; Ferdows, Vereecke et al. (2016) Delayering the global production network

vorgestellten Ansätze mit Entscheidungsmodellen, keine konkrete Auswahllogik einer besten Alternative, sondern bieten ein Vorgehen zur Entscheidungsunterstützung. Die vorgestellten Ansätze adressieren den in Kapitel 2.2.2 vorgestellten Anpassungsbereich zur Produktionsnetzwerkgestaltung. Darüber hinaus existieren weitere Ansätze, die zwar einzelne Herausforderungen adressieren, aber einen anderen Fokus legen. Diese werden in Kapitel 3.1.9 kurz vorgestellt. Einen umfassenden Überblick über bestehende Ansätze liefern die Übersichten von LANZA ET AL. und CHENG ET AL.[298]

3.1.1 Ansatz nach MERCHIERS

Die *Bewertung globaler Standortstrukturalternativen im Maschinenbau* von MERCHIERS beschreibt ein Vorgehen zur Gestaltung und Auswahl von Produktionsnetzwerkalternativen mit Fokus auf mittelständische Maschinenbauunternehmen.[299] Das Konzept setzt strategische Randbedingungen, beispielsweise durch zuvor definierte Standortrollen, voraus. Diese definieren die Anzahl an Standorten, die Art der an den einzelnen Standorten herzustellenden Produkte sowie die Leistungsumfänge und -verflechtungen.[300]

Zur kostenseitigen Bewertung von Netzwerkalternativen werden vor dem Hintergrund der Systemtheorie die Betrachtungsebenen Modul, Standort und Netzwerk eingeführt. Auf Modulebene werden insbesondere direkte Produktionskosten, beispielsweise in Maschinen, Rohstoffe oder Personal, erfasst. Die Standortebene umfasst indirekte Produktionskosten und Standortkosten und die Netzwerkebene strukturspezifische Kosten, etwa für Transporte, Sicherheitsbestände oder Koordinationsaufwände.[301]

Für diese Kostenarten werden im nächsten Schritt die Einflussgrößen je Modulebene und ihre Wirkzusammenhänge ermittelt. Auf Modulebene werden auf Basis strategisch vorgegebener Wertschöpfungsumfänge die Eigenfertigungsquote und die damit verbundenen Produktionsmodule bzw. Kapazitäten bestimmt. Aus diesen

[298] Vgl. Cheng, Farooq et al. (2015) International manufacturing network; Lanza, Ferdows et al. (2019) Global Production Networks: Design and Operation

[299] Vgl. Merchiers (2008) Bewertung globaler Standortstrukturalternativen, S. 14

[300] Vgl. Merchiers (2008) Bewertung globaler Standortstrukturalternativen, S. 146

[301] Vgl. Merchiers (2008) Bewertung globaler Standortstrukturalternativen, S. 147

werden standortneutrale und standortspezifische direkte Kosten abgeleitet und im Falle einer Migration des Netzwerks zusätzlich um einen Ramp-up Faktor erweitert.[302] Bei diesem werden Ausfallwahrscheinlichkeiten geschätzt und durch ein Entscheidungsbaumverfahren bewertet.[303] Auf Standortebene werden die indirekten Kosten erfasst, die sich aus dem Betrieb der Standorte ergeben. Die ermittelten Kosten werden mit den Kosten der Modulebene kombiniert und eine Zahlungsreihe ermittelt. Außerdem werden Steuern, politische Risiken und der Ramp-up als Unsicherheitsfaktoren aufgenommen.[304] Auf Netzwerkebene werden mittels Heuristiken Wirkzusammenhänge zwischen der Standortstruktur des Netzwerks und damit verbundenen Bestands-, Lager- und Transportkosten ermittelt und das Kostenmodell um diese Faktoren erweitert.[305]

Im letzten Schritt, der Entscheidungsvorbereitung und -bewertung, werden die einzelnen Szenarien zunächst in Hinblick auf Wirtschaftlichkeit und Sensitivitäten geprüft und mittels Kapitalwertmethode und Amortisationszeit bewertet. Zur Auswahl einer Alternative werden die Kapitalwerte und Amortisationsdauern der Alternativen in Bezug zu Beständen, Lagerhaltungs- und Transportkosten sowie Informations- und Kommunikationsaufwendungen gesetzt und ein Gesamtoptimum angestrebt.[306]

3.1.2 Ansatz nach UDE

Ziel des Ansatzes nach UDE ist die multikriterielle Bewertung von Produktionsnetzwerkalternativen unter Berücksichtigung von Dynamik und Unsicherheit.[307] Dazu entwickelt er ein integriertes Konfigurations- und Bewertungsverfahren, das sich in fünf Schritte unterteilt (vgl. Abbildung 3-1).

Zunächst wird ein mehrdimensionales Zielsystem aufgestellt. Dazu werden zunächst mögliche Ziele in einem Brainstorming gesammelt, die anschließend thematisch

[302] Vgl. Merchiers (2008) Bewertung globaler Standortstrukturalternativen, S. 149 f.
[303] Vgl. Merchiers (2008) Bewertung globaler Standortstrukturalternativen, S. 180
[304] Vgl. Merchiers (2008) Bewertung globaler Standortstrukturalternativen, S. 150 f.
[305] Vgl. Merchiers (2008) Bewertung globaler Standortstrukturalternativen, S. 152
[306] Vgl. Merchiers (2008) Bewertung globaler Standortstrukturalternativen, S. 209-212
[307] Vgl. Ude (2010) Konfiguration globaler Wertschöpfungsnetzwerke, S. 4

sortiert und gruppiert werden. Die Ziele werden im Anschluss auf Vollständigkeit und Redundanzfreiheit geprüft und in eine hierarchische Beziehung zueinander gebracht, bevor ihnen schließlich quantitative und qualitative Attribute zugeordnet werden.[308]

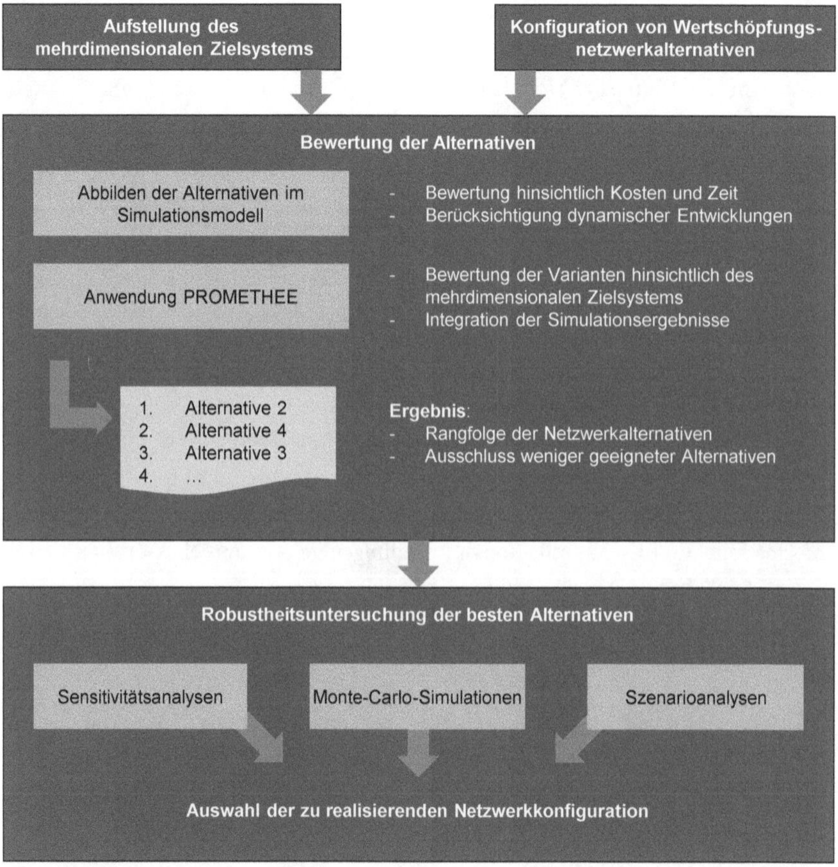

Abbildung 3-1: Integriertes Konfigurations- und Bewertungsverfahren für globale Wertschöpfungsnetzwerke nach UDE[309]

Schritt zwei dient zur Identifikation von Netzwerkalternativen. Dazu werden zunächst die zur Herstellung der betrachteten Produkte benötigten Fähigkeiten mittels einer Wertstromanalyse aufgenommen. Daneben werden sogenannte Support

[308] Vgl. Ude (2010) Konfiguration globaler Wertschöpfungsnetzwerke, S. 104 f.

[309] Eigene Abbildung in Anlehnung an Ude (2010) Konfiguration globaler Wertschöpfungsnetzwerke, S. 103

Business Capabilities aufgenommen, wozu Transporte, Kommunikations- oder Koordinationstätigkeiten zählen. Auf Basis der Fähigkeitsanalyse werden Greenfield- und Brownfield-Szenarien gebildet, die auf Basis von äußeren und unternehmensinternen strategischen und technischen Restriktionen beschränkt werden.[310]

In der nachfolgenden Bewertungsphase werden die Alternativen auf Basis von standardisierten Modulen in einer ereignisorientierten Simulation simuliert. In der Simulation werden die Kostenstruktur, Wechselkurse, Stückzahlen und das Qualitätsniveau mittels stochastischer Prozesse dynamisch-deterministisch betrachtet.[311] Dabei werden nur feste Steigerungsraten für die dynamischen Parameter verwendet, eine stochastische Modellierung findet nicht statt.[312] Als Ergebnis liegen die Entwicklung der Durchlaufzeiten und eine monetäre Bewertung mittels Kapitalwertmethode vor. Diese quantitativen Zielgrößen werden im nächsten Schritt um die im Brainstorming ermittelten und gruppierten qualitativen Zielgrößen ergänzt. Dazu verwendet UDE eine um Dynamik- und Unsicherheitsaspekte erweiterte Version des Outranking-Verfahrens PROMITHEE.[313]

Die besten Szenarien werden anschließend mittels einer Sensitivitätsanalyse, einer Monte-Carlo Simulation und mittels Szenarioanalysen auf Robustheit untersucht. Die Unsicherheit wird über eine Normalverteilung, Dreiecksverteilung oder Gleichverteilung abgebildet und durch Experten geschätzt oder über historische Daten abgeleitet. Eine genauere Erläuterung hierzu erfolgt nicht.[314] Auf Basis der Unsicherheitsbewertung erfolgt schließlich die Auswahl des Szenarios mit dem höchsten Erwartungswert, wobei das Risiko zusätzlich durch den Abschluss langfristiger Lieferbeziehungen oder Versicherungen sowie durch die Wahl eines robusteren Szenarios verringert werden kann.[315]

---

[310] Vgl. Ude (2010) Konfiguration globaler Wertschöpfungsnetzwerke, S. 105-110
[311] Vgl. Ude (2010) Konfiguration globaler Wertschöpfungsnetzwerke, S. 70 und S. 113
[312] Vgl, Ude (2010) Konfiguration globaler Wertschöpfungsnetzwerke, S. 78
[313] Vgl. Ude (2010) Konfiguration globaler Wertschöpfungsnetzwerke, S. 93-99 und S. 114
[314] Vgl. Ude (2010) Konfiguration globaler Wertschöpfungsnetzwerke, S. 73
[315] Vgl. Ude (2010) Konfiguration globaler Wertschöpfungsnetzwerke, S. 118 f.

3.1.3 Ansatz nach KREBS

Die *Methode zur Bewertung vernetzter Produktionsstandorte unter Berücksichtigung multidimensionaler Unsicherheiten* nach KREBS beschreibt ein Vorgehen zur Feinauswahl von Produktionsstandorten nach einer zuvor erfolgten Vorauswahl.[316] Das Vorgehen untergliedert sich in fünf Schritte (vgl. Abbildung 3-2).

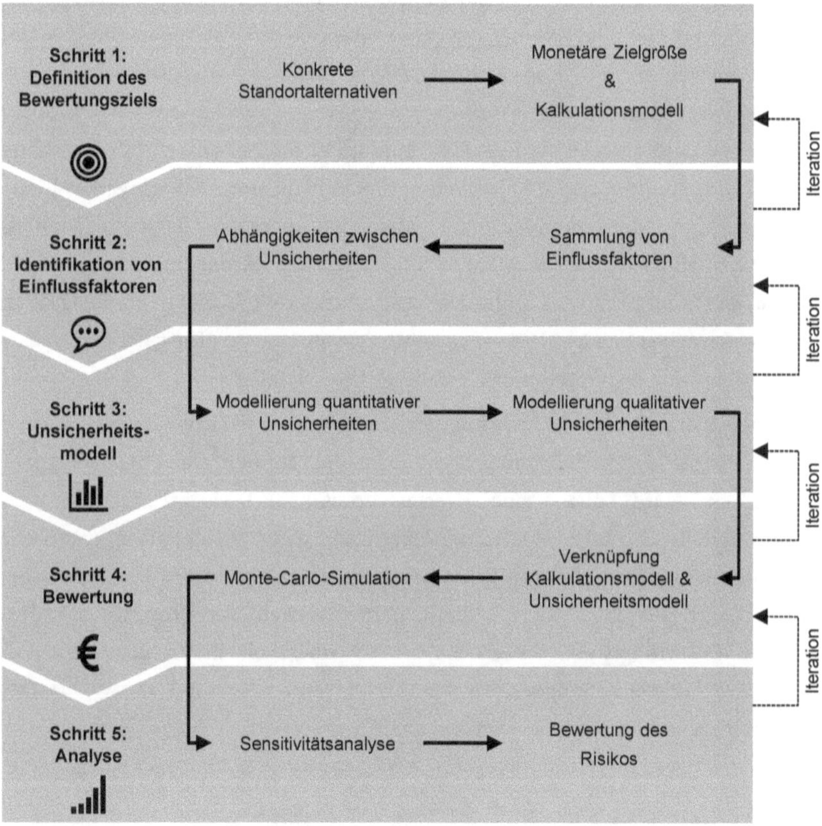

Abbildung 3-2: Bewertungsmethode zur Standortauswahl nach KREBS[317]

[316] Vgl. Krebs (2012) Bewertung vernetzter Produktionsstandorte, S. 9

[317] Eigene Abbildung in Anlehnung an Krebs (2012) Bewertung vernetzter Produktionsstandorte, S. 95

Dabei werden zunächst die monetären Bewertungsziele zur Standortauswahl vorgenommen. Hierzu wird ein Kalkulationsmodell verwendet, das unterschiedliche Bewertungsmöglichkeiten wie Kapitalwert, EBIT oder Marked Value Added als Zielwert zulässt.[318] Auf Basis dieses Bewertungsmodells werden im nächsten Schritt Einflussfaktoren identifiziert. Dazu wird zunächst der Informationsbedarf unternehmensintern mittels der Methode der kritischen Erfolgsfaktoren und unternehmensextern durch die Interviewmethode bestimmt und anschließend nach Unsicherheit und qualitativer bzw. quantitativer Erfassbarkeit geclustert.[319] Die so identifizierten Einflussfaktoren werden schließlich durch Experten hinsichtlich ihrer Korrelation beurteilt.[320]

Im nächsten Schritt erfolgt die Modellierung der Unsicherheit. Die unsicheren Einflussfaktoren werden dabei wahlweise diskret oder stetig mittels Normalverteilung oder Beta-Verteilung modelliert und mit einem Fuzzy-Set verknüpft.[321] Im vierten schritt, der Bewertung, werden das Unsicherheitsmodell und das im ersten Schritt erstellte Kalkulationsmodell verknüpft und deterministisch oder unsicherheitsbehaftet mittels einer Monte-Carlo-Simulation numerisch berechnet. Bei der unsicherheitsbehafteten Lösung liegt das Bewertungsergebnis schließlich als Histogramm vor.[322] Abschließend werden die Ergebnisse der bewerteten Alternativen verglichen. Dazu werden der Vergleich der Histogramme, die Anwendung eines Bewertungsportfolios, die Berechnung des Risikoverhältnisses und die Ermittlung von Sensitivitäten vorgestellt und in Hinblick auf die Vergleichbarkeit der Standortalternativen bewertet.[323] Das Bewertungsportfolio setzt sich aus den Quotienten von Erwartungswert und vorgegebenem Zielwert sowie dem Quotienten aus Standardabweichung und Erwartungswert zusammen. Je geringer die Standardabweichung zum Erwartungswert und je näher der Erwartungswert am Zielwert, desto besser wird die Alternative bewertet.[324] Bei der Berechnung des Risikoverhältnisses wird abhängig vom vorgegebenen Zielwert der Erwartungswert

[318] Vgl. Krebs (2012) Bewertung vernetzter Produktionsstandorte, S. 99
[319] Vgl. Krebs (2012) Bewertung vernetzter Produktionsstandorte, S. 105
[320] Vgl. Krebs (2012) Bewertung vernetzter Produktionsstandorte, S. 113
[321] Vgl. Krebs (2012) Bewertung vernetzter Produktionsstandorte, S. 116
[322] Vgl. Krebs (2012) Bewertung vernetzter Produktionsstandorte, S. 120 ff.
[323] Vgl. Krebs (2012) Bewertung vernetzter Produktionsstandorte, S. 129
[324] Vgl. Krebs (2012) Bewertung vernetzter Produktionsstandorte, S. 125

der besseren und schlechteren Ausprägungen ermittelt und ein Quotient der Beträge der um den Zielwert verringerten Erwartungswerte gebildet. Je größer der Ergebniswert, desto eher überwiegen die Chancen das Risiko.[325] Zur Auswahl der besten Alternative werden der Vergleich der Histogramme, die Anwendung des Bewertungsportfolios und die Berechnung des Risikoverhältnisses in dieser Reihenfolge empfohlen.[326]

3.1.4 Ansatz nach Sprenger, Parlings und Hegmanns

Sprenger, Palrings und Hegmanns entwickeln einen Ansatz zur robusten und adaptierbaren Entscheidungsfindung zur Gestaltung von Produktionsnetzwerken. Dabei werden projekt- und marktseitige Unsicherheit berücksichtigt.[327] Er fokussiert dabei vor allem die Automobilindustrie.[328]

Der Gestaltungsansatz gliedert sich in sechs Schritte, von denen die letzten beiden iterieren. Zunächst erfolgt eine Analyse des Landes, der Region und der Gesellschaft in Hinblick auf Ausschlusskriterien, etwa der Anzahl an Kunden in einem Land. Ergebnis des Schritts ist eine Vorauswahl von potenziellen Standortregionen.[329] Diese Vorauswahl wird von Unternehmensexperten auf qualitative Faktoren geprüft und weiter eingeschränkt. Eine weitere Detaillierung, etwa über Gewichtungs- oder Auswahlfaktoren, erfolgt nicht.[330] Im dritten Schritt erfolgt eine Synchronisation mit der Unternehmensplanung, insbesondere mit der Absatzplanung. Ziel ist, die Absatzprognosen und die damit verknüpfte Auslastung des Produktionsnetzwerks transparent zu machen und mögliche Anpassungsbedarfe am Netzwerk zu erkennen. Methodisch wird ein interaktiver Gantt-Chart verwendet, der vonseiten der Netzwerkplanung und der Unternehmensplanung aktualisiert wird.[331]

---

325 Vgl. Krebs (2012) Bewertung vernetzter Produktionsstandorte, S. 126 f.
326 Vgl. Krebs (2012) Bewertung vernetzter Produktionsstandorte, S. 129
327 Vgl. Sprenger, Parlings et al. (2014) Approach for Robust Manufacturing Footprint Decisions, S. 29
328 Vgl. Sprenger, Parlings et al. (2014) Approach for Robust Manufacturing Footprint Decisions, S: 44
329 Vgl. Sprenger, Parlings et al. (2014) Approach for Robust Manufacturing Footprint Decisions, S. 44 f.
330 Vgl. Sprenger, Parlings et al. (2014) Approach for Robust Manufacturing Footprint Decisions, S: 45
331 Vgl. Sprenger, Parlings et al. (2014) Approach for Robust Manufacturing Footprint Decisions, S. 45

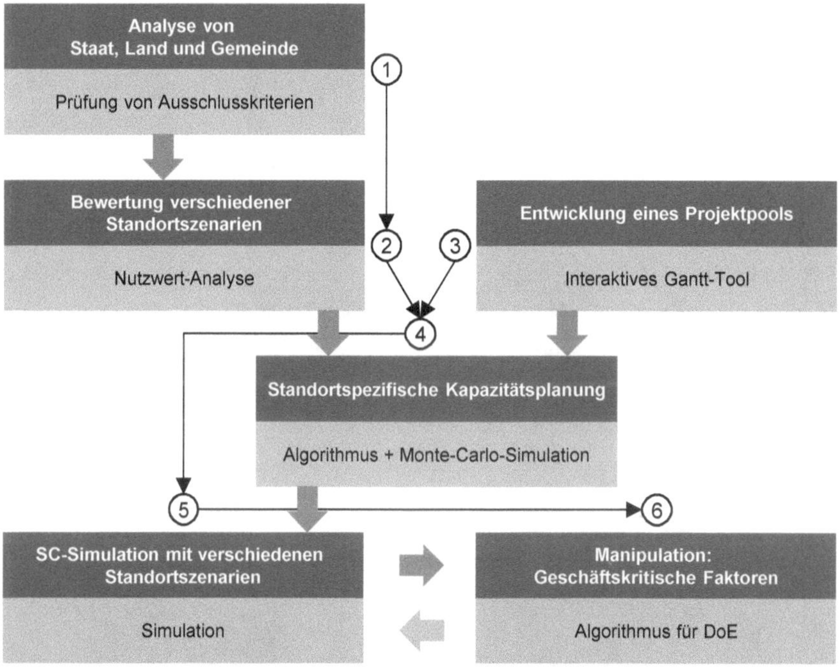

Abbildung 3-3: Planungsansatz für robuste Entscheidungen über den Fertigungs-Footprint nach SPRENGER, PALRINGS UND HEGMANNS[332]

Das nachfolgende Einlastungsmodul kombiniert die internen Absatzprognosen mit den zuvor eingegrenzten potenziellen Netzwerkalternativen. Dazu wird ein lineares Kostenkalkulationsmodell erstellt, das die wichtigsten Kostenfaktoren beinhaltet, und mittels Monte-Carlo-Simulation hinsichtlich unterschiedlicher Absatzszenarien monetär bewertet. Die Supply Chain der kostenseitig besten Alternativen wird im Anschluss simulationsgestützt in Hinblick auf verschiedene Sourcing-Strategien, Transportvarianten und Vertriebsstrategien untersucht. Das aufgebaute Supply Chain Modell wird im letzten Schritt auf Robustheit untersucht. Dazu werden Parameter wie Absatzmengen und Wechselkurse auf Basis virtueller Experimentierfelder und Experimentpläne variiert.[333]

[332] Eigene Abbildung in Anlehnung an Sprenger, Parlings et al. (2014) Approach for Robust Manufacturing Footprint Decisions, S. 44

[333] Vgl. Sprenger, Parlings et al. (2014) Approach for Robust Manufacturing Footprint Decisions, S. 46

3.1.5 Ansatz nach STOFFEL

Das von STOFFEL entwickelte *V-Modell zur Auslegung großer Produktionsnetzwerke* zielt darauf ab, Produktionsnetzwerke unter Berücksichtigung komplexitätsoptimierter Produktarchitekturen möglichst effizient auszurichten.[334] Das aus der Softwareentwicklung abgeleitete V-Modell besteht aus vier Modulen, die sich aus insgesamt vierzehn Prozessschritten zusammensetzen (vgl. Abbildung 3-4). Der durch das Modell aufgezeigte Ordnungsrahmen startet mit einer strategischen Betrachtung der Netzwerkebene und führt in seinem Verlauf auf die Prozessebene, in der auf Basis von Wirkbeziehungen Standards und Freiheitsgrade der Konfiguration abgeleitet werden. Auf Basis der so formulierten konstituierenden Merkmale werden schließlich Netzwerkszenarien abgeleitet und hinsichtlich ihrer Migration bewertet.[335]

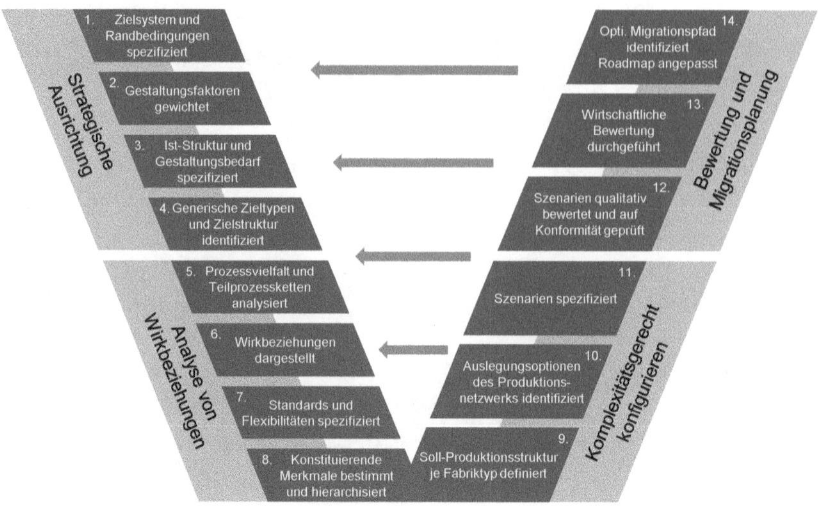

Abbildung 3-4: V-Modell zur Auslegung großer Produktionsnetzwerke nach STOFFEL[336]

[334] Vgl. Stoffel (2016) V-Modell zur Auslegung großer Produktionsnetzwerke, S. 7

[335] Vgl. Stoffel (2016) V-Modell zur Auslegung großer Produktionsnetzwerke, S. 93-94

[336] Eigene Abbildung in Anlehnung an Stoffel (2016) V-Modell zur Auslegung großer Produktionsnetzwerke, S. 193

Im ersten Schritt, der „strategischen Ausrichtung“, wird die generische Zielstruktur des Netzwerks aus der Unternehmensstrategie abgeleitet. Dazu werden aus den strategischen Erfolgspositionen des Unternehmens und einem Katalog generischer Gestaltungsfaktoren produktionsbezogene Gestaltungsfaktoren identifiziert und mittels eines Analytic Hierachy Process gewichtet. Auf Basis dieser Faktoren werden Zieltypologien für das Produktionsnetzwerk und die Standorte hergeleitet, die sich an den Ansätzen nach HARRE und WIENDAHL ET AL. orientieren.[337]

Die nachfolgende „Analyse von Wirkbeziehungen“ zielt darauf ab, die Auswirkungen der Produktkomplexität zu untersuchen. Das Ergebnis sind konstituierende Merkmale, die sowohl als Katalog mit Standardisierungsanforderungen an das Produktprogramm sowie als Standards für die Auslegung der Produktionsstruktur im Netzwerk dienen. Zur Untersuchung der Komplexitätstreiber kommen vor allem Merkmal- und Variantenbäume zum Einsatz. Die Produktmerkmale werden anschließend mit Produktbaugruppen und Prozessketten verknüpft, um die Wirkbeziehungen untereinander zu erfassen und Standardisierungspotenziale abzuleiten.[338]

Mittels einer „komplexitätsgerechten Konfiguration“ werden im Anschluss Soll-Szenarien des Netzwerks hergeleitet. Dazu werden zunächst Prozesskettenvarianten auf Basis von Produktionsbaukästen je Produktionsbereich konfiguriert und die Produktionsstruktur je Fabriktyp definiert. Die daraus entstehenden Konfigurationsoptionen werden im Anschluss in konkrete Netzwerkalternativen überführt.[339]

Im letzten Schritt findet die Bewertung der Szenarien statt. Durch erneute Anwendung eines Analytic Hierachy Process werden die Szenarien hinsichtlich ihrer Konformität zur strategischen Ausrichtung geprüft. Die quantitative Bewertung der Szenarien erfolgt mittels Kapitalwertmethode, die um eine Sensitivitätsanalyse ergänzt wird. Abschließend wird der Migrationspfad der Szenarien durch ein gemischt-ganzzahliges Optimierungsverfahren bestimmt und in eine Roadmap überführt.

---

337 Vgl. Stoffel (2016) V-Modell zur Auslegung großer Produktionsnetzwerke, S. 95 f.; Harre (2006) Strategische Standortstrukturplanung; Wiendahl, Nofen et al. (2005) Planung modularer Fabriken

338 Vgl. Stoffel (2016) V-Modell zur Auslegung großer Produktionsnetzwerke, S. 97 f.

339 Vgl. Stoffel (2016) V-Modell zur Auslegung großer Produktionsnetzwerke, S: 100f.

3.1.6 Ansatz nach WIEZORREK

Der *Beitrag zur Konfiguration von globalen Wertschöpfungsnetzwerken* von WIEZORREK beschreibt einen Entscheidungsprozess zur ganzheitlichen Betrachtung und nachvollziehbaren Konfiguration globaler Wertschöpfungsnetzwerke.[340] Dabei wird die Konfiguration als permanenter Prozess aufgefasst.[341]

Der Lösungsansatz basiert auf einem Top-Down-Bottom-Up Ansatz, bei dem die Anforderungen an die Konfiguration Top-Down durch globale Zielsetzungen vorgegeben werden. Die Gestaltung der Netzwerkstruktur erfolgt dagegen Bottom-Up auf Basis der Wertschöpfungskette.[342] Das Vorgehen zur Konfiguration des Netzwerks wird in die Schritte Beschreibung, Analyse und Bewertung der Ausgangssituation, Entscheidung für eine Konfigurationsmaßnahme sowie Umsetzung und Monitoring unterteilt.[343]

Der Entscheidungsprozess beginnt mit der Definition des Betrachtungsraums. Dazu werden die zu betrachtenden Produkte und Interaktionspartner, wie z.B. Lieferanten, identifiziert. Für den Betrachtungsraum wird im Anschluss der Status quo anhand der Zielgrößen Zeit, Qualität und Kosten ermittelt, der mit dem Soll-Zustand eines Zielsystems abgeglichen wird. Aus dem Soll-Ist-Abgleich werden Anpassungsbedarfe identifiziert und das Verbesserungspotenzial von Konfigurationsmöglichkeiten bestimmt. Darauf aufbauend findet die Konfiguration möglicher Netzwerkstrukturalternativen statt, die durch Bestimmung des Investitionsaufwands und der Zielerreichung hinsichtlich Zeit, Kosten und Qualität bewertet werden. Für die ausgewählte Alternative findet im Nachgang eine Migrationsplanung statt, was jedoch nicht Fokus der Arbeit ist.[344]

3.1.7 Ansatz nach PROTE

Die *Verursachungsgerechte Bewertung von Standortalternativen in Produktionsnetzwerken* nach PROTE zielt darauf ab, eine verursachungsgerechte

---

[340] Vgl. Wiezorrek (2017) Konfiguration von globalen Wertschöpfungsnetzwerken, S. 5
[341] Vgl. Wiezorrek (2017) Konfiguration von globalen Wertschöpfungsnetzwerken, S. 79
[342] Vgl. Wiezorrek (2017) Konfiguration von globalen Wertschöpfungsnetzwerken, S. 73 f.
[343] Vgl. Wiezorrek (2017) Konfiguration von globalen Wertschöpfungsnetzwerken, S. 82
[344] Vgl. Wiezorrek (2017) Konfiguration von globalen Wertschöpfungsnetzwerken, S. 86 u. S. 148

Kostenbewertung neuer Produktionsstandorte unter Berücksichtigung von Residualstandorten zu ermöglichen.[345] Das Vorgehen ist in eine Definitions-, eine Modellierungs- und eine Bewertungsphase unterteilt, welche jeweils in Module unterteilt sind.[346]

Im Definitionsmodul werden der Betrachtungsumfang und das erforderliche Aggregationsniveau definiert. Dazu wird zunächst ein multikriterielles Zielsystem mittels paarweisem Vergleich oder Analytic Hierachy Process bewertet und das Detaillierungsniveau sowie die Bedeutung der Kostenmodellierung beurteilt.[347] Ebenso werden aus der Systemtheorie ein Grundgerüst zur Kostenmodellierung abgeleitet und die initialen Entscheidungsalternativen sowie die grundsätzliche Relevanz von Remanenzeffekten in Abhängigkeit der Verlagerungssituation bestimmt.[348]

Die Modellierungsphase unterteilt sich in ein Produktions-, ein Umsetzungs- und ein Remanenzmodul. Im Produktionsmodul werden die Hauptkostentreiber identifiziert und je nach Entscheidungsrelevanz aggregiert. Im Anschluss werden die im Betrachtungsbereich zur Produktion verwendeten Ressourcen identifiziert und Verbrauchsfunktionen erstellt. Zusätzlich werden den Kostentreibern Kostenfunktionen zugeordnet. Aus diesen wird anschließend eine Kostenprognose erstellt.[349] Durch ein Umsetzungs- und ein Remanenzmodul werden zusätzlich die Einmalkosten zur Realisierung der Standortalternative sowie die potenzielle Schwächung von Residualstandorten abgebildet.[350]

In einer abschließenden Bewertungsphase finden eine statische Stückkostenvergleichsrechnung und eine dynamische Bewertung mittels Kapitalwertmethode statt. Abschließend wird die Stückkostenvergleichsrechnung um kalkulatorische Remanenzkosteneffekte erweitert, die dem neuen Standort zugerechnet werden können.

[345] Vgl. Prote (2017) Bewertung von Standortalternativen in Produktionsnetzwerken, S. 5
[346] Vgl. Prote (2017) Bewertung von Standortalternativen in Produktionsnetzwerken, S. 92
[347] Vgl. Prote (2017) Bewertung von Standortalternativen in Produktionsnetzwerken, S. 102 f.
[348] Vgl. Prote (2017) Bewertung von Standortalternativen in Produktionsnetzwerken, S. 103-109
[349] Vgl. Prote (2017) Bewertung von Standortalternativen in Produktionsnetzwerken, S. 93 f.
[350] Vgl. Prote (2017) Bewertung von Standortalternativen in Produktionsnetzwerken, S. 94

3.1.8 Ansatz nach SCHMITZ

Die von SCHMITZ entwickelte *Kalibrierte Kostenmodellierung von Produktallokationen in Produktionsnetzwerken unter Berücksichtigung externer Unsicherheiten* zielt auf eine verursachungsgerechte, transparente und valide Kostenbewertung von Allokationsszenarien in der Produktionsnetzwerkgestaltung ab.[351] Das Vorgehen ist wie bei PROTE in eine Definitions-, eine Modellierungs- und eine Bewertungsphase unterteilt.[352]

Ebenfalls wie bei PROTE werden in der Definitionsphase zunächst die Gestaltungskriterien gewichtet und ein Betrachtungsbereich bestimmt. Für den Betrachtungsbereich wird ein Produkt-Prozess-Modell erstellt und die Kostenarten ausgewählt.[353]

Das Produktionsmodul in der nachfolgenden Modellierungsphase beschäftigt sich insbesondere mit Aufbau, Kalibrierung und Justierung eines Kostenmodells, das zur Bewertung der untersuchten Gestaltungsalternativen dient.[354] Die Kostenentwicklung der Kostenarten wird im Anschluss für den zur späteren Bewertung herangezogenen Betrachtungszeitraum fortgeschrieben. Dazu werden Gruppendiskussionen oder die Delphi-Methode vorgeschlagen.[355] Im Umsetzungsmodul werden zusätzlich der Investitionsbedarf identifiziert und quantifiziert und Anlauf- und Restrukturierungsaufwände abgeschätzt.[356] Das Unsicherheitsmodul schließt die Modellierungsphase ab. Hierbei werden zunächst Einflussfaktoren auf die modellierten Kosten auf Basis einschlägiger Fachliteratur und nicht näher erläuterter unternehmensspezifischer Ergänzungen definiert und mittels einer Systems Dynamics Modellierung den Kostenarten zugewiesen.[357] Für die Einflussfaktoren werden im Anschluss mittels Szenarioanalyse Unsicherheitskorridore abgeleitet und

[351] Vgl. Schmitz (2018) Kostenmodellierung von Produktallokationen in Produktionsnetzwerken, S. 4
[352] Vgl. Schmitz (2018) Kostenmodellierung von Produktallokationen in Produktionsnetzwerken, S. 129
[353] Vgl. Schmitz (2018) Kostenmodellierung von Produktallokationen in Produktionsnetzwerken, S. 131-137
[354] Vgl. Schmitz (2018) Kostenmodellierung von Produktallokationen in Produktionsnetzwerken, S. 140
[355] Vgl. Schmitz (2018) Kostenmodellierung von Produktallokationen in Produktionsnetzwerken, S. 164
[356] Vgl. Schmitz (2018) Kostenmodellierung von Produktallokationen in Produktionsnetzwerken, S. 165-168
[357] Vgl. Schmitz (2018) Kostenmodellierung von Produktallokationen in Produktionsnetzwerken, S. 171-173

resultierende Unsicherheitskosten bestimmt, die aus der Multiplikation der Mehrkosten ungünstiger Szenarien mit ihrer Eintrittswahrscheinlichkeit entstehen.[358]

In der abschließenden Bewertungsphase werden ein statischer Stückkostenvergleich und eine Kapitalwertrechnung erstellt. Dabei werden jeweils die Unsicherheitskosten auf die Bewertung aufgeschlagen. Außerdem wird die Amortisationszeit statisch und dynamisch berechnet.[359]

3.1.9 Weitere Ansätze

Neben den vorgestellten Vorgehen existieren zahlreiche weitere Ansätze. Viele sind jedoch älter und werden von den oben genannten Modellen aufgegriffen. So enthält das *Handbuch Globale Produktion* von ABELE ET AL. neben Einflussfaktoren auf Produktionsnetzwerke, einem Managementrahmen und einem Vorgehen zum Standortaufbau auch einen Abschnitt zur Gestaltung des Netzwerks. Dabei wird das Produktionsprozessmodell mit anpassbarem Aggregationsniveau als zentrales Planungselement herausgestellt und idealtypische Netzwerkstrukturen aufgezeigt.[360]

Darüber hinaus befassen sich weitere Ansätze mit Unsicherheit im Entscheidungsprozess der Produktionsnetzwerkgestaltung. Der Bezugsrahmen zur Konfiguration internationaler Produktionsnetzwerke nach NEUNER beispielsweise beschreibt detailliert die Arten der Unsicherheit im Entscheidungsprozess. Aus diesen leitet er empirisch im Konfigurationsprozess zu berücksichtigende Unsicherheiten her, verzichtet aber auf eine Quantifizierung in seinem Vorgehen.[361] Der Ansatz zur dynamischen Bewertung von Standorten nach BUHMANN UND SCHÖN berücksichtigt insbesondere externe Unsicherheit mittels Szenariotechnik. Er fokussiert sich ähnlich wie KREBS oder PROTE auf die Bewertung neuer Produktionsstandorte und wird inhaltlich von SCHMITZ aufgegriffen und weiterentwickelt.[362]

Der Ansatz zum Design globaler Produktionsnetzwerke auf Basis von Big Data Methoden nach GÖLZER ET AL. verfolgt das Ziel, datenbasiert schnelle Entscheidungen

---

358 Vgl. Schmitz (2018) Kostenmodellierung von Produktallokationen in Produktionsnetzwerken, S. 186

359 Vgl. Schmitz (2018) Kostenmodellierung von Produktallokationen in Produktionsnetzwerken, S. 188-200

360 Vgl. Abele (2006) Handbuch globale Produktion, S. 144-199

361 Vgl. Neuner (2009) Konfiguration internationaler Produktionsnetzwerke

362 Vgl. Buhmann, Schön (2009) Dynamische Standortbewertung, S. 279-200

zur Gestaltung von Produktionsnetzwerken zu treffen. Dazu wird eine Datenstruktur mit zugehörigen Architektur-Ebenen aufgezeigt, die in der Lage ist, große Datenmengen schnell zu verarbeiten. Zur Anwendung in der Praxis wird auf die Notwendigkeit weiterer Detaillierung verwiesen.[363] Während sich in der Forschung zu Supply Chains (vgl. Kapitel 2.1.1) zahlreiche Big Data Ansätze finden, wird das Thema im Fokusbereich intraorganisationaler Netzwerke nicht weiter verfolgt.[364]

Im Betrachtungsbereich der Fabrikplanung befasst sich beispielsweise HARTKOPF mit der kontinuierlichen Werksentwicklungsplanung, bei der neben kapazitiven Bedarfen auch technologische Entwicklungen berücksichtigt werden.[365] Der von NÖCKER entwickelte Ansatz zur zustandsbasierten Fabrikplanung verwendet generische Planungsmodule, die in der Diagrammsprache IDEF0 modelliert werden und sich in Abhängigkeit der jeweiligen Planungssituation anwenden lassen. Durch den generischen Aufbau lassen sich die Planungsschritte parallelisieren und die Planungsdauer verkürzen.[366] Durch die Begrenzung auf einzelne Fabriken lassen sich die Ansätze allerdings nicht unmittelbar auf Produktionsnetzwerke übertragen.

3.2 Ansätze mit Entscheidungsmodellen zur Netzwerkgestaltung

Nachfolgend werden die relevantesten Ansätze mit Entscheidungsmodellen zur Konfiguration von Produktionsnetzwerken vorgestellt. Sie unterscheiden sich von den in Kapitel 3.1 vorgestellten Ansätzen dadurch, dass sie neben dem Entscheidungsfeld, das Gestaltungsalternativen, Ergebnisse und Umweltzustände umfasst, auch Entscheidungsregeln zur Auswahl konkreter Ergebnisse enthalten (vgl. Kapitel 2.2.3). Der Vorteil dieser Modelle besteht in ihrer Automatisierbarkeit und der damit verbundenen potenziell kürzeren Entscheidungszeit gegenüber den reinen Gestaltungsmodellen. Die meisten Entscheidungsmodelle sind mathematische Optimierungsansätze.[367] Diese Ansätze bieten zusätzlich den Vorteil, die besten Lösungen im vorhandenen Lösungsraum zu identifizieren. Die Anwendbarkeit in der

---

[363] Vgl. Gölzer, Simon et al. (2015) Designing Global Manufacturing Networks Using Big Data, S. 191-196

[364] Vgl. Tiwari, Wee et al. (2018) Big data analytics in supply chain management, S. 319-330; Chehbi-Gamoura, Derrouiche et al. (2020) Big Data Analytics in supply chain management, S. 355-382

[365] Vgl. Hartkopf (2013) Kontinuierliche Planung technologischer und kapazitiver Werksentwicklungen

[366] Vgl. Nöcker (2012) Zustandsbasierte Fabrikplanung

[367] Vgl. Lanza, Ferdows et al. (2019) Global Production Networks: Design and Operation, S. 836

Praxis ist aber selten gegeben.[368] Darüber hinaus existiert eine Vielzahl an quantitativen und qualitativen Entscheidungsmodellen. Durch die ausgewählten Ansätze wird die Lösungsbreite der Entscheidungsmodelle in der Literatur aufgezeigt. Einen umfassenden Überblick über weitere Ansätze liefern die Übersichten von OLHAGER ET AL. und KRISTIANTO ET AL.[369]

3.2.1 Ansatz nach LANZA UND MOSER

Das von LANZA UND MOSER entwickelte gemischt-ganzzahlige Optimierungsmodell zur Produktionsnetzwerkgestaltung unter Berücksichtigung von Unsicherheit. Der Ansatz ermittelt optimale Konfigurationen des Netzwerks zu diskreten Zeitpunkten über einen definierten Betrachtungsbereich. Zur Ermittlung dieser Lösungen ist er in drei Module unterteilt: ein Optimierungs-, ein Unsicherheits- und ein Kontrollmodul.[370]

Das Optimierungsmodul besteht aus einem Netzwerkmodell, das Standorte, Technologien, Produktionsvolumen und Transporte für diskrete Betrachtungszeiträume miteinander in Beziehung setzt. Das Netzwerkmodell wird in Hinblick auf verschiedene Kriterien wie Kosten, Lieferzeit und Qualität bewertet. Die lineare Bewertungsfunktion wird als Vektor abgebildet, bei dem die einzelnen Kriterien Ausprägungen zwischen 0 und 1 annehmen können und von dem Netzwerkmodell abhängen. Die Zielfunktion der Optimierung erlaubt die individuelle Gewichtung durch die Anwender. Darüber hinaus werden neun Restriktionen verwendet, um beispielsweise negative Produktionsmengen zu verhindern, Kapazitäten von Maschinen und Anlagen abzubilden oder strategische Vorgaben zu berücksichtigen.[371]

Das Unsicherheitsmodul dient dazu, die Unsicherheit von Wandlungstreibern wie Lohnkostenentwicklungen abzubilden. Dazu werden stochastische Prozesse verwendet (vgl. Kapitel 2.3.2.2). Darüber hinaus werden Events modelliert, die mit einer bestimmten Wahrscheinlichkeit eintreten. Als Beispiel hierfür wird der

---

[368] Vgl. Lanza, Ferdows et al. (2019) Global Production Networks: Design and Operation, S. 837

[369] Vgl. Olhager, Pashaei et al. (2015) Design of global production and distribution networks; Kristianto, Gunasekaran et al. (2017) Building the "Triple R" in global manufacturing

[370] Vgl. Lanza, Moser (2014) Multi-objective optimization of global manufacturing networks, S. 398

[371] Vgl. Lanza, Moser (2014) Multi-objective optimization of global manufacturing networks, S. 398

Markteintritt eines Wettbewerbers aufgeführt. Beide Formen der Unsicherheit lassen sich in dem Unsicherheitsmodul verknüpfen, um den Einfluss der Events auf die Entwicklung der Wandlungstreiber abzubilden.[372]

Im Kontrollmodul werden zufällige Entwicklungen des Unsicherheitsmoduls simuliert und Wandlungsbedarfe mittels des Optimierungsmodells identifiziert. Dabei wird ein zehnjähriger Betrachtungszeitraum in Zeitabschnitte von jeweils 2 Jahren unterteilt.[373] Das Modell wird anhand eines Praxisbeispiels angewendet, bei dem ein Produkt mit 13 Prozessschritten und drei Standorte betrachtet werden.[374]

3.2.2 Ansatz nach Jindal, Sangwan und Saxena

Das gemischt-ganzzahlige Optimierungsmodell zur Netzwerkgestaltung nach Jindal, Sangwan und Sexena dient zur Produktallokation eines gegebenen Netzwerks. Dabei werden verschiedene Unsicherheitsfaktoren wie Absatzzahlen, Einkaufs- und Transportkosten mit Fuzzy-Zahlen abgebildet.[375] Das Modell basiert auf Vorarbeiten von Jindal und Sangwan, die um eine mehrperiodige Betrachtung und die Berücksichtigung von Lagermengen erweitert wurden.[376]

Betrachtungsumfang des Optimierungsmodells ist ein geschlossener Supply Chain Kreislauf, der neben der Produktion externe Zulieferer, Distributoren, Einzelhändler und Kunden berücksichtigt. Darüber hinaus ist ein Warenrückfluss über Demontage- und Aufbereitungsstationen abbildbar.[377] Für das Modell werden Indizes, Entscheidungsvariablen und Parameter verwendet. Die Indizes bezeichnen Produkte, Teile, aus denen sich die Produkte zusammensetzen, dedizierte Standorte der berücksichtigten Elemente des Supply Chain Kreislaufs und Zeitperioden. Die Entscheidungsvariablen beschreiben die Einheiten, die zu einem bestimmten Zeitpunkt an einem bestimmten Ort beispielsweise gefertigt, verkauft, eingesammelt oder aufbereitet werden und legen somit die Allokation fest. Die Parameter legen

[372] Vgl. Lanza, Moser (2014) Multi-objective optimization of global manufacturing networks, S. 398 f.

[373] Vgl. Lanza, Moser (2014) Multi-objective optimization of global manufacturing networks, S. 399

[374] Vgl. Lanza, Moser (2014) Multi-objective optimization of global manufacturing networks, S. 399 f.

[375] Vgl. Jindal, Sangwan et al. (2015) Network Design and Optimization, S. 656

[376] Vgl. Jindal, Sangwan et al. (2015) Network Design and Optimization, S. 657; Jindal, Sangwan (2014) Closed loop supply chain network design

[377] Vgl. Jindal, Sangwan et al. (2015) Network Design and Optimization, S. 657

Rüst- und Herstell- bzw. Aufbereitungskosten einzelner Produkte an Standorten sowie Kapazitäten einzelner Standorte und die Zahl von Teilen in Produkten fest. Zusätzlich werden Mindest- und Maximalbestellmengen von Zulieferern, Absatzmenge und Profit je abgesetztem Produkt und die maximale Rücklauf- und Wiederaufbereitungsquote von Produkten festgelegt. Kosten, Absatzmengen, Profit und Menge der Wiederaufbereitung genutzter Teile sind dabei als Fuzzy-Zahlen in Dreiecksform modelliert.[378]

Auf Basis der definierten Elemente wird eine Zielfunktion aufgestellt, die den Gewinn maximiert und dabei Umsätze durch verkaufte oder aufbereitete Produkte und Kosten an den Standorten im Supply Chain Kreislauf berücksichtigt. Dazu werden zusätzlich Restriktionen formuliert, die beispielsweise Kapazitätsgrenzen abbilden.[379]

Der Ansatz liefert für die modellierten Annahmen optimale Ergebnisse und wird in einem Zahlenbeispiel validiert, für den Einsatz in der Praxis wird jedoch die Entwicklung effizienter Heuristiken empfohlen.[380] Der Ansatz lässt sich um weitere Elemente erweitern, um beispielsweise Nachhaltigkeitsaspekte zu berücksichtigen.[381]

3.2.3 Ansatz nach Theyel, Hofmann und Gregory

Theyel, Hofmann und Gregory leiten aus Tiefeninterviews mit Entscheidungsträgern aus 50 produzierenden Unternehmen qualitative Entscheidungsregeln zur Beibehaltung, Verlagerung und Rückverlagerung von Produktionsumfängen sowie hybriden Ansätzen ab.[382] Die Auswahl dieser Gestaltungsoptionen wird durch die Kriterien Entwicklung neuer Produkte, Kundenanpassung, Transport, Qualität und Kosten bewertet.[383]

Aus der Kombination der Gestaltungsmöglichkeiten und der Kriterienkategorien wird ein Entscheidungsmodell zur Auswahl des Produktionsstandorts abgeleitet. Gründe zur Beibehaltung der Produktion sind beispielsweise die Entwicklung neuer Produkte, insbesondere in Zusammenarbeit mit Kunden oder Zulieferern und der Schutz von

[378] Vgl. Jindal, Sangwan et al. (2015) Network Design and Optimization, S. 658
[379] Vgl. Jindal, Sangwan et al. (2015) Network Design and Optimization, S. 658
[380] Vgl. Jindal, Sangwan et al. (2015) Network Design and Optimization, S. 661
[381] Vgl. Jindal, Sangwan (2017) Fuzzy mathematical modelling of closed-loop supply chain, S. 95
[382] Vgl. Theyel, Hofmann et al. (2018) Understanding Manufacturing Location Decision Making, S. 304
[383] Vgl. Theyel, Hofmann et al. (2018) Understanding Manufacturing Location Decision Making, S. 308

geistigem Eigentum, aber auch Reputation und regulatorische Vorgaben. Gründe für die Verlagerung sind Preisunterschiede hinsichtlich Kosten und Transporten und die Nähe zu Kunden oder Zulieferern. Gründe für Rückverlagerungen sind überschätzte Kostenvorteile, Risiken hinsichtlich geistigen Eigentums und der Verlust von Synergien in der Supply Chain. Durch die Unterteilung des Portfolios lassen sich hybride Szenarien aufbauen und eine Balance der Verlagerungsoptionen erreichen.[384]

Zur Anwendung des Entscheidungsmodells werden je Gestaltungsoption Leitfragen aufgestellt, bei denen eine positive Antwort die Präferenz des jeweiligen Szenarios impliziert.[385]

3.2.4 Ansatz nach HOCHDÖRFER ET AL.

Der Ansatz zur Gestaltung, Planung und Überwachung von Produktionsnetzwerken unter Berücksichtigung von Kundenanforderungen nach HOCHDÖRFER ET AL. zielt auf eine ganzheitliche Gestaltung von Produktionsnetzwerken ab.[386] Das Modell gliedert sich in die fünf Module Produktionsnetzwerkgestaltung, Produktions- und Lieferantennetzwerküberwachung und -umgestaltung, Globale Auftragszuordnung, Lokale Auftragsterminierung und Lokale Auftragsumplanung (vgl. Abbildung 3-5).

Im Modul Produktionsnetzwerkgestaltung wird ein gemischt-ganzzahliges Optimierungsmodell zur Identifikation von Anpassungsbedarfen im Netzwerk verwendet.[387] Das Modell berücksichtigt die im Netzwerk vorhandenen Standorte, Absatzmengen im betrachteten Zeitraum sowie Herstell- und Transportkosten. Anpassungsbedarfe sind unter anderem die Eröffnung und Schließung von Standorten und Produktionsbereichen, Anpassungen an Transportbeziehungen und Schichtmodellen. Die Zielfunktion minimiert die operativen Kosten, Flexibilitätskosten und Rekonfigurationskosten im betrachteten Zeitraum. Mittels Branch-and-Cut Algorithmus wird eine optimale Lösung unter den getroffenen Modellannahmen identifiziert.[388]

---

384 Vgl. Theyel, Hofmann et al. (2018) Understanding Manufacturing Location Decision Making, S. 309

385 Vgl. Theyel, Hofmann et al. (2018) Understanding Manufacturing Location Decision Making, S. 309 f.

386 Vgl. Hochdörffer, Buergin et al. (2018) Design, planning, and control of global production networks, S. 98

387 Vgl. Hochdörffer, Buergin et al. (2018) Design, planning, and control of global production networks, S. 100 f.

388 Vgl. Hochdörffer, Buergin et al. (2018) Design, planning, and control of global production networks, S. 101 f.

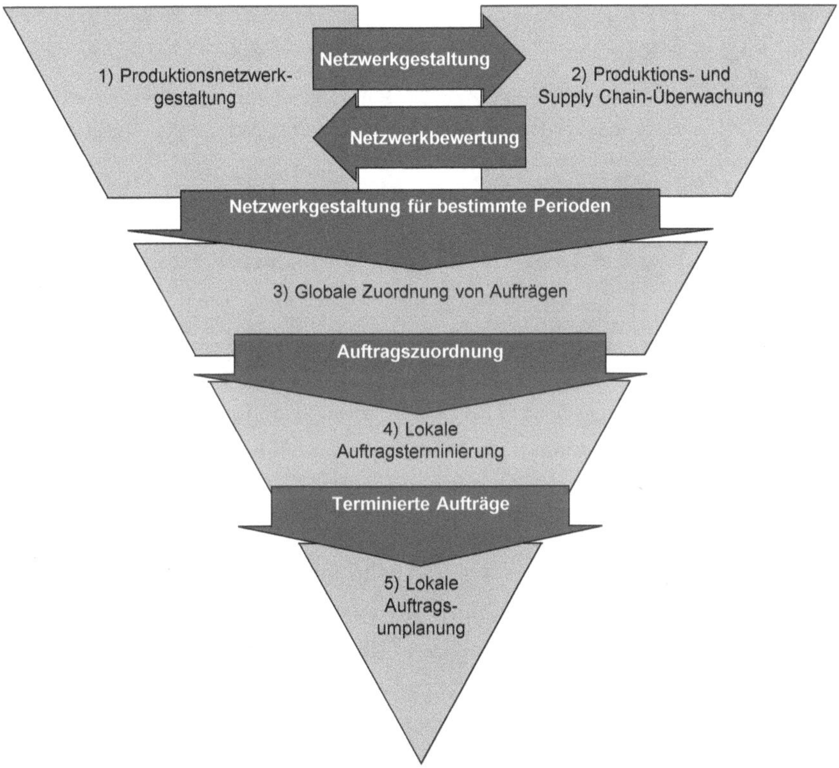

Abbildung 3-5: Entscheidungsmodell zur Gestaltung, Planung und Überwachung von Produktionsnetzwerken inkl. Informationsaustausch nach Hochdörfer et al.[389]

Im Modul Produktions- und Lieferantennetzwerküberwachung und -umgestaltung werden die Stücklisten der Produkte im Betrachtungsfokus auf Basis der Herstellungsprozesse mit den eigenen und den Lieferantenwerken verknüpft. Auf Basis der Bewertungskriterien Kosten, Qualität, Zuverlässigkeit und Durchlaufzeit werden Kennzahlen zur Bewertung der Produkt- und Standortzuordnung erhoben. Zu große Abweichung der Kennzahlen von vorgegebenen Zielwerten führt dazu, dass die Umgestaltung des Netzwerks angestoßen wird.

[389] Eigene Abbildung an Hochdörffer, Buergin et al. (2018) Design, planning, and control of global production networks, S. 100

Die nachfolgende globale Auftragszuordnung dient zur Zuweisung von Aufträgen an einzelne Standorte. Dazu wird eine ganzzahlige Optimierung verwendet, die je nach Auslastung und Kapazität der Standorte Aufträge zuweist. Ziel ist es, starke Schwankungen in der Auslastung zwischen den Standorten zu minimieren. In den nachfolgenden Modulen werden die Aufträge an den Standorten lokal optimiert.[390]

3.2.5 Ansatz nach SAGER

SAGER bettet mit seinem Ansatz zur Konfiguration von Produktionsnetzwerken ein deterministisches Optimierungsmodell in ein Prozessmodell ein.[391] Das Optimierungsmodell berücksichtigt dabei verschiedene Zielgrößen und ist als dynamisches, gemischt-ganzzahliges Modell mit linearer Zielfunktion und linearen Nebenbedingungen aufgebaut.[392] Das Modell ermittelt optimale Zielzustände unter den gegebenen Informationen und Bedingungen. Eine Berücksichtigung der Unsicherheit hinsichtlich der Information oder der Entwicklung von Einflussfaktoren findet im Modell nicht statt.[393]

Das zugehörige Prozessmodell ist in sieben Schritte unterteilt (vgl. Abbildung 3-6). Der erste Schritt besteht in der Identifikation des Handlungsbedarfs auf Basis von Kennzahlen.[394] Der Handlungsbedarf wird in eine konkret zu untersuchende Aufgabenstellung überführt. Dabei werden Entscheidungsdimensionen, Planungsrestriktionen und Zielgrößen festgelegt.[395] Die Untersuchung selbst läuft in einem iterativen Prozess ab. Dabei werden zunächst Daten erhoben, mit denen das Optimierungsmodell aufgestellt wird. Durch das Modell werden Handlungsalternativen erzeugt, die für das jeweils aufgestellte Zielsystem optimal sind. Durch Vergleich der Handlungsalternativen je Zielsystem wird dieses im Nachgang präzisiert.[396]

---

[390] Vgl. Hochdörffer, Buergin et al. (2018) Design, planning, and control of global production networks, S. 102 f.

[391] Vgl. Sager (2019) Konfiguration globaler Produktionsnetzwerke, S. 62-66

[392] Vgl. Sager (2019) Konfiguration globaler Produktionsnetzwerke, S. 63

[393] Vgl. Sager (2019) Konfiguration globaler Produktionsnetzwerke, S. 63

[394] Vgl. Sager (2019) Konfiguration globaler Produktionsnetzwerke, S. 118 f.

[395] Vgl. Sager (2019) Konfiguration globaler Produktionsnetzwerke, S. 124-126

[396] Vgl. Sager (2019) Konfiguration globaler Produktionsnetzwerke, S. 126-131

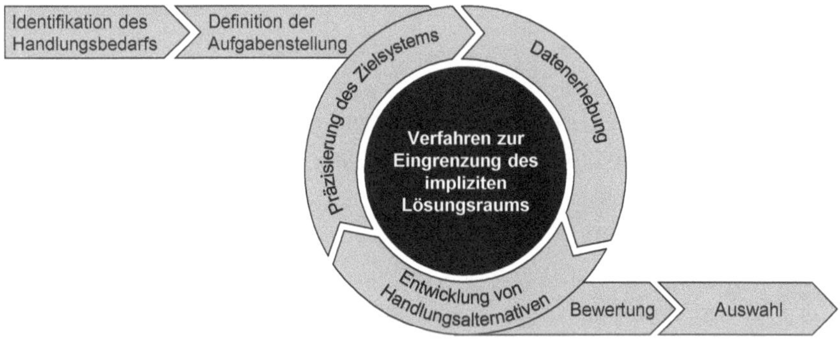

Abbildung 3-6: Methode zur Konfiguration von globalen Produktionsnetzwerken nach SAGER[397]

Im Anschluss erfolgen eine Bewertung durch das Management, entweder auf Basis der Optimierungsergebnisse oder unter zusätzlicher Anwendung der Bewertungsmethode nach UDE (vgl. Kapitel 3.1.2), sowie die Auswahl einer Alternative.[398]

3.2.6 Weitere Ansätze

Neben den vier vorgestellten Ansätzen werden teilweise andere Ziele und Einflussfaktoren berücksichtigt. KOBERSTEIN, LUKAS UND NAUMANN berücksichtigen beispielsweise zusätzlich Wechselkurse und verwenden Hedging, also die Absicherung gegen Verluste aus Wechselkursschwankungen, als einen Bewertungsfaktor in ihrem Optimierungsmodell.[399] Ebenso variieren die Lösungsalgorithmen der Ansätze. So verwenden beispielsweise SCHUH ET AL. und BE ISA ET AL. genetische Algorithmen zur Minimierung der Zielkosten bzw. zur Produktionsplanung im Netzwerk. Genetische Algorithmen identifizieren keine optimale Lösung, sondern suchen heuristisch nach einer möglichst guten Lösung.[400]

Der von NIKNEJAD UND PETROVIC entwickelte Ansatz zum Unsicherheitsmanagement in Produktionsnetzwerken ermittelt den Einfluss von Parametern und deren Unsicherheit auf die Wirtschaftlichkeit des Netzwerks. Durch den Ansatz werden

---

[397] Vgl. Sager (2019) Konfiguration globaler Produktionsnetzwerke, S. 66

[398] Vgl. Sager (2019) Konfiguration globaler Produktionsnetzwerke, S. 131 f.

[399] Vgl. Koberstein, Lukas et al. (2013) Strategic Planning of Global Production Networks, S. 215

[400] Vgl. Schuh, Potente et al. (2014) Global Footprint Design, S. 433-436; be Isa, Epha et al. (2018) Management of Reconfigurable Production Networks, S. 490-497

Einflussfaktoren analysiert, die hohe finanzielle Risiken für das Produktionsnetzwerk bergen. Haben diese eine hohe epistemische Unsicherheit in Bezug auf ihre potenziellen Ausprägungen, so wird eine detailliertere Informationsbeschaffung angestoßen, um die Unsicherheit zu reduzieren und gegebenenfalls Handlungsbedarfe im Netzwerk zu identifizieren. Die Modellierung der Unsicherheit basiert auf Fuzzy-Zahlen. Der Ansatz liefert jedoch keine Lösungselemente in Hinblick auf die Gestaltung des Netzwerks.[401]

3.3 Bewertung der ausgewählten Ansätze

Zur Bewertung der Ansätze werden die in Kapitel 2.5 hergeleiteten Herausforderungen aus der Praxis als Anforderungen an die vorgestellten Lösungskonzepte verwendet. Eine Zusammenfassung der Bewertung ist in Abbildung 3-7 dargestellt. Die Bewertung erfolgt mittels sogenannter Harvey Balls, die den jeweiligen Erfüllungsgrad eines Ansatzes bezüglich einer Anforderung darstellen. Es zeigt sich, dass keiner der bestehenden Ansätze alle Anforderungen vollständig erfüllt. Nachfolgend werden entlang der einzelnen Anforderungen die Ansätze mit hohem Erfüllungsgrad hervorgehoben und bestehende Defizite in Hinblick auf den Erfüllungsgrad beschrieben.

[401] Vgl. Niknejad, Petrovic (2017) Uncertainty in global production networks' parameters, S. 229-238

Ansätze (Kap. 3.1 & 3.2)		Anforderungen aus der Praxis (Kap. 2.5): Handlungsalternativen – Systematische Eingrenzung der Entscheidungskomplexität	Handlungsalternativen – Anforderungsgerechte Modellierung des Produktionsnetzwerks	Informationsbeschaffung – Transparenz über die Entscheidungsrelevanz von Informationen	Informationsbeschaffung – Erfassung der Informationsunsicherheit	Entscheidungsfindung – Nachvollziehbarkeit des Entscheidungsprozesses	Entscheidungsfindung – Berücksichtigung der Auswirkungen auf das Gesamtunternehmen
Gestaltungsmodelle	Merchiers (2008)	◑	◑	◑	◔	◑	◑
	Ude (2010)	◕	◕	◔	◑	●	◑
	Krebs (2012)	◔	◕	◑	◕	◕	◔
	Sprenger et al. (2014)	◑	◔	○	◔	◑	◔
	Stoffel (2016)	◑	◔	◕	◔	◕	◕
	Wiezorrek (2017)	◕	◔	◔	○	◑	◑
	Prote (2017)	◑	◕	◕	◑	◑	◕
	Schmitz (2018)	◑	◕	◔	◑	◑	◑
Entscheidungsmodelle	Lanza und Moser (2014)	◑	◔	◔	◑	◔	◔
	Jindal et al. (2015)	◑	◔	◔	◑	◔	◑
	Theyel et al. (2018)	◔	○	◔	○	◔	◔
	Hochdörffer et al. (2018)	◑	◔	◔	○	◔	◑
	Sager (2019)	◕	◔	◑	◔	◑	◕

Legende: Nicht betrachtet ○ – ◔ – ◑ – ◕ – ● Vollständig berücksichtigt

Abbildung 3-7: Bewertungsübersicht der bestehenden Ansätze

Systematische Eingrenzung der Entscheidungskomplexität

Viele der vorgestellten Gestaltungsmodelle dienen zur reinen Bewertung von Gestaltungsalternativen, ohne ihre Entstehung zu berücksichtigen. So verweist MERCHIERS auf strategische Vorgaben, der Ansatz von KREBS dient zur Feinauswahl von Standortalternativen nach zuvor erfolgter Vorauswahl.[402] PROTE und SCHMITZ leiten den Betrachtungsbereich ihrer Bewertungsansätze aus Zielen wie Kostenreduktion, Marktnähe und Ressourcenzugang ab und wählen den Betrachtungsbereich im Anschluss auf Basis der Systemtheorie, gehen jedoch nicht näher auf die Entstehung der konkreten Gestaltungsalternativen ein.[403] UDE liefert eine praxistaugliche Einschränkung von Gestaltungsalternativen auf Basis von Restriktionen durch äußere Einflüsse, strategischen Implikationen und technischen Einschränkungen. Er verknüpft die Alternativenentwicklung jedoch nicht mit einer konkreten Vorgehensmethodik.[404] WIEZORREK identifiziert Handlungsbedarfe auf Basis eines Soll-Ist-Abgleichs einer Vielzahl von Bewertungsgrößen, denen mögliche Handlungsmaßnahmen zugeordnet werden. Dadurch wird der Handlungsbedarf systematisch aufgezeigt, die konkreten Kombinationen der Alternativen bleiben aber vage, da die Maßnahmen auch negative Einflüsse auf andere Bewertungsgrößen haben können.[405] Die Optimierungsmodelle nach LANZA UND MOSER, JINDAL ET AL. sowie HOCHDÖRFFER ET AL. betrachten prinzipiell alle Alternativen des Lösungsraums.[406] Sie konnten aber bisher nur auf verhältnismäßig kleine Betrachtungsumfänge angewendet werden und erfordern eine vollständige Abbildung aller Restriktionen durch äußere, strategische und technische Einflüsse, was praktisch schwer nachprüfbar und umsetzbar ist.

---

[402] Vgl. Merchiers (2008) Bewertung globaler Standortstrukturalternativen, S. 142ff.; Krebs (2012) Bewertung vernetzter Produktionsstandorte, S. 9

[403] Vgl. Prote (2017) Bewertung von Standortalternativen in Produktionsnetzwerken, S. 100-106; Schmitz (2018) Kostenmodellierung von Produktallokationen in Produktionsnetzwerken, S. 130-137

[404] Vgl. Ude (2010) Konfiguration globaler Wertschöpfungsnetzwerke, S. 105-110

[405] Vgl. Wiezorrek (2017) Konfiguration von globalen Wertschöpfungsnetzwerken, S. 147-152

[406] Vgl. Lanza, Moser (2014) Multi-objective optimization of global manufacturing networks, S. 398; Jindal, Sangwan et al. (2015) Network Design and Optimization, S. 661; Hochdörffer, Buergin et al. (2018) Design, planning, and control of global production networks, S. 100 f.

Anforderungsgerechte Modellierung des Produktionsnetzwerks

Bei MERCHIERS dient die Systemtheorie als Grundlage zur Ausdetaillierung der jeweils verwendeten Modelle. Die Modelle sind aber nicht frei aggregierbar.[407] UDE verwendet ein Simulationsmodell mit frei wählbarem Aggregationsniveau, KREBS ein Ein-flusstreibermodell mit Fuzzy-Sets.[408] Beide Methoden lassen sich recht beliebig aggregiert anwenden, beide sind jedoch in ihrer Anwendung aufwendig.[409]

PROTE und SCHMITZ liefern Ansätze zur systematischen Aggregation der Netzwerkmodellierung durch Identifikation der entscheidungsrelevanten Kosten und eine Abschätzung der Modellabweichung durch eine Kalibrierung des Modells.[410] Die Auswirkungen des Aggregationsniveaus auf die konkrete Entscheidungsfindung bleibt aber intransparent.

Andere Ansätze wie von STOFFEL oder WIEZORREK müssen komplett durchlaufen werden und bieten somit keine frei wählbare Aggregation.[411] Die vorgestellten Optimierungsmodelle geben die Aggregation im Modell weitgehend vor, wobei die Auswirkungen der Aggregation auf die Ergebnisse der Modelle für den Anwender intransparent bleiben. Unterschiedliche Aggregationsgrade würden mit einer Umgestaltung der Optimierungsmodelle einhergehen und somit den ohnehin hohen Aufwand in der praktischen Anwendung weiter erhöhen. Rein qualitative Ansätze wie von THEYEL ET AL. bieten keine Möglichkeit zur Aggregation.[412]

Transparenz über die Entscheidungsrelevanz von Informationen

Um die Entscheidungsrelevanz von Informationen einschätzen zu können, ist eine nachvollziehbare Verknüpfung von Einflussfaktoren und Bewertungsergebnis erforderlich. Einige der vorgestellten Ansätze verwenden Sensitivitätsanalysen, bei

---

[407] Vgl. Merchiers (2008) Bewertung globaler Standortstrukturalternativen, S. 147

[408] Vgl. Ude (2010) Konfiguration globaler Wertschöpfungsnetzwerke, S. 103; Krebs (2012) Bewertung vernetzter Produktionsstandorte, S. 116

[409] Vgl. Krebs (2012) Bewertung vernetzter Produktionsstandorte, S. 152

[410] Vgl. Prote (2017) Bewertung von Standortalternativen in Produktionsnetzwerken, S. 113-120; Schmitz (2018) Kostenmodellierung von Produktallokationen in Produktionsnetzwerken, S. 122 f.

[411] Vgl. Stoffel (2016) V-Modell zur Auslegung großer Produktionsnetzwerke, S. 193; Wiezorrek (2017) Konfiguration von globalen Wertschöpfungsnetzwerken, S. 82

[412] Vgl. Theyel, Hofmann et al. (2018) Understanding Manufacturing Location Decision Making, S. 308

denen der Einfluss einzelner Faktoren auf das Ergebnis aufgezeigt wird.[413] Diese erfolgen jedoch erst in der Bewertungsphase der Methoden, die allesamt erst nach Informationsbeschaffung und Modellierung des Produktionsnetzwerks ansetzen. Dadurch entsteht potenziell ein zeitlicher Verzug in der Entscheidungsfindung, sofern besonders ergebnisrelevante Einflussfaktoren nicht bereits in der Informationsbeschaffung als solche erkannt werden und eine hohe epistemische Unsicherheit aufweisen. Während der Informationsbeschaffung setzen die Ansätze nach KREBS und SCHMITZ auf Expertenwissen bei der Identifikation der Haupteinflussfaktoren.[414] Gerade bei komplexen Fragestellungen wie der Produktionsnetzwerkbewertung sind diese subjektiven Schätzungen ohne quantitative Validierung jedoch nicht ausreichend. PROTE untersucht die Kostenstruktur im bestehenden Netzwerk, um die relevantesten Faktoren für die Modellierung zu identifizieren.[415] Sein Ansatz bleibt aber auf Kosten beschränkt. STOFFEL verwendet Kennzahlen je Standort zur Bewertung des Ist-Netzwerks und gewichtet sie nach Umsatzrelevanz.[416] Das Verfahren bietet eine hohe Transparenz, ist jedoch von der Auswahl der Kennzahlen abhängig und vergleichsweise aufwendig. Die in Kapitel 3.2 vorgestellten Entscheidungsmodelle geben die Einflussfaktoren im Modell vor. Durch die Automatisierung der Lösungsfindung bei den quantitativen Ansätzen ist die Messung konkreter Einflussfaktoren nur durch eine aufwendige Variation des Modells möglich. Bei dem qualitativen Ansatz nach THEYEL ET AL. ist für die Anwendung nicht transparent, ob die empirisch erzeugten Ergebnisse auch unter den Randbedingungen anderer Unternehmen übertragbar sind.[417]

Erfassung der Unsicherheit von Informationen

Unsicherheit wird in den vorgestellten Ansätzen unterschiedlich stark berücksichtigt. Hervorzuheben ist der Ansatz nach KREBS, der sowohl quantitative als auch qualitative Unsicherheit in seinem Modell berücksichtigt und durch den Einsatz stochastischer

---

[413] Vgl. Merchiers (2008) Bewertung globaler Standortstrukturalternativen, S. 210; Ude (2010) Konfiguration globaler Wertschöpfungsnetzwerke, S. 103; Krebs (2012) Bewertung vernetzter Produktionsstandorte, S. 127 ff.

[414] Vgl. Krebs (2012) Bewertung vernetzter Produktionsstandorte, S. 103; Schmitz (2018) Kostenmodellierung von Produktallokationen in Produktionsnetzwerken, S. 150

[415] Vgl. Prote (2017) Bewertung von Standortalternativen in Produktionsnetzwerken, S. 117

[416] Vgl. Stoffel (2016) V-Modell zur Auslegung großer Produktionsnetzwerke, S. 120 ff.

[417] Vgl. Theyel, Hofmann et al. (2018) Understanding Manufacturing Location Decision Making, S. 300-312

Prozesse und Fuzzy Sets modelliert.[418] Durch eine Monte-Carlo-Simulation und Sensitivitätsanalysen werden die Auswirkungen der Unsicherheit auf die Entscheidungssituation transparent dargestellt. Lediglich eine weitere Differenzierung zwischen den Arten der Unsicherheit und den damit verbundenen Implikationen hinsichtlich der Reduzierbarkeit der Unsicherheit fehlt. Nach SCHMITZ sind Monte-Carlo-Simulationen nur bedingt geeignet, die Realität wiederzugeben, weshalb er den Ansatz der Szenariotechnik wählt.[419] Durch Abbildung von Korrelationen zwischen den Einflussfaktoren kann das Vorgehen aber als gleichwertig zur Bildung von Projektionsbündeln in der Szenariotechnik angesehen werden. Darüber hinaus ist es im Gegensatz zur Szenariotechnik als Verfahren automatisierbar. Andere der vorgestellten Ansätze verwenden ebenfalls Fuzzy Sets oder stochastische Prozesse zur Modellierung der Unsicherheit und Monte-Carlo-Simulationen, Szenariotechnik und Sensitivitätsanalysen zur Bewertung der Unsicherheit. Sie bleiben aber in der Detaillierung und der Unsicherheitsbetrachtung hinter dem Ansatz von KREBS zurück und werden daher an dieser Stelle nicht weiter erörtert.

Nachvollziehbarkeit des Entscheidungsprozesses

Zur Nachvollziehbarkeit des Entscheidungsprozesses sind die einzelnen Prozessschritte so zu gestalten, dass die Lösungsfindung für die Entscheider transparent ist. Dies ist eine der größten Herausforderungen für quantitative Optimierungsmodelle in der Praxis. Durch Hinzufügen oder Weglassen einzelner Restriktionen sowie durch kleine Anpassungen in der Zielfunktion können vollständig andere Lösungen entstehen. Gestaltungsansätze mit systematischer Eingrenzung der Gestaltungsalternativen wie die Ansätze von UDE oder WIEZORREK decken zwar nicht den gesamten Lösungsraum ab, lassen sich aber argumentativ herleiten.[420] Ebenso sind die einzelnen Prozessschritte der Gestaltungsmodelle gegenüber den Entscheidungsmodellen im Detail leichter nachvollziehbar, da sie jeweils konkrete Teilaspekte in der Entscheidungsfindung erfüllen und somit eine gezielte Analyse des Entscheidungsprozesses ermöglichen. Zur Steigerung der Nachvollziehbarkeit dient außerdem eine eindeutige Abfolge der Prozessschritte und

[418] Vgl. Krebs (2012) Bewertung vernetzter Produktionsstandorte, S. 115 ff.

[419] Vgl. Schmitz (2018) Kostenmodellierung von Produktallokationen in Produktionsnetzwerken, S. 87

[420] Vgl. Ude (2010) Konfiguration globaler Wertschöpfungsnetzwerke, S. 105-110; Wiezorrek (2017) Konfiguration von globalen Wertschöpfungsnetzwerken, S. 147-152

eine Berücksichtigung der Unsicherheit von Informationen. Besonders hervorzuheben sind hierbei die Ansätze von UDE und STOFFEL, die sich nicht nur auf Teilaspekte der Netzwerkgestaltung wie Standortauswahl oder Produktallokation fokussieren.[421] Bei STOFFEL ist jedoch keine Teilbetrachtung des Netzwerks möglich.

Transparenz über die Auswirkungen auf das Gesamtunternehmen

Zur Bewertung der Transparenz über die Auswirkungen auf das Gesamtunternehmen ist die Zielstellung der vorgestellten Ansätze zu unterscheiden. So bieten STOFFEL, WIEZORREK und JINDAL ET AL. Ansätze zur Konfiguration des Gesamtnetzwerks.[422] Dabei wird zwangsläufig das vollständige Netzwerk betrachtet. Allerdings ergeben sich Unterschiede in der Ableitung der Gestaltungsmaßnahmen. WIEZORREK bleibt bei der Auflösung von Zielkonflikten im Netzwerk vage.[423] Gleichzeitig ist der Ansatz von STOFFEL gut für eine grundlegende Überarbeitung des Netzwerks geeignet, nicht aber für die im Rahmen dieser Arbeit auch verfolgte Konfiguration von Teilbereichen im Netzwerk.[424] Der Ansatz von JINDAL ET AL. ist nicht auf große Produktionsnetzwerke übertragbar.[425] Ansätze, die sich mit Teilbereichen der Netzwerkkonfiguration wie der Standortauswahl beschäftigen, berücksichtigen zwar häufig die Auswirkungen auf den Betrachtungsbereich, nur der Ansatz von PROTE geht jedoch explizit auf mögliche Remanenzeffekte in anderen Werken ein.[426] Die Ansätze von MERCHIERS, UDE und LANZA UND MOSER erfordern die vollständige Berücksichtigung von Standorten mit potenziellen Remanenzeffekten im Modell.[427] Andere Ansätze zur Standortauswahl wie KREBS oder SPRENGLER ET AL. beachten den Aspekt nicht explizit.[428]

[421] Vgl. Ude (2010) Konfiguration globaler Wertschöpfungsnetzwerke, S. 103; Stoffel (2016) V-Modell zur Auslegung großer Produktionsnetzwerke, S. 193

[422] Vgl. Stoffel (2016) V-Modell zur Auslegung großer Produktionsnetzwerke, S. 193; Wiezorrek (2017) Konfiguration von globalen Wertschöpfungsnetzwerken, S. 82, Jindal, Sangwan et al. (2015) Network Design and Optimization, S. 656-661

[423] Vgl. Wiezorrek (2017) Konfiguration von globalen Wertschöpfungsnetzwerken, S. 150

[424] Vgl. Stoffel (2016) V-Modell zur Auslegung großer Produktionsnetzwerke, S. 8

[425] Vgl. Jindal, Sangwan et al. (2015) Network Design and Optimization, S. 661

[426] Vgl. Prote (2017) Bewertung von Standortalternativen in Produktionsnetzwerken, S. 158-172

[427] Merchiers (2008) Bewertung globaler Standortstrukturalternativen, S. 145-154; Ude (2010) Konfiguration globaler Wertschöpfungsnetzwerke, S. 55-57; Lanza, Moser (2014) Multi-objective optimization of global manufacturing networks, S. 398-400

[428] Krebs (2012) Bewertung vernetzter Produktionsstandorte, S. 95-96; Sprenger, Parlings et al. (2014) Approach for Robust Manufacturing Footprint Decisions, S. 43-46

3.4 Forschungsdefizit und Handlungsbedarf

Aus den Kapiteln 3.1 und 3.2 wird ersichtlich, dass zahlreiche Lösungsansätze zur Gestaltung von Produktionsnetzwerken existieren. Im Abgleich mit den Anforderungen aus der Praxis wird jedoch auch deutlich, dass die Ansätze zwar teilweise in einzelnen Aspekten praktikable Lösungen anbieten, in Summe aber den Entscheidungsprozess als solchen nicht oder nicht ausreichend adressieren. Defizite bestehen insbesondere bei der Schaffung von Transparenz über die Entscheidungsrelevanz von Informationen und die Einbeziehung ihrer Unsicherheit in die Modellierung des Netzwerks. Die Ansätze von UDE und KREBS sind daher zwar grundsätzlich in der Lage, Unsicherheit umfassend abzubilden und zu bewerten. Die Vorgehen selbst sind aber zu wenig auf Effizienz durch systematische Reduktion von Unsicherheit in der Entscheidung und Automatisierung von Arbeitsschritten ausgerichtet. Ebenso verwenden die beiden Ansätze einen starren Modellierungsansatz, dessen Aufwand nicht mit dem für die Entscheidungsfindung zu erzielenden Informationsbedarf abgeglichen wird. Die Ansätze von PROTE und SCHMITZ adressieren die anforderungsgerechte Kostenmodellierung, bleiben aber auf diesen Bewertungsaspekt begrenzt und berücksichtigen nicht die Informationsunsicherheit. Darüber hinaus sind viele der vorgestellten Ansätze auf einzelne Fragestellungen der Netzwerkgestaltung wie Standortauswahl, Produktallokation oder im Bereich der Fabrikplanung auf die Investition in Einzelstandorte begrenzt. Damit ergeben sich in Hinblick auf die in Kapitel 1.2 formulierte Zielstellung dieser Arbeit folgende Anforderungen aus der Theorie:

- Aufbau eines flexiblen Entscheidungsprozesses zur effizienten Adaption auf die spezifische Entscheidungssituation
- Anwendbarkeit des Entscheidungsprozesses auf den gesamten Betrachtungsbereich der Netzwerkgestaltung
- Systematische Reduktion von Unsicherheit durch Unterscheidung zwischen aleatorischer und epistemischer Unsicherheit

4 Konzeption der Gestaltungsmethodik

Dieses Kapitel dient zur Konzeption einer Gestaltungsmethodik für aufwandsgerechte Entscheidungsprozesse bei der Gestaltung von Produktionsnetzwerken. Durch die Beschleunigung des Entscheidungsprozesses unter Beibehaltung oder Steigerung der Entscheidungsqualität soll eine kontinuierliche Gestaltung des Netzwerks durch Prüfung aller netzwerkrelevanten Fragestellungen aus Gesamtunternehmensperspektive ermöglicht werden. Dazu fasst Kapitel 4.1 die inhaltlichen und formalen Anforderungen an die Methodik zusammen. Kapitel 4.2 stellt die Kernidee der vorliegenden Arbeit vor. Daraus folgt die Entwicklung des Lösungskonzepts, das in Kapitel 4.3 beschrieben wird. In Kapitel 4.4 werden schließlich die zentralen Elemente des Konzepts und die damit einhergehenden Potenziale zusammengefasst.

4.1 Anforderungen an einen Entscheidungsprozess zur kontinuierlichen Gestaltung von Produktionsnetzwerken

Zur zielgerichteten Konzeption des Lösungsansatzes dienen inhaltliche und formale Anforderungen. Die inhaltlichen Anforderungen beschreiben die Aufgabenstellung, die durch die Methodik zu lösen ist. Sie ergeben sich aus dem in Kapitel 1.2 dargestellten Ziel der Arbeit, dem Handlungsbedarf aus der Praxis in Kapitel 2.5 und dem Handlungsbedarf aus der Theorie in Kapitel 3.4. Die formalen Anforderungen dienen zur Sicherstellung der Richtigkeit und Anwendbarkeit der erarbeiteten Methodik. Beide Anforderungsbereiche werden nachfolgend vorgestellt.

4.1.1 Inhaltliche Anforderungen

Aus dem **Ziel der Arbeit**, einen anwendungsorientierten Entscheidungsprozess zur kontinuierlichen Gestaltung von Produktionsnetzwerken zu entwickeln, lassen sich drei Anforderungen ableiten: Die erste Anforderung besteht im Aufbau einer Methodik für anwendungsorientierte Entscheidungsprozesse zur Netzwerkgestaltung.

Daraus resultiert, dass das Ergebnis dieser Arbeit ein generischer Entscheidungsprozess sein soll, der sich auf spezifische Fragestellungen anwenden lässt. Aus dem Ziel einer kontinuierlichen Gestaltung leitet sich, wie in Kapitel 2.1.3 dargestellt, der Anspruch eines möglichst geringen Entscheidungsaufwands ab. Alle Veränderungsentscheidungen werden gleichzeitig immer in einem Gesamtkontext betrachtet. Der Gesamtkontext schließt dabei eine Bewertung aus unternehmerischer Perspektive mit den in Kapitel 2.2.1 dargestellten Zielen der Produktionsnetzwerkgestaltung ein.

Die **Anforderungen aus der Praxis** orientieren sich am generischen Aufbau von Entscheidungsprozessen, wie sie in Kapitel 2.3.1 vorgestellt wurden. Sie untergliedern sich in die Bereiche *Entwicklung* von *Gestaltungsalternativen, Informationsbeschaffung* und *Bewertung und Entscheidungsfindung* und wurden bereits in Kapitel 3.3 zur Bewertung der bestehenden wissenschaftlichen Ansätze herangezogen. Die Anforderungen sind in Abbildung 4-1 zusammengefasst. Sie sollen eine Verbesserung der Entscheidungsgeschwindigkeit und Entscheidungsqualität gewährleisten.

Die *Entwicklung von Gestaltungsalternativen* lässt sich durch eine systematische Einschränkung der Entscheidungskomplexität beschleunigen. Hierdurch wird der Lösungskorridor zielgerichtet eingegrenzt und nur die erforderliche Detaillierung in der Ausarbeitung der Alternativen betrachtet. Diese steht mit der Anforderung zur Steigerung der Entscheidungsqualität durch anforderungsgerechte Modellierung nicht direkt im Widerspruch, berücksichtigt aber, dass das Treffen des richtigen Aggregationsniveaus in der Modellierung der Gestaltungsalternativen eine zentrale Anforderung an diese Arbeit ist.

Bei der *Informationsbeschaffung* trägt insbesondere Transparenz über die Entscheidungsrelevanz von Informationen zu einer zielgerichteten und somit schnelleren Informationsbeschaffung bei. Um die Belastbarkeit der Informationen beurteilen zu können, ist außerdem die Erfassung der Unsicherheit der Information erforderlich, was bisher nicht systematisch geschieht.

Die *Bewertung und Entscheidungsfindung* lässt sich unter der Prämisse, dass unterschiedliche Personen die Entscheidung vorbereiten und treffen, vor allem durch Nachvollziehbarkeit und Transparenz im Prozess beschleunigen. Gleichzeitig sind in Hinblick auf die Entscheidungsqualität bei jeder Entscheidung die Auswirkungen auf das Gesamtunternehmen zu berücksichtigen. Dadurch wird eine objektive Bewertung gewährleistet und einer ganzheitlichen Entwicklung des Netzwerks, wie sie in Kapitel 2.1.3 dargestellt wird, Rechnung getragen.

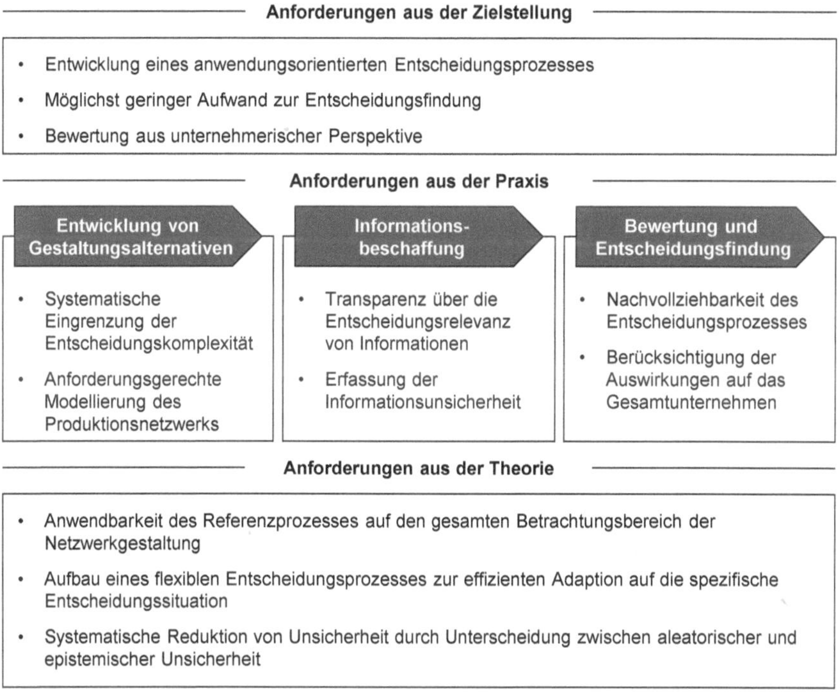

Abbildung 4-1: Inhaltliche Anforderungen an die Methodik

Die in Kapitel 3 vorgestellten Ansätze liefern bereits Vorarbeiten zu den bisher genannten Anforderungen. Im Kern fehlt es den Methoden aber an einer effizienten Methode zur Erkennung und systematischen Reduktion von entscheidungsrelevanter epistemischer Unsicherheit, durch die ein zielgerichteter Entscheidungsprozess erst ermöglicht wird. Daran anschließend gibt es zwar bereits Ansätze, die einer standardisierten Bewertungslogik folgen. Diese lassen sich jedoch nicht dynamisch an die Entscheidungssituation anpassen, sind aufwendig in der Modellierung und lassen sich nur auf ausgewählte Fragestellungen der Netzwerkgestaltung anwenden, woraus sich im Umkehrschluss die in Kapitel 3.4 hergeleiteten **Anforderungen aus der Theorie** ergeben.

4.1.2 Formale Anforderungen

Methodiken sind definiert als System zusammengehöriger Modelle, Methoden und Hilfsmittel zur Lösung einer Aufgabenstellung.[429] Nach PATZAK zeichnen sich gute Modelle durch die Erfüllung der nachfolgenden Anforderungen aus und werden im Rahmen dieser Arbeit als formale Anforderungen gestellt:[430]

- Empirische Richtigkeit

Das Modell soll einen möglichst hohen Realitätsbezug aufweisen, indem das Modellverhalten mit den Beobachtungen des realen Systems möglichst gut übereinstimmt. Dazu ist eine hohe Genauigkeit und Sicherheit erforderlich. Die Genauigkeit drückt sich über die Bandbreite der Aussagen aus, die als richtig zugelassen werden. Die Sicherheit beschreibt die Wahrscheinlichkeit, dass die gemachten Aussagen in der Realität zutreffen.

- Formale Richtigkeit

Das Modell soll in sich widerspruchsfrei sein und nach Möglichkeit quantitative Ergebnisse liefern. Dabei sollen die Aussagen wiederholbar und nachprüfbar sein.

- Produktivität

Das Modell soll zweckbezogen sein und damit auf spezifische Fragestellungen inhaltlich und formal brauchbare Antworten liefern.

- Handhabbarkeit und geringer Aufwand

Die Anwendung des Modells und die Interpretation der Ergebnisse sollen nutzerfreundlich gestaltet sein. Gleichzeitig soll der Aufwand für die Erstellung und Anwendung des Modells möglichst gering sein.

Die ersten drei Anforderungen stehen mit der Handhabbarkeit und dem geringen Aufwand in Konflikt. Modelle stellen daher immer einen Kompromiss der Anforderungen dar.[431] Gleichzeitig ist der geringe Aufwand auch eine inhaltliche Anforderung an die Methodik.

---

[429] Vgl. Laufenberg (1996) Methodik zur integrierten Projektgestaltung, S. 6 f.
[430] Vgl. Patzak (1982) Systemtechnik - Planung komplexer innovativer Systeme, S. 309 f.
[431] Vgl. Patzak (1982) Systemtechnik - Planung komplexer innovativer Systeme, S. 310

4.2 Kernidee der Arbeit

Drei wesentliche Ideen bestimmen die Konzeption einer Methodik zur Erstellung aufwandsgerechter Entscheidungsprozesse für die Gestaltung von Produktionsnetzwerken:

Transparenz durch Standardelemente

Zur objektiven Bewertung von Alternativen zur Netzwerkgestaltung ist eine quantitative Modellierung künftiger Entwicklungen erforderlich (vgl. Kapitel 2.2.3). Um dabei einen möglichst transparenten Entscheidungsprozess zu erzeugen, werden so viele Abläufe wie möglich unter Berücksichtigung der Vorgaben für gute Entscheidungsprozesse (vgl. Kapitel 2.3.1) standardisiert und so gestaltet, dass sie durch ein Softwaretool teilweise automatisierbar sind, ohne dabei den Anwendungsbereich oder das Aggregationsniveau der Modellierung einzuschränken. Zentrales Element des Entscheidungsprozesses ist ein Bewertungscockpit, das zu jedem Zeitpunkt im Entscheidungsprozess einen Überblick über den aktuellen Bewertungsstand, die Bedeutung der einzelnen Einflussfaktoren und die jeweils zugehörige Entscheidungssituation bietet.

Anforderungsgerechte Modellierung durch Analyse der Unsicherheit

Um einen angemessenen Kompromiss zwischen Aufwand und Genauigkeit in der Modellierung der Gestaltungsalternativen zu finden, bedarf es einer expliziten Betrachtung der Unsicherheit im Entscheidungsprozess (vgl. Kapitel 2.3.2). Zur Vermeidung unnötiger Informationsbeschaffung und zu detaillierter Modellierung werden Einflusstreiber zu Beginn stark aggregiert modelliert. Durch Einflussrelevanz sowie Art und Umfang der Unsicherheit werden im Anschluss iterativ die Detaillierungsschritte festgelegt. Durch Analyse der Unsicherheit von Informationen wird gleichzeitig die Belastbarkeit der Gestaltungsalternativen bewertet, was unmittelbar zur Entscheidungsqualität beiträgt.[432]

Effizienz durch einen agilen Entscheidungsprozess

Um wenige Management-Ressourcen zu binden, muss ein Projektteam zur Durchführung des Entscheidungsprozesses möglichst selbstständig arbeiten können, gleichzeitig aber die gesamtunternehmerischen Anforderungen berücksichtigen. Zur Sicherstellung eines iterativen, aber auch zielorientierten und praxistauglichen

[432] Vgl. Spetzler (2016) Decision quality, S. 12

Prozesses unter diesen Voraussetzungen wird der Entscheidungsprozess an agile Methoden, insbesondere den Scrum-Prozess, angelehnt. Die Grundlagen des agilen Projektmanagements und agiler Methoden werden nachfolgend kurz eingeführt:[433]

Agiles Projektmanagement und agile Methoden

Agiles Projektmanagement zielt unter anderem darauf ab, Kundenwünsche besser zu treffen als mit klassischem Projektmanagement, selbstorganisierte Teams zu ermöglichen und Arbeiten oder Prozessschritte, deren Nutzen nicht im Verhältnis zum Aufwand stehen, zu vermeiden.

Agile Methoden bilden den Rahmen eines agilen Projektmanagements. Scrum ist dabei die in der Praxis am meisten verwendete agile Methode. Sie hat ihren Ursprung in der Softwareentwicklung, lässt sich aber auch in anderen Bereichen anwenden. Für Scrum werden die Anforderungen bzw. Aufgaben für ein Produkt, die durch einen Product Owner festgelegt werden, in einem Product Backlog gesammelt. In sogenannten Sprints, die in iterativen Zyklen von weniger als 30 Tagen durchlaufen werden, werden die Aufgaben abgearbeitet. Zu Beginn eines Sprints wird durch den Scrum Master und das Development Team festgelegt, welche Aufgaben aus dem Product Backlog für den Sprint Backlog ausgewählt werden. Am Ende des Sprints erfolgt eine Sprint Review, um Feedback zum aktuellen Teilprojekt zu erhalten. Auf Basis des Feedbacks wird der nächste Sprint geplant. Während der Sprints gibt es tägliche Meetings des Scrum Masters mit dem Development Team. In diesen Meetings wird der aktuellen Fortschritt besprochen, die nächsten Aufgaben verteilt und Probleme und Verzögerungen thematisiert, die Gegenmaßnahmen erfordern.

4.3 Grobkonzept des Entscheidungsprozesses zur kontinuierlichen Gestaltung von Produktionsnetzwerken

Das Grobkonzept der Arbeit gliedert sich in vier Modelle, die schrittweise die zur Durchführung des Entscheidungsprozesses erforderlichen Elemente sowie den Prozess selbst herleiten.[434] Es ist in den Referenzprozess zur kontinuierlichen

[433] Preußig (2020) Agiles Projektmanagement, S. 46-55 und 135-147. Zu Scrum existiert eine Vielzahl wissenschaftlicher und praxisorientierter Literatur. Auf eine ausführliche Darstellung wird daher an dieser Stelle verzichtet

[434] Folgende Vorarbeiten und Konzeptideen des Autors verdeutlichen den Weg der Lösungskonzeption:

Netzwerkgestaltung nach SCHUH ET AL. eingegliedert (vgl. Abbildung 4-2). Der Entscheidungsprozess hat Anknüpfungspunkte zur Produktionsnetzwerkstrategie, zur Identifikation von Anpassungsbedarfen im Netzwerk sowie zum Migrationsprozess der Umsetzung von getroffenen Netzwerkentscheidungen. Diese Anknüpfungspunkte stellen die Schnittstellen zum Referenzprozess dar.

In der Gestaltungsphase selbst wird der Bereich *Gestaltung des Produktionsnetzwerks* gegenüber dem von SCHUH ET AL. vorgeschlagenen Vorgehen abgewandelt. Der Gedanke der Wertstromorientierung in der Alternativenbetrachtung wird aufgegriffen, die Methodik erlaubt aber die parallele Betrachtung mehrerer Wertströme bzw. Produktfamilien in einem Entscheidungsprozess. Nach SCHUH ET AL. werden zunächst einzelne Wertströme betrachtet und danach die Änderungsentwürfe wertstromübergreifend verglichen und synchronisiert. Die Prozessschritte werden in Anlehnung an Kapitel 2.5 in *Auswahl von Handlungsalternativen*, *Informationsbeschaffung und Modellierung* sowie *Bewertung und Entscheidungsfindung* abgewandelt.

Zur Beschreibung verschiedener Gestaltungsalternativen bedarf es zunächst eines Modells, mit dem die Gestaltungsalternativen auf verschiedenen Aggregationsebenen eindeutig beschrieben werden. Dafür müssen die Elemente definiert werden, aus denen sich das Modell zusammensetzt (vgl. Kapitel 4.3.1).

Das nachfolgende Erklärungsmodell dient der Zuordnung von bewertungsrelevanten Einflussfaktoren zu den einzelnen Elementen des Beschreibungsmodells. Dabei wird zwischen Einflussfaktoren hinsichtlich grundsätzlicher Realisierbarkeit und Wirtschaftlichkeit der Alternativen unterschieden, um eine vermischte Betrachtung unterschiedlicher Bewertungsdimensionen zu vermeiden. Die Einflussfaktoren sind dabei so zu modellieren, dass die ihnen inhärente Unsicherheit mit erfasst wird (vgl. Kapitel 4.3.2).

Schuh, Prote et al. (2017) Assessment of production network scenarios; Schuh, Prote et al. (2018) Continuous Production Network Design; Benfer, Ziegler et al. (2019) Determination of the abstraction level in production network models; Schuh, Prote et al. (2019) Handling Uncertainties in Production Network Design; Rodemann, Niederau et al. (2021) Adaptation Needs in the Design of Global Production Networks

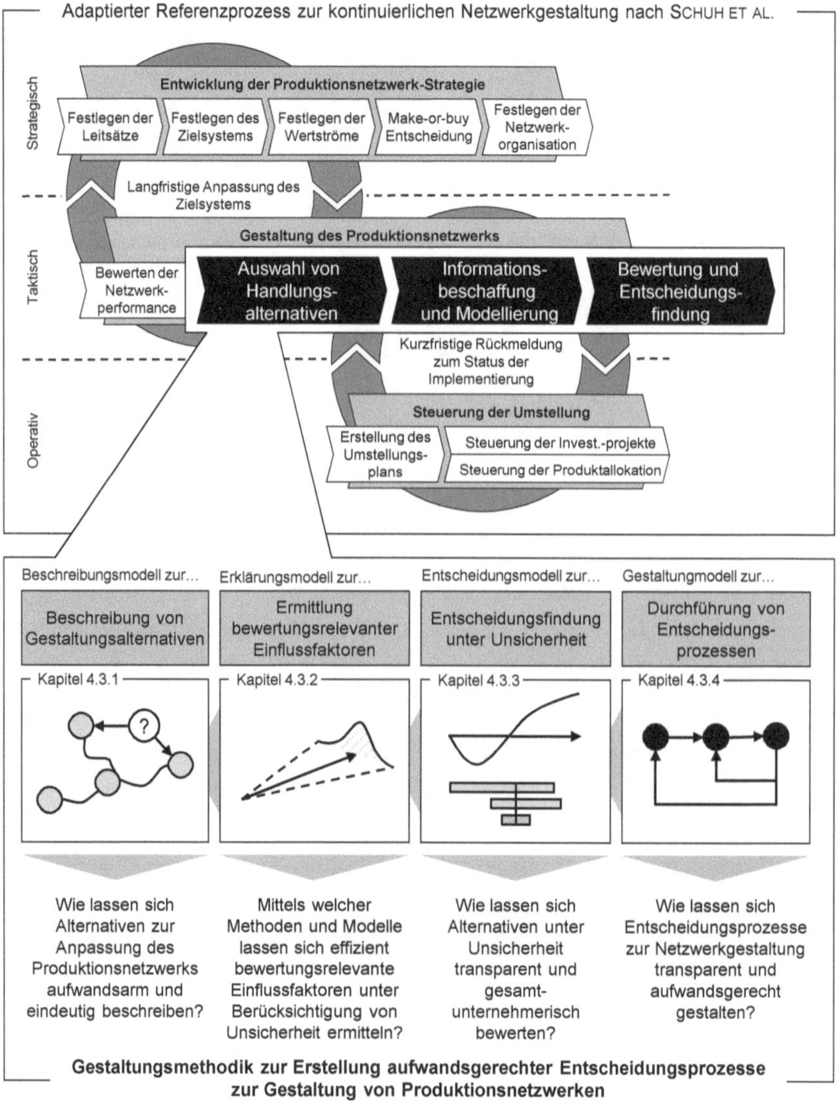

Abbildung 4-2: Grobkonzept der Gestaltungsmethodik für aufwandsgerechte Entscheidungsprozesse zur Gestaltung von Produktionsnetzwerken[435]

[435] Referenzprozess in Anlehnung an Schuh, Prote et al. (2017) Reference process for the continuous design of production networks, S. 446

Im dritten Schritt werden die Alternativen mittels der modellierten Einflussfaktoren unter Unsicherheit bewertet. Hierzu wird eine Visualisierung aufgezeigt, die unternehmerische Auswirkungen und Risiken der Alternativen in ihrem jeweiligen Modellierungszustand jederzeit im Entscheidungsprozess ersichtlich macht. Das Konzept des Erklärungsmodells wird in Kapitel 4.3.3 detailliert.

In einem Gestaltungsmodell wird schließlich der Ablauf des Entscheidungsprozesses selbst mit einem Rollen- und Verantwortlichkeitsmodell dargestellt. Zusätzlich werden die vorherigen Modelle in einem Softwarekonzept zusammengeführt, um gemäß der Kernidee der Arbeit einzelne Arbeitsschritte zu verkürzen oder zu automatisieren. Das Konzept des Gestaltungsmodells wird in Kapitel 4.3.4 detailliert.

In den folgenden Unterkapiteln werden die Teilmodelle der Gestaltungsmethodik charakterisiert und der Gesamtzusammenhang der Teilaspekte zum Gesamtzusammenhang der Arbeit hergestellt. Die einzelnen Modelle werden in Kapitel 5 ausführlich dargestellt.

4.3.1 Beschreibung von Gestaltungsalternativen

Die eindeutige Beschreibung von Gestaltungsalternativen in einem Produktionsnetzwerk bildet die methodische Grundlage für einen strukturierten Entscheidungsprozess mit mehreren beteiligten Personen. Dabei muss das Modell in der Lage sein, unterschiedliche Entscheidungssituationen wie Standort-, Allokations- und Investitionsentscheidungen abzubilden. Gleichzeitig muss es eine schrittweise Detaillierung ermöglichen. Um den Entscheidungsprozess möglichst effizient zu gestalten, werden ein initiales Aggregationsniveau und ein initialer Betrachtungsumfang gewählt, die eine möglichst aggregierte, aber dennoch vollständige und eindeutige Betrachtung von Alternativen erlauben. Der Abschnitt ist daher in zwei Teilbereiche gegliedert, die grundsätzliche Herleitung der Elemente zur Beschreibung von Alternativen und die Festlegung von Betrachtungsbereich und initialem Aggregationsniveau (vgl. Abbildung 4-3).

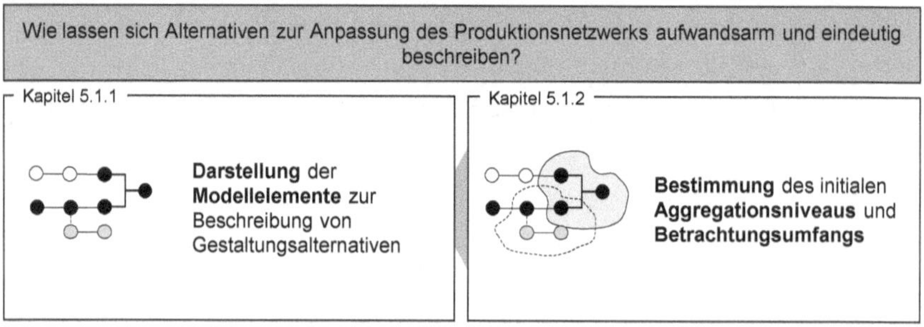

Abbildung 4-3: Konzept zur aufwandsarmen und eindeutigen Beschreibung von Alternativen zur Anpassung des Produktionsnetzwerks

Im ersten Schritt werden die **Modellelemente** zur Beschreibung der **Gestaltungsalternativen** dargestellt und in Zusammenhang zueinander gebracht. Das Modell verwendet dabei einen wertstromorientierten Ansatz aus Produktsicht. Hierbei werden Produkte in Produktfamilien zusammengefasst und ihr Wertstrom auf Basis der Systemebenen der Produktion nach WESTKÄMPER (vgl. Kapitel 2.2.2) in einzelne Teilschritte zerlegt. Die Teilschritte lassen sich einzelnen Standorten zuweisen, wodurch ein Abbild der Wertschöpfungsverteilung entsteht. Mittels Graphentheorie werden die einzelnen Teilschritte verknüpft, um Reihenfolgen in der Wertschöpfungskette abzubilden. Daneben werden den Teilschritten Technologien zugeordnet.

Die Elemente werden dabei so bestimmt, dass sie eine unterschiedlich detaillierte Modellierung erlauben und gleichzeitig immer eindeutige Alternativen der Wertschöpfungsverteilung im Netzwerk beschreiben. Im iterativen Prozessvorgehen wird eine zunehmende Detaillierung vorgenommen. Daher wird ein initiales **Aggregationsniveau** festgelegt, das als Ausgangsbasis der Alternativenbewertung dient und dabei einen minimalen initialen Aufwand erzeugt.

Ebenso wird ein initialer **Betrachtungsumfang** des Netzwerks festgelegt. Dieser soll so klein wie möglich gewählt werden, um keine unnötigen Informationen zu beschaffen. Gleichzeitig muss sichergestellt sein, dass alle Einflüsse durch die Entscheidung auf das Netzwerk abgedeckt sind. Hierbei sind beispielsweise mögliche Remanenzkosteneffekte zu berücksichtigen, wenn Produkte von einem Standort an einen anderen verlagert werden.

4.3.2 Ermittlung bewertungsrelevanter Einflussfaktoren

Im nächsten Schritt erfolgt die Auswahl der Methoden und Modelle, mittels derer die einzelnen Alternativen unter Berücksichtigung von Unsicherheit bewertet werden. Die Bewertung erfolgt in den Kategorien Qualität, Flexibilität, Lieferzeit und Wirtschaftlichkeit. Die Kategorien Qualität, Flexibilität und Lieferzeit stellen dabei Anforderungen aus Kundensicht dar. Sie werden als qualifizierende Kriterien bezeichnet, da die Nichterfüllung zu Vertragsverletzungen oder Kundenrückgang führen können. Die Wirtschaftlichkeit dagegen ist die Optimierungsgröße aus Unternehmenssicht. Der Abschnitt ist in vier Teilbereiche untergliedert, um die qualifizierenden und wirtschaftlichen Einflussfaktoren zu identifizieren und geeignete Bewertungsmethoden zuzuordnen (vgl. Abbildung 4-4).

In Hinblick auf die qualifizierenden Bewertungskriterien wird zunächst festgelegt, bei welchen Prozessschritten die Erfüllung der Kundenanforderungen unsicher ist und sie deshalb untersucht werden müssen. Dazu wird eine Vorgehenslogik erstellt, die **unsichere Prozessschritte** identifiziert und für eine weitergehende Untersuchung **auswählt**. Die Auswahl erfolgt über einen Vergleich der Allokation in den Alternativen mit der Allokation in der Ausgangssituation. Der Ablauf lässt sich automatisieren, wodurch der manuelle Aufwand reduziert wird.

Den so identifizierten Prozessschritten werden im Anschluss **Methoden zugeordnet**, durch die Aussagen über eine Realisierbarkeit der Alternativen ermöglicht wird. Ziel dabei ist die Auswahl von effizienten Methoden, die eine gleichzeitig schnelle und belastbare Aussage erzeugen.

Zur **Auswahl** der **wirtschaftlichen Einflussfaktoren** werden aus dem Treiberbaum des Wertbeitrags die Umsatz- und Kostentreiber identifiziert, bei denen es durch die Alternativen zu Veränderungen kommt. Wie bei dem Modell zur Beschreibung der Alternativen selbst wird eine schrittweise Detaillierung der Einflussfaktoren aufgezeigt. Durch den Treiberbaum und seine stufenweise Aufgliederung wird sichergestellt, dass alle bewertungsrelevanten Faktoren berücksichtigt werden und gleichzeitig nur die Bereiche detailliert untersucht werden, die aggregiert eine zu hohe Unsicherheit aufweisen.

Für die auf diese Weise ausgewählten wirtschaftlichen **Einflussfaktoren** wird im nächsten Schritt eine **Modellierung** auf Basis stochastischer Prozesse durchgeführt. Dazu wird neben dem Ausgangswert eine Entwicklung prognostiziert. Für

Ausgangswert und Prognose wird jeweils die Unsicherheit bestimmt. Die Ausgangsunsicherheit wird dabei als epistemische Unsicherheit aufgefasst, die durch weitere Analysen abgebaut werden kann. Die Prognoseunsicherheit dagegen wird als aleatorische Unsicherheit aufgefasst, da zukünftige Entwicklungen in der Regel nicht durch weitere Analysen sicher vorhergesagt werden können. Durch Korrelationen werden die Einflussfaktoren jedoch zu Projektionsbündel im Sinne der Szenariotechnik zusammenfasst, um ein realistisches Abbild möglicher Entwicklungen aufzuzeigen.

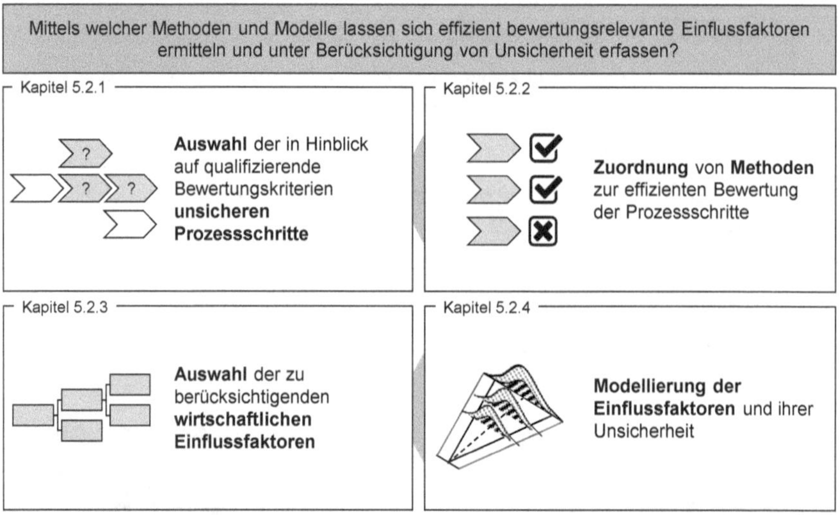

Abbildung 4-4: Modelle und Methoden zur effizienten Ermittlung bewertungs-relevanter Einflussfaktoren

4.3.3 Entscheidungsfindung unter Unsicherheit

Die Beschreibung der Alternativen und die Ermittlung der relevanten Einflussfaktoren in den beiden vorangegangenen Abschnitten ist Grundlage für die Bewertung unter Unsicherheit. Die Beschreibungs- und Bewertungsmodelle wurden so aufgebaut, dass sie ein initiales Aggregationsniveau und eine initiale Bewertung erzeugen, die nachfolgend schrittweise detailliert werden. Zur zielgerichteten Detaillierung ist zu jedem Zeitpunkt Transparenz über die Bewertungssituation erforderlich. Daher wird ein Bewertungscockpit eingeführt, das einen Vergleich der

Alternativen und ihrer Unsicherheit sowie eine Sensitivitätsprüfung ermöglicht (vgl. Abbildung 4-5).

Zum **Vergleich** der **Alternativen** werden die qualifizierenden und wirtschaftlichen Bewertungsfaktoren zusammengefasst. Bei den qualifizierenden Faktoren erfolgt dies durch eine Aggregation der Bewertung einzelner Prozessschritte je Alternative. Erst wenn alle unsicheren Prozessschritte einer Alternative erfolgreich geprüft wurden, wird die jeweilige Kategorie freigegeben.

Die wirtschaftlichen Faktoren werden numerisch mittels Monte-Carlo-Simulation quantifiziert und die resultierende wirtschaftliche Bewertung visualisiert. Dabei werden die Haupteinflussfaktoren sowie die epistemische und aleatorische Unsicherheit ermittelt und ebenfalls visualisiert. So werden die Haupteinflussfaktoren und die Einflussfaktoren mit der größten epistemischen Unsicherheit als Gegenstand weiterer detaillierter Untersuchungen identifiziert.

Durch eine **Dominanzprüfung** lässt sich außerdem feststellen, ob Alternativen verworfen bzw. ausgewählt werden können. Hierzu wird das Bewertungscockpit um Möglichkeiten zur **Sensitivitätsanalyse** erweitert.

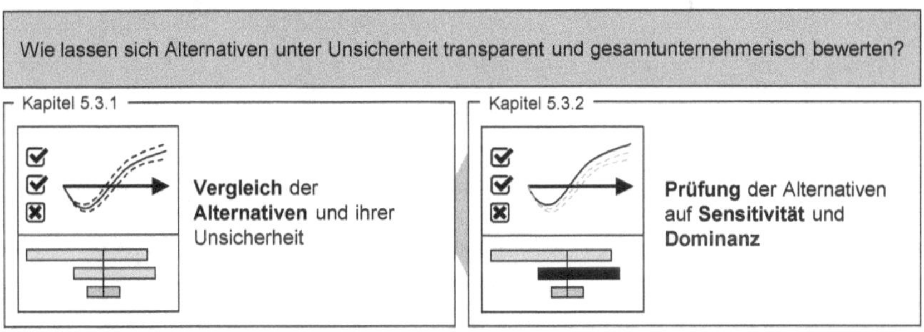

Abbildung 4-5: Elemente zur transparenten und gesamtunternehmerischen Bewertung von Alternativen unter Unsicherheit

4.3.4 Durchführung von Entscheidungsprozessen

Die Herausforderung bei der Gestaltung von Produktionsnetzwerken besteht aus der Vielzahl an Handlungsoptionen und Einflussfaktoren, verbunden mit oft langfristigen und gravierenden Auswirkungen auf das Unternehmen. Um diesen Herausforderungen zu begegnen, wird ein transparenter und aufwandsgerechter Entscheidungsprozess entwickelt. Generative Lösungsverfahren erreichen in der

Praxis keine ausreichende Transparenz und Realitätsnähe in der Modellierung aller Einflussparameter und Bewertungsfaktoren. Bei der Entwicklung der Alternativen und der Bewertung der Lösungen steht daher der Mensch als Entscheidungsträger im Mittelpunkt. Zur zielgerichteten Durchführung des Prozesses bedarf es eines **Rollenmodells** mit **Verantwortlichkeiten**. Außerdem wird aufgezeigt, wie ein Softwaretool den Entscheidungsprozess auf Basis der in den Kapiteln 4.3.1 bis 4.3.3 vorgestellten Methoden und Modelle unterstützen kann.

Basierend auf den in Kapitel 5.1 bis 5.3 vorgestellten Lösungselementen wird außerdem der Aufbau eines **Softwaretools** zur Unterstützung der Methodik aufgezeigt.

Der Prozess selbst ist an das Scrum-Vorgehen angelehnt und gliedert sich in regelmäßige Workshops zwischen Entscheidungsträgern und einem Projektteam. Zwischen den Workshops detailliert das Projektteam die Bewertung der einzelnen Alternativen. Das Vorgehen ist iterativ angelegt, lässt sich aber in drei Hauptschritte unterteilen:

Im ersten Schritt wird der initial festgestellte Handlungsbedarf im Netzwerk in **Gestaltungsalternativen** überführt. Die **Herleitung** der Alternativen erfolgt Workshop-basiert, unterliegt aber strategischen Vorgaben, die den Gestaltungsbereich eingrenzen. Die Alternativen werden in dem in Kapitel 4.3.1 eingeführten Beschreibungsmodell zunächst auf hoher Aggregationsebene erfasst und der Betrachtungsbereich des Netzwerks festgelegt. Dadurch ist die Eindeutigkeit der Alternativen sichergestellt. Sie lassen sich im Projektverlauf weiter detaillieren.

Im nächsten Schritt erfolgt die Erforschung der Alternativen. Auf Basis der in Kapitel 4.3.2 vorgestellten Methode werden automatisiert die technisch unsicheren Prozessschritte der Alternativen identifiziert. Für diese Prozessschritte werden Bewertungsmethoden ausgewählt und angewendet. Gleichzeitig erfolgt die wirtschaftliche Bewertung. Für diese werden die erforderlichen Umsatz- und Kostentypen aus dem Treiberbaum identifiziert und die zugehörigen **Informationen** durch Datenanalyse oder Expertenbefragung **beschafft**. Auf Basis der **Modellierung** mittels stochastischer Prozesse lassen sich mithilfe des in Kapitel 4.3.3 dargestellten Bewertungscockpits die Haupteinflussfaktoren und Hauptunsicherheitsfaktoren ablesen. Auf dieser Basis werden die weiteren Detaillierungsschritte abgeleitet, bis Alternativen verworfen oder ausgewählt werden können.

Die **Auswahl** der **Gestaltungsalternativen** erfolgt wie die Herleitung von Gestaltungsalternativen in einem gemeinsamen Workshop von Entscheidungsträgern und Projektteam. Auf Basis des Bewertungscockpits wird die Entscheidungssituation evaluiert und eine von drei möglichen Optionen gewählt: Auswahl einer Alternative, weitere Detaillierung der bestehenden Alternativen oder Überarbeitung der Alternativen. Im letzten Fall folgt ein Gestaltungsworkshop, im zweitgenannten eine weitere Erforschung der Alternativen. Mit der Auswahl einer Alternative ist der Entscheidungsprozess abgeschlossen und geht in die Realisationsphase über.

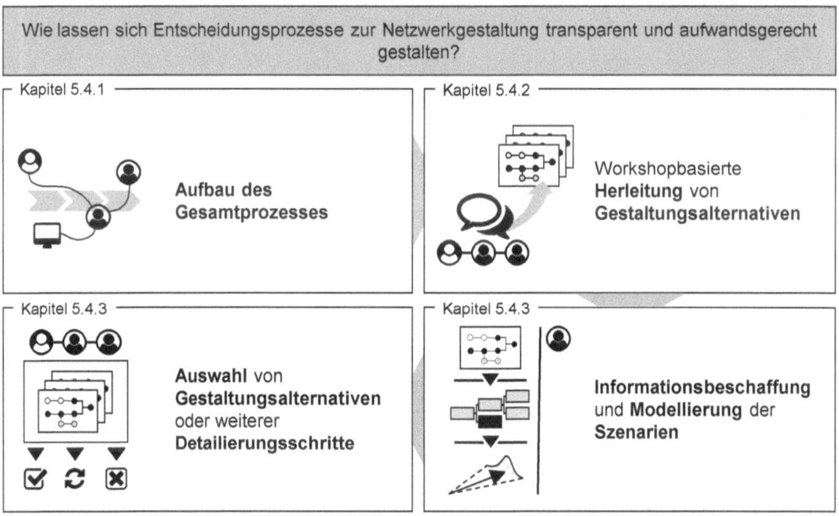

Abbildung 4-6: Elemente des Entscheidungsprozesses zur transparenten und aufwandsgerechten Netzwerkgestaltung

4.4 Zwischenfazit

In Kapitel 4 wurde das Grobkonzept der Methodik des Entscheidungsprozesses zur kontinuierlichen Gestaltung von Produktionsnetzwerken vorgestellt. Dazu wurden zunächst die Anforderungen aus Theorie und Praxis zusammengefasst, die sich aus den Kapiteln 1 bis 3 in Hinblick auf die Zielstellung der Arbeit ergeben.

Im Anschluss wurden die Kernideen der vorliegenden Arbeit dargestellt, auf deren Basis die Lösungsbausteine der Methodik basieren: Standardelemente im Prozess zur Steigerung der Transparenz, Analyse der Unsicherheit in der Entscheidung zur zielgerichteten Informationsbeschaffung und Detaillierung und ein agiler Referenzprozess zur effizienten und zielorientierten Erarbeitung.

Die Methodik selbst setzt sich aus vier **Lösungsbausteinen** zusammen, durch die die Herausforderungen aus der Zielstellung und aus der Praxis adressiert werden. Der Zusammenhang ist in Abbildung 4-7 dargestellt. Die **Potenziale der Methodik** ergeben sich wie folgt:

- Ein Modell zur Beschreibung von Handlungsalternativen erlaubt eine anforderungsgerechte Modellierung des Produktionsnetzwerks mit schrittweiser Detaillierung. Durch die Festlegung des Betrachtungsbereichs innerhalb des Netzwerks wird die Entscheidungskomplexität eingegrenzt.
- Mittels eines Bewertungscockpits ist ab der ersten Informationsbeschaffung die Bewertungsrelevanz und Unsicherheit von Einflussfaktoren transparent. Die Trennung zwischen aleatorischer und epistemischer Unsicherheit ermöglicht die zielgerichtete Informationsbeschaffung und beschleunigt dadurch den Entscheidungsprozess. Die Zuordnung effizienter Methoden zur Prüfung der technischen Realisierbarkeit der Alternativen und zur Modellierung der wirtschaftlichen Bewertung beschleunigt den Prozess weiter.
- Durch einen menschbasierten Entscheidungsprozess, der Annahmen und Unsicherheiten explizit darstellt, ist der Prozess zu jedem Zeitpunkt nachvollziehbar. Er ist rückverfolgbar und transparent. Durch eine Treiberbaum-basierte Betrachtung der Wirtschaftlichkeit und die systematische Auswahl des Betrachtungsbereichs ist außerdem sichergestellt, dass die Auswirkungen auf das Gesamtunternehmen erfasst sind.
- Der Gesamtprozess mit seinem Ablauf- und Rollenmodell basiert auf der in der Praxis verbreitetsten agilen Methode, dem Scrum-Prozess. Durch die Adaption dieses Prozesses wird die Anwendbarkeit in der Praxis sichergestellt.

Im nachfolgenden Kapitel 5 erfolgt die Detaillierung der einzelnen Lösungselemente der vorgestellten Methodik.

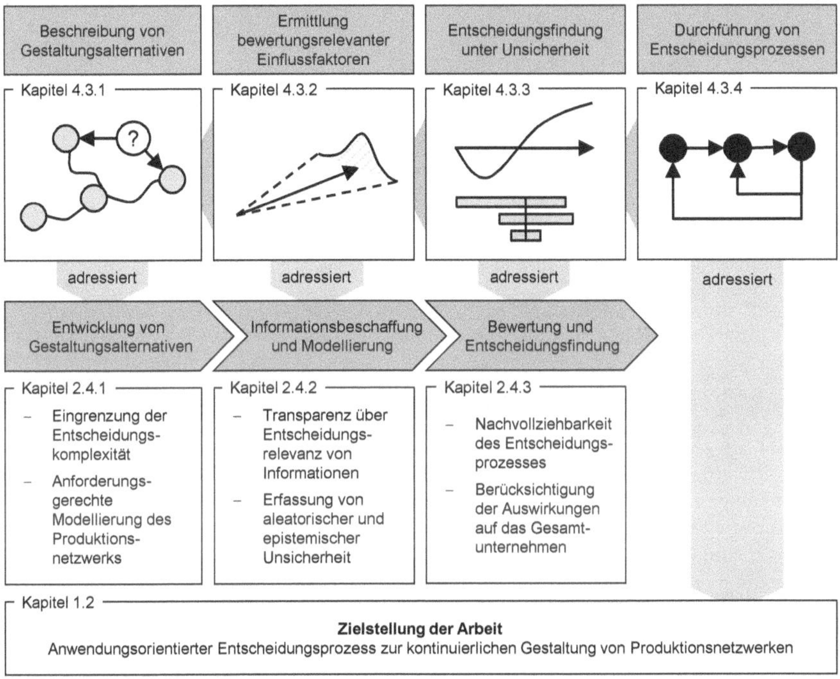

Abbildung 4-7: Elemente des Entscheidungsprozesses zur kontinuierlichen Gestaltung von Produktionsnetzwerken und adressierte Herausforderungen

5 Detaillierung der Methodik

Kapitel 5 dient zur Detaillierung des in Kapitel 4.3 beschriebenen Grobkonzepts. Es ist gemäß der im Grobkonzept beschriebenen Modellstruktur aufgebaut (vgl. Abbildung 5-1). In Kapitel 5.1 wird ein Modell zur eindeutigen Beschreibung von Gestaltungsalternativen vorgestellt. Kapitel 5.2 stellt die Ableitung von Einflussfaktoren der Entscheidungsfindung vor. Dazu werden Bewertungskriterien aufgestellt und zugehörige Einflussfaktoren mit ihrer Unsicherheit aufgenommen. Kapitel 5.3 präsentiert einen Ansatz zum Vergleich der Szenarien unter Unsicherheit zur Identifikation einer dominanten Gestaltungsalternative. Kapitel 5.4 stellt schließlich den Zusammenhang der einzelnen Elemente in einem Entscheidungsprozess unter Berücksichtigung von Rollen und Verantwortlichkeiten der Prozessbeteiligten vor. Abschließend wird in Kapitel 5.5 ein Zwischenfazit zum Detailkonzept gezogen.

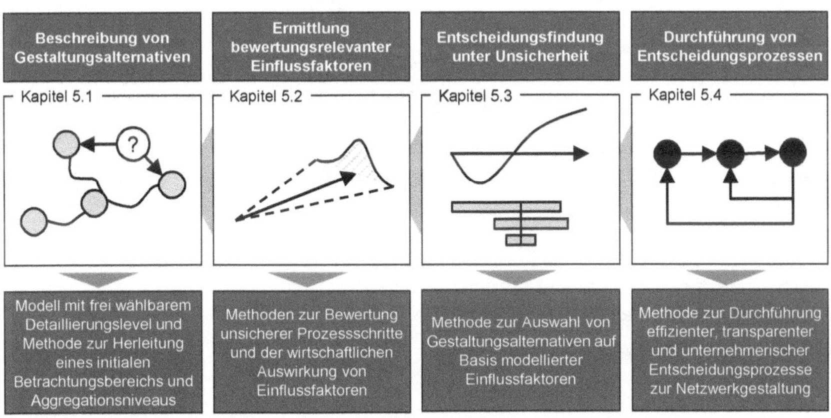

Abbildung 5-1: Gliederungsübersicht der Gestaltungsmethodik zur Erstellung aufwandsgerechter Entscheidungsprozesse zur Netzwerkgestaltung

5.1 Beschreibung von Gestaltungsalternativen

Die eindeutige Beschreibung von Gestaltungsalternativen bildet die Ausgangssituation für einen strukturierten Entscheidungsprozess und vermeidet Missverständnisse in der Abstimmung.[436] Um gleichzeitig den Aufwand in der Informationsbeschaffung und Modellierung des Netzwerks gering zu halten, wird ein initiales Aggregationsniveau bestimmt und Regeln zur Festlegung des Betrachtungsumfangs aufgestellt. Das Kapitel gliedert sich in eine Darstellung der Modellelemente zur Beschreibung von Gestaltungsalternativen und einem Vorgehen zur Bestimmung des initialen Aggregationsniveaus und Betrachtungsumfangs (vgl. Abbildung 5-2).

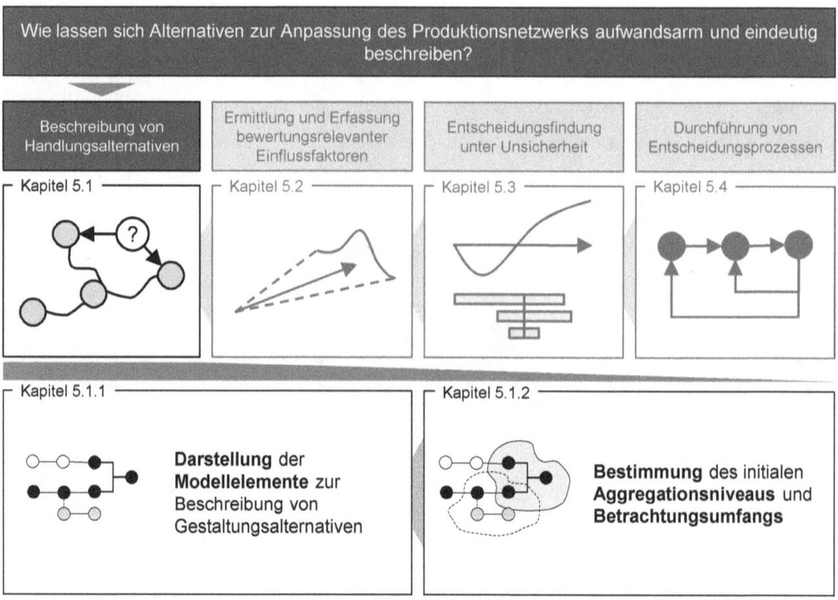

Abbildung 5-2: Übersicht der Elemente zur Beschreibung von Gestaltungsalternativen

[436] Spetzler (2016) Decision quality, S. 51

5.1.1 Modellelemente zur Beschreibung von Gestaltungsalternativen

Modellelemente zur Beschreibung von Gestaltungsalternativen

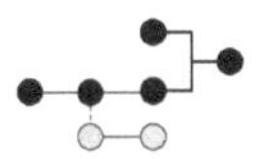

Input:	Betrachtungsdimensionen Produkt, Prozessfolge, Technologie, Standort und Menge
Vorgehen:	- Unterteilung der Produkte in Produktfamilien - Darstellung der Produktfamilien als Prozessfolgen mittels gerichteter Graphen - Zuordnung von Technologien und Standorten je Prozessschritt - Optional: Aufteilung der Mengenverteilung
Output:	Modell zur Beschreibung von Gestaltungsalternativen mit frei wählbarem Aggregationsniveau

Zur Herleitung der Modellelemente zur Beschreibung von Gestaltungsalternativen werden im ersten Schritt die Betrachtungsdimensionen des Modells benötigt. Gemäß der Definition in Kapitel 2.1.1 beschreibt Produktion die Erzeugung von Produkten durch technische Verfahrensweisen. Die Produkte selbst stellen damit die erste zu betrachtende Dimension dar. Die technischen Verfahrensweisen lassen sich aufteilen in Technologien, die zur Herstellung der Produkte zum Einsatz kommen, und ihrer Prozessfolge. Da es sich um physische Produkte handelt, erfolgen die jeweiligen Prozessschritte an einem definierten Ort, konkret einem Produktionsstandort. Damit ergeben sich die vier Dimensionen Produkt, Prozessfolge, Technologie und Ort. Erfolgt die Produktion eines Produktes simultan an mehr als einem Standort, so ist für eine eindeutige Beschreibung außerdem die Aufteilung der Mengen anzugeben. Da die Ausgestaltung der einzelnen Gestaltungsalternativen auf dieser Basis beliebig komplex darstellbar ist, ist eine Systematik zur Detaillierung von Produktion, Prozessfolgen und Technologien erforderlich (vgl. Abbildung 5-3).

Zur Gliederung der **Produkte** eignet sich die im Rahmen von Lean Production und Produktentwicklung eingesetzte Unterteilung in Produktfamilien. ROTHER UND SHOOK beschreiben Produktfamilien als eine Gruppe von Produkten, die ähnliche Prozessfolgen unter Nutzung gemeinsamer Produktionsanlagen durchlaufen.[437] Gleichzeitig erfolgt eine Unterteilung aus Marktperspektive.[438] Die genaue Aufteilung ist dabei vom individuellen Produktportfolio des betrachteten Unternehmens abhängig. So wird z.B. ein Hersteller von Produkten mit geringer Wertdichte bei der Bildung von Produktfamilien aufgrund der anteilig hohen Transportkosten wahrscheinlich geografische Aspekte in den Vordergrund stellen. Ein Hersteller von

[437] Vgl. Rother, Shook (2009) Learning to see, S. 6

[438] Vgl. Schuh (2015) Leitfaden zur Baukastengestaltung, S. 38

Geräten, die in der Medizin- oder Lebensmittelindustrie eingesetzt werden, wird sich möglicherweise auf die Produktanforderungen konzentrieren. Weiterführende, detaillierte Vorgehen zur Einteilung von Produktfamilien sind in der Literatur umfassend beschrieben, beispielsweise bei SCHUH.[439]

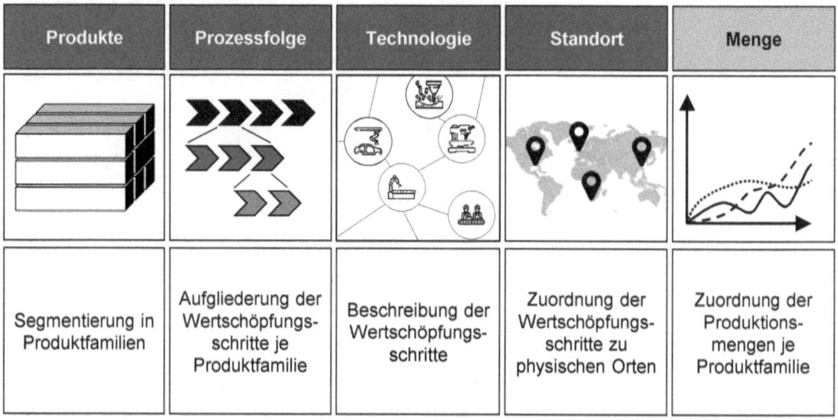

Abbildung 5-3: Dimensionen der Beschreibung von Gestaltungsalternativen zur Netzwerkgestaltung

Aufgrund der Ähnlichkeit im Herstellungsprozess sind Produktfamilien in der Dimension **Prozessfolge** durch Referenzprozessfolgen abbildbar, die sich an Referenzprodukten orientieren. Das Vorgehen erfolgt analog zum Vorgehen bei Wertstromaufnahmen, wobei Prozess- und Liegezeiten erst für die Bewertung der Alternativen relevant sind (vgl. Kapitel 5.2).[440] Gleichzeitig ist zu prüfen, ob es Produkte in der Produktfamilie gibt, die vom Referenzprozess beispielsweise durch den Einsatz besonderer Technologien abweichen und unbedingt berücksichtigt werden müssen. In diesem Fall muss die Produktfamilie weiter aufgeteilt werden. Die Abbildung der Produktionsprozesse lässt sich durch die in Kapitel 2.2.2 vorgestellten Systemebenen des Produktionsnetzwerks aufgliedern. Die aggregierteste Form ist dabei ein einzelner Prozessschritt „Produktion“, die detaillierteste Form ist ein einzelner Arbeitsschritt.

Jedem der Prozessschritte lässt sich eine **Technologie** zuordnen. Die Zuordnung erfolgt dabei analog zu den Systemebenen des Produktionsnetzwerks anhand der

[439] Vgl. Schuh (2015) Leitfaden zur Baukastengestaltung, S. 48 ff.

[440] Ein Vorgehen zur Wertstromanalyse bietet z.B. Erlach (2010) Wertstromdesign, S. 31-115

Systemebenen der Produktion (vgl. Abbildung 9-1 im Anhang). Angefangen von der Unterscheidung zwischen Fertigung und Montage ist eine beliebige Detaillierung bis hin zu Eigenschaften der Bearbeitungsmaschinen oder der konkreten Werkzeugmaschine eines Herstellers möglich.

Durch die Zuordnung der einzelnen Prozessschritte zu **Standorten** erfolgt die Erzeugung einer Gestaltungsalternative. Zwei Gestaltungsalternativen zur Produktionsnetzwerkgestaltung unterscheiden sich um mindestens einen Prozessschritt, der in den jeweiligen Alternativen unterschiedlich allokiert ist. Ein reiner Wechsel von Technologien ohne Standortvarianz beispielsweise wäre eine Frage des Technologiemanagements und ist nicht Betrachtungsbereich dieser Arbeit.[441] Sofern ein Produkt ganz oder teilweise an zwei Standorten gefertigt wird, z.B. aus Risikoerwägungen, muss zusätzlich zur reinen Allokation auch eine **Mengenaufteilung** erfolgen. Zur Aufteilung gibt es zwei Möglichkeiten: Entweder wird die Produktfamilie weiter aufgeteilt, oder der Mengensplit wird in absolutem oder relativem Verhältnis der Produktionsmenge oder Arbeitsstunden angegeben.

Durch die Dimensionen und ihre Aggregationslevel ist jedes beliebige Allokationsszenario des Betrachtungsbereichs zu einem bestimmten Zeitpunkt darstellbar. Zur Abbildung über den Zeitverlauf in einem standardisierten Vorgehen ist zusätzlich eine formale Struktur zur Abbildung der Alternativen erforderlich. Zur transparenten Darstellung eignet sich eine Gliederung in die Ebenen **Entscheidungssituation**, **Gestaltungsalternative**, **Allokationsübersicht** und **Produktallokation**.

Die Herleitung der Gestaltungsalternativen je Entscheidungssituation wird in Kapitel 5.4.2 erläutert. Als Modellelement dienen sie nur zur Sortierung und Unterscheidung. Die Allokationsübersicht stellt dar, welche Produktfamilie an welchen Standorten gefertigt wird. Dazu dient eine Matrixdarstellung der beiden Dimensionen (vgl. Abbildung 5-4). Die Zuordnung von mehr als einem Standort zu einer Produktfamilie bedeutet, dass beispielsweise Vorprodukte von einem Standort an einem anderen Standort montiert werden. In diesem Fall ist der Materialfluss zwischen den Werken durch einen Pfeil gekennzeichnet. Grundsätzlich kann der Materialfluss, wie bei Produktfamilie 2 gezeigt, auch in beide Richtungen erfolgen. In der Praxis sind solche

[441] Weiterführende Literatur zum Technologiemanagement bietet z.B. Gochermann (2020) Technologiemanagement

Szenarien jedoch nur selten sinnvoll. Zusätzlich zeigen gestrichelte Linien zwischen den Produktfamilien eine gemeinsame Ressourcennutzung an. Dies ist zum Beispiel der Fall, wenn Bauteile für die jeweiligen Produkte auf den gleichen Bearbeitungsmaschinen gefertigt werden. Die Berücksichtigung ist insbesondere für die Auswahl des Betrachtungsbereichs erforderlich (vgl. Kapitel 5.1.2).

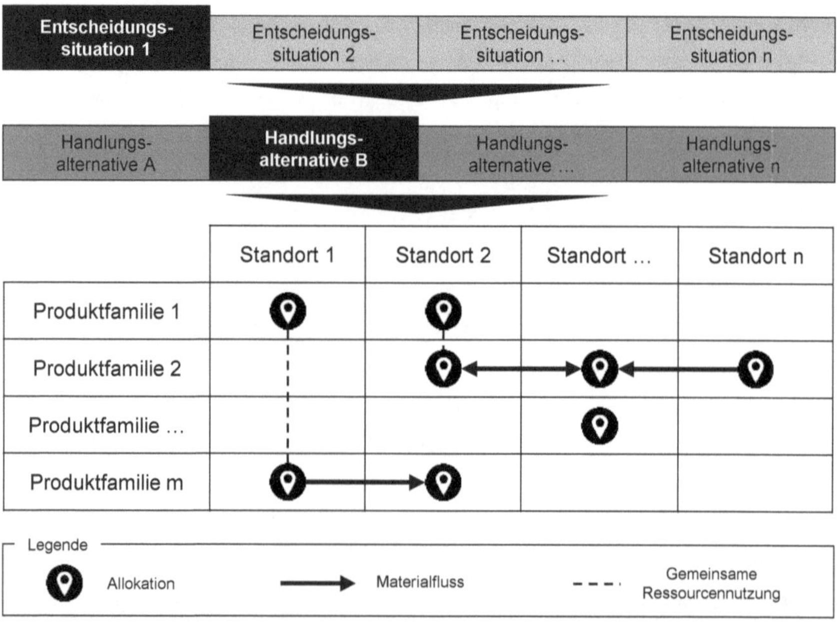

Abbildung 5-4: ***Exemplarische Übersicht der Gestaltungsalternativen auf oberer Gliederungsebene***

Die weitere Detaillierung der Alternativen-Übersicht lässt sich formal mittels gerichteter Graphen mit Kantengewichten beschreiben. Die Prozessschritte werden zunächst auf Produktionssegment-Ebene in ihrer Reihenfolge und nach Stückliste aufgebaut. In Abbildung 5-5 ist dies an einem exemplarischen Beispiel aufgezeigt. Die dargestellte Produktfamilie besteht aus zwei Vorprodukten, die jeweils an Standort 1 gefertigt werden. An Standort 2 findet die Endmontage statt. Das erste Vorprodukt umfasst auf der Produktionssegment-Ebene drei Prozessschritte, beispielsweise „Spanende Bearbeitung“ (a), „Wärmebehandlung“ (b) und „Prüfen“ (c). Das zweite Vorprodukt umfasst zwei Prozessschritte, beispielsweise ebenfalls „Spanende Bearbeitung“ (d) und „Prüfen“ (e). Am Standort 2 erfolgt die „Endmontage“ (f).

Die Prozessschritte werden in Abhängigkeit von Produktfamilie, Standort und Technologie beschrieben:

Prozessschritt v_{psu}

Mit	$p = 1, ..., m$	Produktfamilie
	$s = 1, ..., n$	Standort
	$u = 1, ..., o$	Technologie

Daraus folgt:

Formel 5-1: Menge der Prozessschritte V_p der Produktfamilie

$$V_p = \sum_p v_{psu}$$

Zur Abbildung der Stücklistenstruktur werden Kanten mit Kantengewichten verwendet. Das Kantengewicht c entspricht dabei der Anzahl an Bauteilen, die für ein Produkt der Produktfamilie benötigt werden.

Formel 5-2: Menge der Kanten einer Produktfamilie

$$E_p \subseteq V_p \times V_p$$

Die Kanten lassen sich als Adjazenzmatrix A_m zusammenfassen:

$A_m = a_{ijp}$ des kantengewichteten Graphen $G\ (V_p, E_p, c)$ mit

$$a_{ijp} = \begin{cases} c_{ij} \text{ falls } (\mathrm{i},\mathrm{j}) \in \mathrm{E} \\ 0 \text{ sonst} \end{cases}$$

Die Abbildung als Matrix ist weniger anschaulich als die grafische Darstellung. Sie ist jedoch gut für die Implementierung der im Rahmen dieser Arbeit entwickelten Methode in einem Softwaretool verwendbar. Gleichzeitig lassen sich die Mengen eines Produktes, die in einem gewissen Zeitraum hergestellt werden, einfach mit der Matrix multiplizieren, um die Gesamtherstellmengen zu erhalten. Für den letzten Prozessschritt wird eine Schleife mit der Menge 1 modelliert Würden für einen bestimmten Zeitpunkt t 1000 Stück der Produktfamilie m aus Abbildung 5-4 hergestellt werden, so ergäbe sich folgende Matrix:

$$A_m = 1000 * \begin{pmatrix} 0 & 2 & 0 & 0 & 0 & 0 \\ 0 & 0 & 2 & 0 & 0 & 0 \\ 0 & 0 & 0 & 0 & 0 & 2 \\ 0 & 0 & 0 & 0 & 4 & 0 \\ 0 & 0 & 0 & 0 & 0 & 4 \\ 0 & 0 & 0 & 0 & 0 & 1 \end{pmatrix} = \begin{pmatrix} 0 & 2000 & 0 & 0 & 0 & 0 \\ 0 & 0 & 2000 & 0 & 0 & 0 \\ 0 & 0 & 0 & 0 & 0 & 2000 \\ 0 & 0 & 0 & 0 & 4000 & 0 \\ 0 & 0 & 0 & 0 & 0 & 4000 \\ 0 & 0 & 0 & 0 & 0 & 1000 \end{pmatrix}$$

Die Zeilensumme ergibt dabei die Produktionsmenge am jeweiligen Prozessschritt. Um die Transparenz gegenüber der Abbildung 5-5 zu erhöhen, bietet es sich an, die Stückzahlen in der grafischen Darstellung nur dann anzuzeigen, wenn sie vom Nachfolger abweichen. Während die oberste Systemebene der Detaildarstellung ausreicht, um die Allokation zu den Standorten eindeutig zu gestalten, ist gegebenenfalls für eine genauere Bewertung der Szenarien (vgl. Kapitel 5.2) eine detaillierte Modellierung erforderlich. Die Detaillierung ist über beliebig viele Detaillierungsebenen möglich, indem für einen Prozessschritt ein neuer Graph mit Sub-Prozessschritten angelegt wird. Die in Abbildung 5-4 dargestellte Übersicht ist aus der Modellierung aggregierbar, da in der Detaildarstellung alle erforderlichen Informationen enthalten sind.

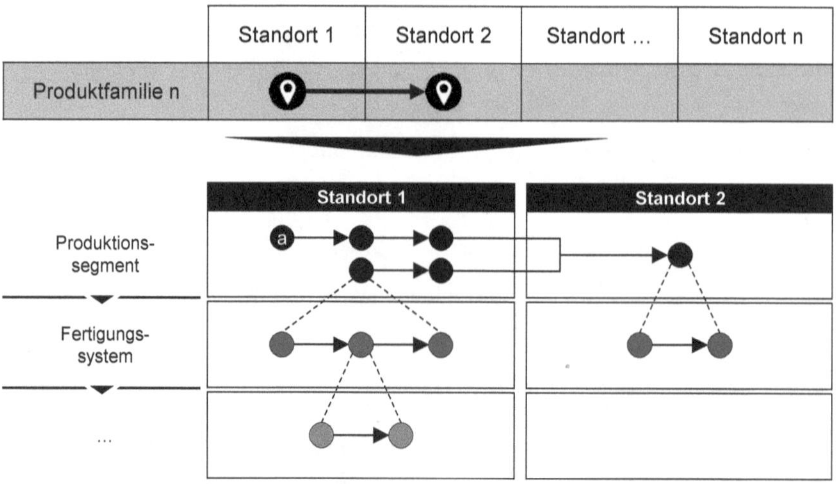

Abbildung 5-5: Exemplarische Detaildarstellung der Allokation einer Produktfamilie

5.1.2 Initiales Aggregationsniveau und Betrachtungsumfang

Initiales Aggregationsniveau und Betrachtungsumfang

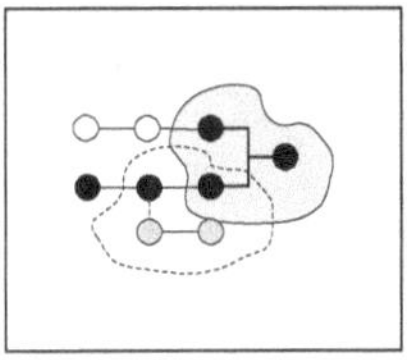

Input:	Modell zur Beschreibung von Gestaltungsalternativen mit frei wählbarem Aggregationsniveau
Vorgehen:	- Ermittlung der minimal erforderlichen Detaillierung zur Darstellung der unterschiedlichen Alternativen und unbekannten Technologien - Ermittlung des minimalen Betrachtungsbereichs aus wirtschaftlicher und technischer Perspektive - Optional: Berücksichtigung aller unterschiedlichen Technologien im Betrachtungsumfang
Output:	Initiales Aggregationsniveau und Betrachtungsumfang zur Ermittlung bewertungsrelevanter Einflussfaktoren der betrachteten Alternativen

Durch die im vorherigen Kapitel beschriebenen Modellelemente ist für jede in Kapitel 5.1.1 eingeführte Dimension eine beliebig genaue Detaillierung der jeweiligen Gestaltungsalternativen modellierbar. Der Entscheidungsprozess ist aber so aufgebaut, dass er mit einer möglichst groben ersten Übersicht startet und die entscheidungsrelevantesten Einflussfaktoren weiter detailliert. Daraus leitet sich die Frage des initialen Aggregationsniveaus ab, in dem die verschiedenen Alternativen abgebildet werden. Ausgehend von einer vollständigen Aggregation werden im Folgenden Regeln zur initialen Unterteilung aufgestellt. Diese ergeben sich aus der Betrachtung der **Produktallokation** und der **Technologien**.

Die minimal notwendige Detaillierung der Prozessfolgen aufgrund der **Produktallokation** lässt sich anhand des in Abbildung 5-6 dargestellten Beispiels erläutern. Eine Produktfamilie wird in Alternative A nur an einem und in Alternative B an zwei Standorten hergestellt. Ohne Alternative B könnten beide Prozessschritte in Alternative 1 zusammengefasst werden, beispielsweise Drehen und Fräsen zu dem Prozessschritt Spanen. Um die Verlagerung darzustellen, ist die Unterteilung aber erforderlich und erfolgt zur besseren Vergleichbarkeit für beide Szenarien. Jede durch Verlagerung von Umfängen entstehende Aufteilung der Prozessschritte wird somit auf alle Szenarien übertragen.

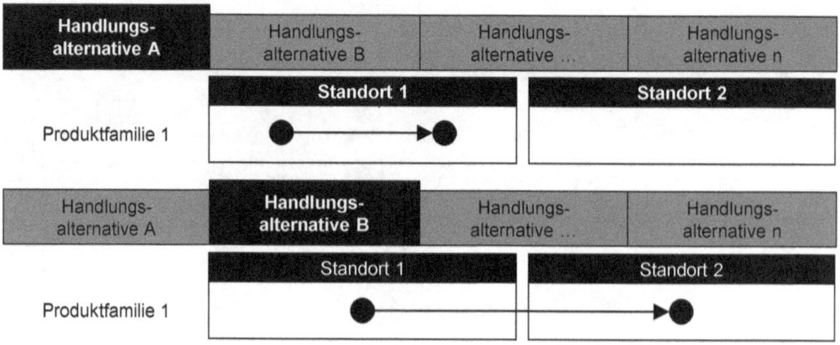

Abbildung 5-6: Minimale Detaillierung der Prozessfolge aufgrund einer geplanten Verlagerung von Teilumfängen des Wertschöpfungsprozesses

Die zweite Detaillierung erfolgt auf Basis der **Technologie**. Für die Identifikation und Bewertung unsicherer Prozessschritte ist es erforderlich, zwischen am Standort bekannten und neuen Technologien zu unterscheiden (vgl. Kapitel 5.2.1). Zur Erläuterung sei wieder das Beispiel aus Abbildung 5-6 aufgegriffen. Der verlagerte Prozessschritt umfasst die in Abbildung 5-7 dargestellten zwei Technologien.

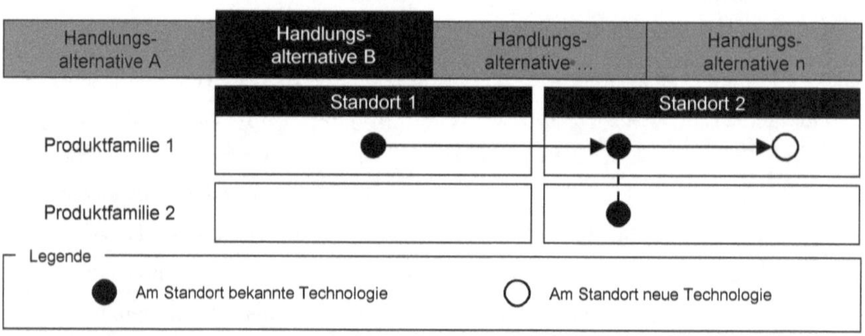

Abbildung 5-7: Minimale Detaillierung der Prozessfolge aufgrund unterschiedlicher Grade an Technologiebeherrschung

Eine der beiden Technologien wird bereits am Standort für die Herstellung einer anderen Produktfamilie eingesetzt, die zweite wird bisher noch nicht eingesetzt. Bei der Verlagerung ergeben sich damit unterschiedliche Anforderungen an die Prüfung der Prozessbeherrschung und hinsichtlich des Unsicherheitsmanagements in der wirtschaftlichen Bewertung (vgl. Kapitel 5.2.1). Eine Detaillierung des Prozessschrittes ist daher erforderlich und wird zur besseren Vergleichbarkeit auf die anderen Alternativen übertragen. Wenn auch nicht zwingend notwendig, bietet sich die Unterteilung nach Technologieformen wie in Abbildung 9-1 auf einer hohen Ebene in der initialen Betrachtung an, um Einzelfallprüfungen der Technologiebeherrschung in den einzelnen Allokationsszenarien zu vermeiden. Die genaue Unterteilung der Technologien ist jedoch sehr unternehmensspezifisch, da sich manche Technologien abhängig von Bauteileigenschaften z.B. der Bauteilgeometrie oder dem verarbeiteten Material, stark unterscheiden. In der Literatur existieren Ansätze zur Einteilung von Produktionsbereichen auf Basis von Bauteilmerkmalen, beispielsweise von SCHMITZ.[442] Außerdem ist die Unterteilung in der Praxis häufig den Unternehmen bekannt. Daher wird das Thema an dieser Stelle nicht weiter ausgeführt.

Ableitung des Betrachtungsbereichs zur Beschreibung der Alternativen

Neben dem Aggregationsniveau kann auch der Betrachtungsbereich auf Basis der in Kapitel 5.1.1 eingeführten Modellelemente beliebig umfangreich gewählt werden. Daher ist zur eindeutigen Beschreibung der Gestaltungsalternativen der Betrachtungsumfang zu wählen. Dies geschieht in Hinblick auf den für die Entscheidungssituation relevanten **Teilbereich des Netzwerks.**

Der betrachtete **Teilbereich des Netzwerks** wird so klein wie möglich gewählt, um den Aufwand im Entscheidungsprozess so niedrig wie möglich zu gestalten. Das bedeutet, dass alle nur durch Produktallokationen betroffenen **Standorte, Produktfamilien** und **Prozessschritte** Teil des Betrachtungsumfangs sind. Die Auswahl des Teilbereichs wird an dem in Abbildung 5-8 dargestellten, von den bisherigen Darstellungen abweichenden Beispiel erläutert.

[442] Vgl. Schmitz (2015) Gestaltungsmethodik für eine Produktstruktur

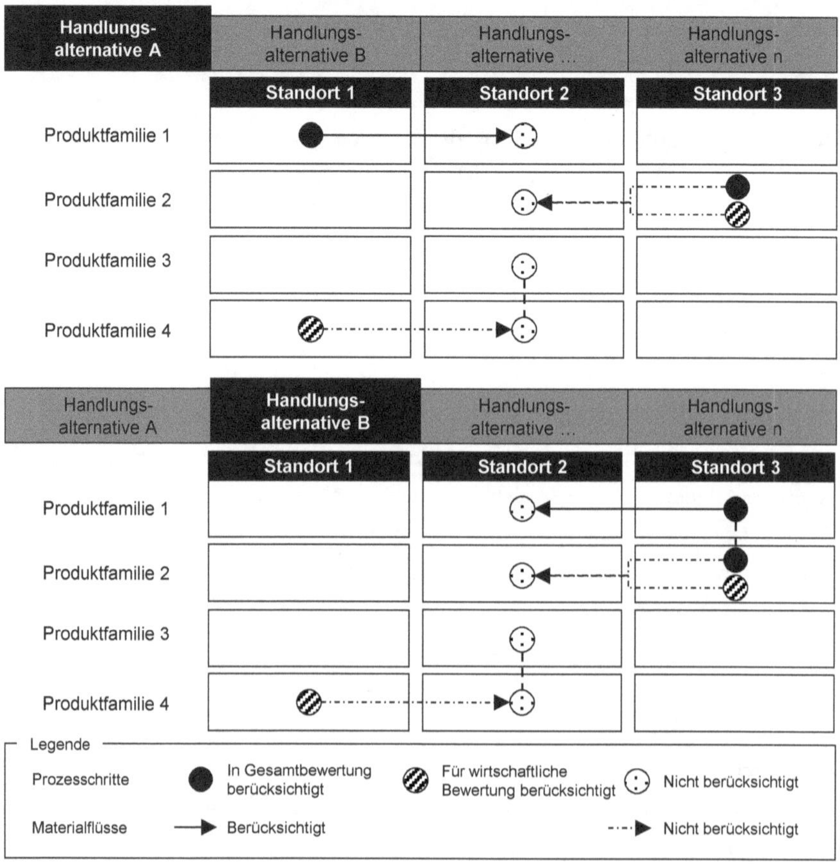

Abbildung 5-8: Auswahl des betrachteten Teilbereichs des Netzwerks

Für die Herstellung eines Vorprodukts von Produktfamilie 1 stehen zwei Standorte zur Auswahl. Bei Alternative 2 wird das Vorprodukt auf einer mit Produktfamilie 2 gemeinsam genutzten Ressource produziert. Der Allokationsumfang von Produktfamilie 1 und der Transport zu Standort 2 müssen vollständig für die Bewertung berücksichtigt werden, da sie sich unterscheiden. Der Produktionsprozess an Standort 2 ist in beiden Szenarien gleich. Sofern es sich nicht um eine Neuproduktallokation handelt, unterscheidet er beide Alternativen in der Bewertung nicht und wird aus dem Betrachtungsbereich ausgeschlossen. Produktfamilie 2 ist von den Verlagerungen betroffen. Der Prozessschritt mit gemeinsamer Ressourcennutzung in Alternative 2 unterscheidet sich in der wirtschaftlichen

Betrachtung, z.B. durch die Fixkostenverteilung, aber auch in der Bewertung aus Supply-Chain Perspektive. Durch zu hohe Ressourcenauslastung könnte beispielsweise die Flexibilität in Hinblick auf saisonale Schwankungen gefährdet sein. Der zweite Prozessschritt der Produktfamilie am Standort ist nur durch die Fixkostenverteilung am Standort betroffen und muss daher wirtschaftlich berücksichtigt werden. Eine Bewertung aus Supply-Chain Perspektive ist nicht erforderlich. Die Materialflüsse zwischen den Standorten bei Produktfamilie 2 ändern sich ebenfalls nicht und werden dementsprechend nicht berücksichtigt, ebenso wie Produktfamilie 3. Produktfamilie 4 ist ebenfalls nur durch die Fixkostenverteilung an Standort 1 in Hinblick auf die wirtschaftliche Bewertung betroffen. Standort 2 muss in Summe nicht bei der Bewertung berücksichtigt werden.

5.2 Ermittlung und Erfassung bewertungsrelevanter Einflussfaktoren

Um mit dem in Kapitel 5.1 vorgestellten Modell Gestaltungsalternativen zu bewerten, werden die vier in Kapitel 2.2.1 hergeleiteten Zielgrößen **Qualität**, **Flexibilität**, **Zeit** und **Wirtschaftlichkeit** verwendet. Weitere Ziele lassen sich in Form von strategischen Vorgaben bei der Erstellung der Alternativen berücksichtigen (vgl. Kapitel 5.4.2), sind aber nicht Teil des Bewertungsprozesses.

Die Bewertungsdimensionen werden nach dem Sand Cone Modell von FERDOWS UND DE MEYER (vgl. Kapitel 2.3.3) in Beziehung gesetzt. Das bedeutet, dass die Dimensionen Qualität, Flexibilität und Zeit erfüllt sein müssen, bevor die Alternativen in Hinblick auf ihre Wirtschaftlichkeit verglichen werden. Gelingt es bei einer Alternative z.B. nicht, die vom Markt geforderte Lieferqualität oder Lieferzeit zu erreichen, so wird sie überarbeitet oder aus der Auswahl ausgeschlossen. Die Wirtschaftlichkeit dagegen dient als Optimierungsgröße, nach der die beste Alternative ausgewählt wird, für die die qualifizierenden Dimensionen erfüllt sind (vgl. Kapitel 2.3.3).

Die Prüfung der einzelnen Dimensionen erfolgt über Zielgrößen je Dimension. Im Rahmen dieser Arbeit werden die aus Kapitel 2.2.1 hergeleiteten, in Abbildung 5-10 dargestellten Zielgrößen verwendet. Sie stellen aber keinen Anspruch auf Vollständigkeit dar und lassen sich unternehmens- und anwendungsspezifisch austauschen. Die vorgestellte Methodik lässt sich auf andere Zielgrößen adaptieren.

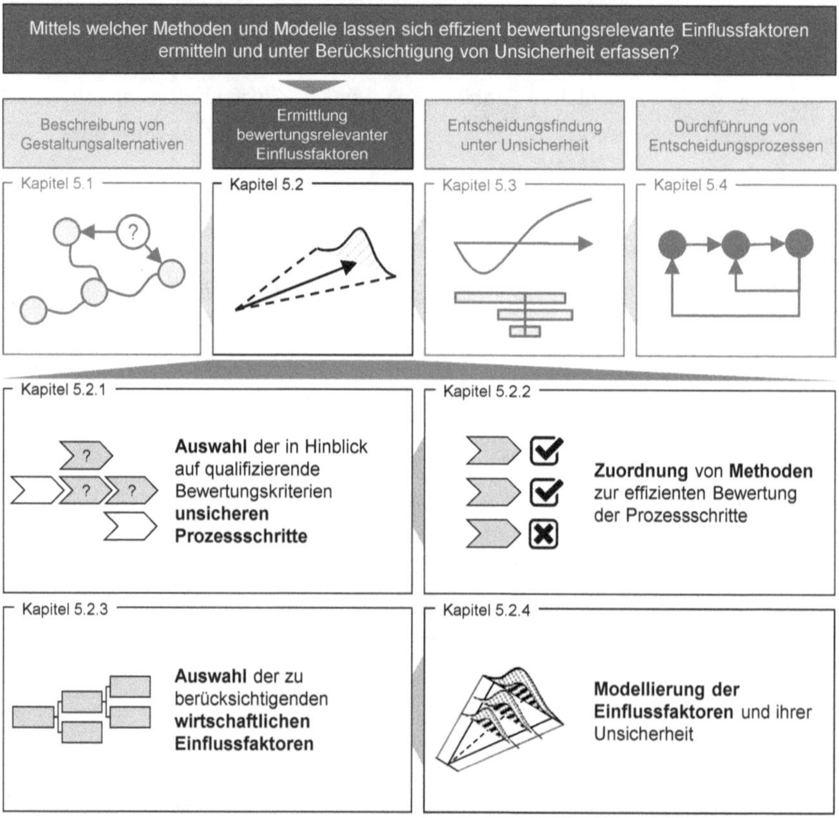

Abbildung 5-9: Übersicht der Elemente zur Ermittlung und Erfassung bewertungs-relevanter Einflussfaktoren

Den jeweiligen Zielgrößen werden Verfahren zugeordnet, mit denen sich Bewertungen für die betrachteten Gestaltungsalternativen herleiten lassen. Die Verfahren unterscheiden sich allerdings nach Bewertungsdimension. Qualität, Flexibilität und Zeit dienen zur Erfüllung von Kundenbedürfnissen. Sie sind insbesondere bei Neuallokationen von Produkten oder Technologien zu prüfen und erfordern zur Prüfung einen kurzen zeitlichen Betrachtungsbereich, um beispielsweise die Flexibilität der Produktion in Hinblick auf jährliche Sensitivitäten zu prüfen. Demgegenüber steht die Wirtschaftlichkeitsbetrachtung, die über den gesamten Betrachtungszeitraum erfolgt. Zur Bewertung von Qualität, Flexibilität und Zeit wird daher eine Supply-Chain-Perspektive mit individuellen Zeitintervallen von der statischen Betrachtung bis zu einem Jahr eingenommen. Die Wirtschaftlichkeitsbewertung dagegen umfasst den gesamten Betrachtungsbereich in diskreten Zeitschritten.

Zur Betrachtung der Supply-Chain-Perspektive werden die Phasen „Beschaffung", „Produktion" und „Auslieferung" des Supply Chain Operations Reverence Model (SCOR) verwendet.[443] Die Zielgrößen werden dabei den jeweiligen Phasen zugeordnet. Für Beschaffung und Auslieferung sind die Zielgrößen identisch. Bei der Beschaffung sind es jedoch Anforderungen an Lieferanten, die sichergestellt werden müssen. Bei der Auslieferung sind es Anforderungen der Kunden des Unternehmens. Der Zusammenhang ist in Abbildung 5-10 dargestellt.

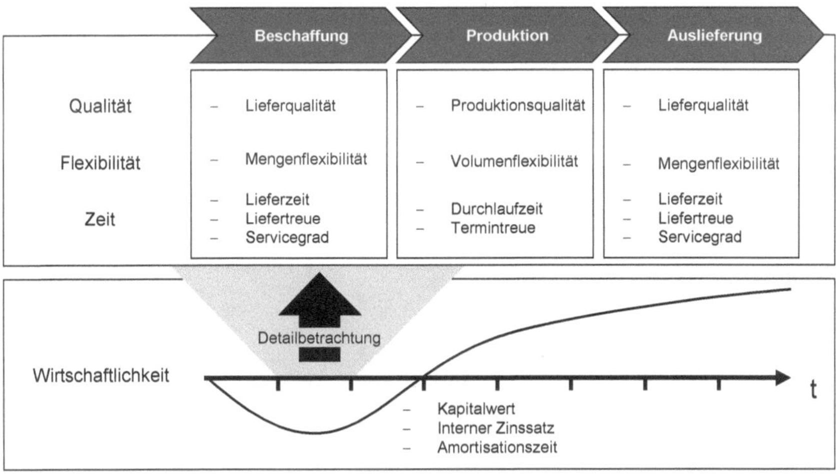

Abbildung 5-10: Spezifizierung der berücksichtigten Zielgrößen der Bewertungsdimensionen

[443] Vgl. Bolstorff, Rosenbaum (2012) Supply Chain Excellence, S. 24

5.2.1 Auswahl der unsicheren Prozessschritte

Auswahl unsicherer Prozessschritte

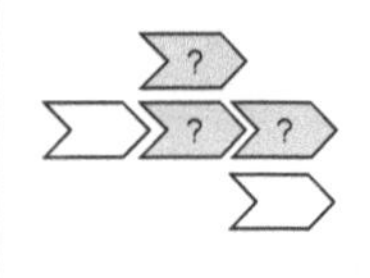

Input:	Gestaltungsalternativen auf initialem Aggregationsniveau inkl. Darstellung des Status quo des Produktionsnetzwerks
Vorgehen:	– Unsicherheit bzgl. **Qualität**: Prüfung der Gestaltungsalternativen auf neu an Standorte allokierte Technologien – Unsicherheit bzgl. **Flexibilität**: Prüfung auf Steigerung der Auslastung bestehender Ressourcen durch Allokation zusätzlicher Produkte – Unsicherheit bzgl. **Zeit**: Prüfung auf Verlängerung der Lieferwege durch Neuallokation oder Verlagerung von Produkten
Output:	Hinsichtlich Qualität, Flexibilität und Zeit unsichere Prozessschritte der Gestaltungsalternativen

Der nachfolgend beschriebene Auswahlprozess dient zur Identifikation der Prozessschritte, bei denen nicht sichergestellt ist, dass Kundenbedürfnisse hinsichtlich Zeit, Qualität oder Lieferbarkeit gewährleistet sind. Als Prämisse zur Gestaltung möglichst aufwandsarmer Entscheidungsprozesse wird angenommen, dass diese Bewertungsdimensionen in der bestehenden Produktion des Unternehmens bereits erfüllt sind oder als separates Projekt bereits verbessert werden. Ausnahme dieser Prämisse ist, dass die Nichterfüllung einer dieser Zieldimensionen Auslöser für den Entscheidungsprozess zur Netzwerkgestaltung ist. Den identifizierten unsicheren Prozessschritten werden im nachfolgenden Kapitel 5.4.2 Methoden zugeordnet, durch die geprüft wird, ob die Anforderungen hinsichtlich Zeit, Qualität und Lieferbarkeit erfüllt werden.

Die Prüfung auf Unsicherheit erfolgt durch einen Abgleich der Gestaltungsalternativen des Entscheidungsprozesses mit dem zur Zeitpunkt der Prozessdurchführung aktuellen Produktionsnetzwerk. Durch Darstellung mittels des in Kapitel 5.1.1 eingeführten Modells ist die Prüfung auf Unsicherheit automatisierbar. Die Auswahllogik wird nachfolgend in Form von Abfragefolgen in den Zieldimensionen Qualität, Flexibilität und Zeit dargestellt.

Für die **Qualität** sind drei Fragestellungen zu beantworten:

- Lassen sich die zur Herstellung erforderlichen Materialien in der erforderlichen Qualität beschaffen?
- Werden die Technologien am Standort sicher genug beherrscht, um die erforderliche Produktionsqualität zu erreichen?
- Wird beim Transport zum Kunden die erforderliche Lieferqualität erreicht?

Bei der Beschaffung sind daher Produktneuallokationen zu prüfen, bei der Produktion am Standort neu eingesetzte Technologien sowie unternehmensweit neue Produktfamilien. Die Lieferqualität ist dann zu prüfen, wenn sich Transportwege zum Kunden verändern (vgl. Abbildung 5-11).

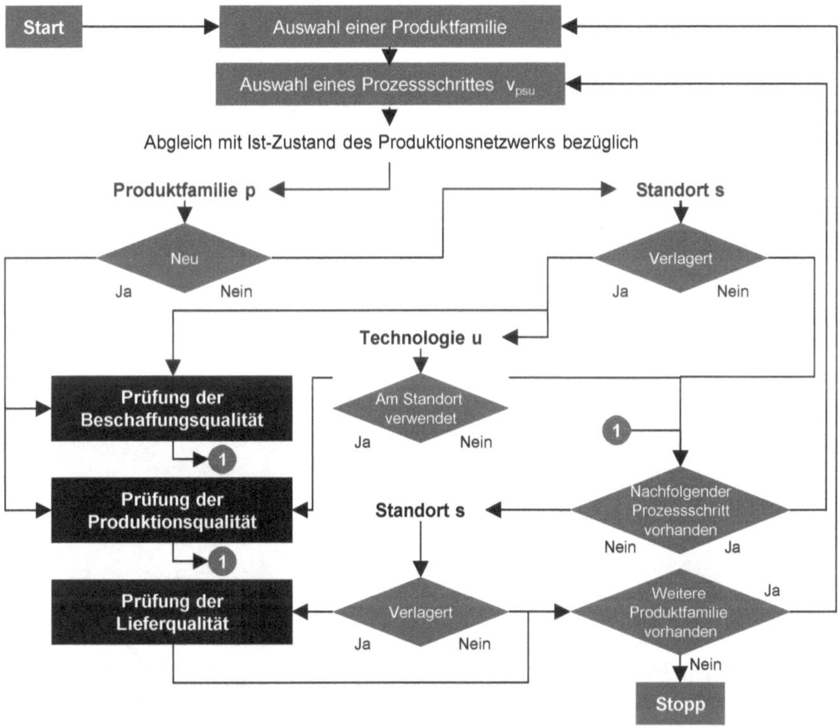

Abbildung 5-11: Vorgehenslogik zur Bestimmung der hinsichtlich Qualität zu prüfenden Prozessschritte je Gestaltungsalternative

Für die **Flexibilität** sind folgende Fragestellungen relevant:

- Haben die Zulieferer eine ausreichende Mengenflexibilität, um auf kurzfristige Nachfrageschwankungen zu reagieren?
- Ist die Produktion in den Werken in der Lage, die Kapazitäten auf kurzfristige Nachfrageschwankungen anzupassen?
- Ermöglichen die gewählten Transportwege zum Kunden, auf kurzfristige Nachfrageschwankungen zu reagieren?

Die Prüfung von Zulieferern erfolgt, wie bei der Beschaffung, bei Produktneuallokationen. Die Flexibilität der Produktion muss bei höherer Ressourcenauslastung, z.B. durch zusätzliche Produktallokationen zu Ressourcen, sowie Produktneuallokationen untersucht werden. Die Prüfung auf Flexibilität erfolgt wie bei der Qualität bei veränderten Transportwegen zum Kunden (vgl. Abbildung 5-12).

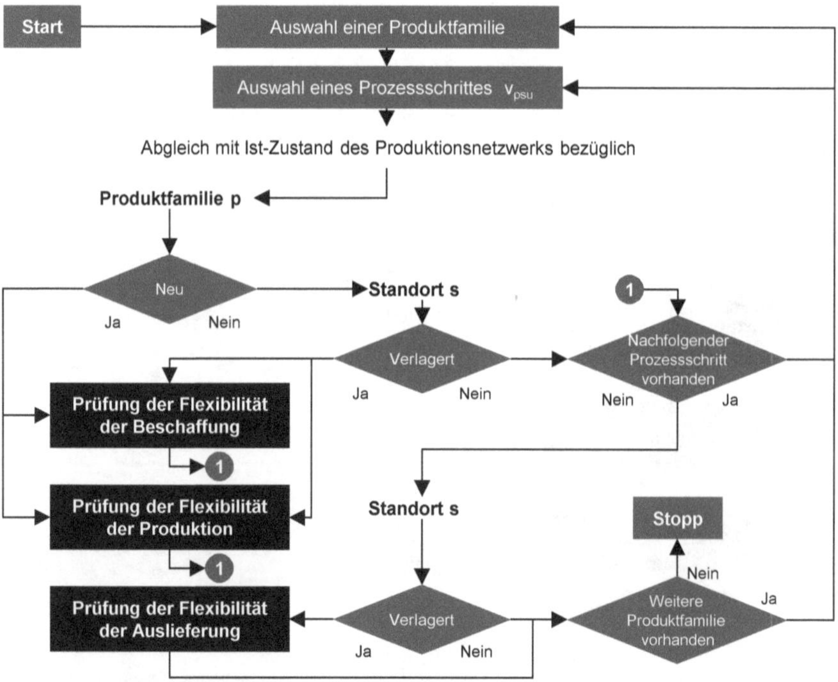

Abbildung 5-12: Vorgehenslogik zur Bestimmung der hinsichtlich Flexibilität zu prüfenden Prozessschritte je Gestaltungsalternative

Bei der **Zeit** ist zwischen Auftragsfertigung und Lagerfertigung zum Kunden zu unterscheiden. Bei Auftragsfertigung muss die Wertschöpfungskette ab dem Kundenkopplungspunkt betrachtet und hinsichtlich Lieferzeit und Liefertreue bewertet werden. Bei der Lagerfertigung dient der Servicegrad als Zielgröße (vgl. Kapitel 2.2.1.4). Dementsprechend folgen für die Betrachtung von Beschaffung, Produktion und Auslieferung folgende Fragestellungen:

- Erreichen Zulieferer die geforderten Lieferzeiten und Liefertreue?

(Optional)

- Sind bei der Auftragsfertigung Durchlaufzeit und Termintreue ab dem Kundenkopplungspunkt ausreichend, um Lieferzeit und Liefertermintreue zu gewährleisten?
- Wird bei Auftragsfertigung die kundenseitig geforderte Lieferzeit und Liefertermintreue eingehalten?
- Wird bei Lagerfertigung der erforderliche Servicegrad eingehalten?

Bei Lagerfertigung sind Zielgrößen wie Durchlaufzeit und Termintreue für eine wirtschaftliche Produktion ebenfalls relevant. Sie fallen damit aber in die wirtschaftliche Bewertung, z.B. durch zu hohe Kapitalbindung. Sie sind aber aus Kundenperspektive unwesentlich, da ein hoher Servicegrad durch höhere Lagerhaltung von Fertigprodukten erreichbar ist. Daher werden sie an dieser Stelle nicht berücksichtigt. Die Prüfung der Zulieferer ist ebenfalls eher aus wirtschaftlicher Perspektive relevant, da sich Lieferzeiten durch Lagerhaltung kompensieren lassen. Die Lieferzeit lässt sich aber im Rahmen der Lieferantenbewertung (siehe Kapitel 5.2.2) mit berücksichtigen und wird daher hier optional aufgeführt. Die Zulieferer sind dann wie bei Qualität und Flexibilität bei Neuallokationen zu prüfen.

Durchlaufzeit und Termintreue sind bei Aufgliederung der Produktion ab dem Kundenkopplungspunkt auf mehrere Standorte relevant. Der Kundenkopplungspunkt beschreibt den Prozessschritt der Produktion, ab dem das gefertigte Produkt eindeutig einem Kunden zugeordnet ist. Zur automatisierten Abfrage muss die Definition der Prozessschritte aus Kapitel 5.1.1 daher um eine Variable erweitert werden:

Prozessschritt v_{kpsu}

Mit $$k = \begin{cases} 1 \text{ } wenn\ Prozessschritt\ Kundenkopplungspuntk\ oder\ danach \\ 0\ sonst \end{cases}$$

Die Lieferzeit ist bei veränderten Transportwegen zum Kunden neu zu validieren (vgl. Abbildung 5-13).

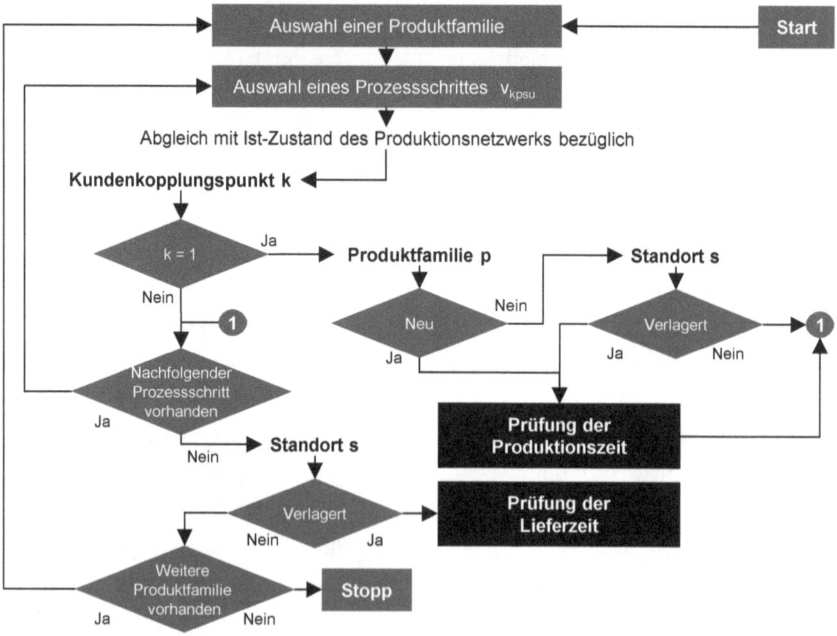

Abbildung 5-13: Vorgehenslogik zur Bestimmung der hinsichtlich Zeit zu prüfenden Prozessschritte je Gestaltungsalternative

5.2.2 Methoden zur effizienten Bewertung unsicherer Prozessschritte

Methoden zur effizienten Bewertung der Prozessschritte

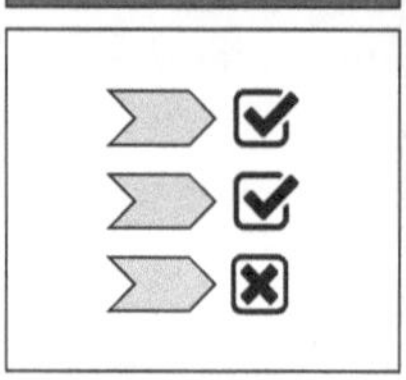

Input: Hinsichtlich Qualität, Flexibilität und Zeit unsichere Prozessschritte der Gestaltungsalternativen

Vorgehen:
- Auswahl geeigneter Methoden des **Lieferantenmanagements** zur Bewertung technisch unsicherer Beschaffungsprozesse
- Auswahl geeigneter Methoden der **Fabrikplanung** zur Bewertung technisch unsicherer Produktionsprozesse
- Auswahl geeigneter Methoden der **Logistikplanung** zur Bewertung technisch unsicherer Lieferprozesse

Output: Bewertungsmethoden zur Beurteilung der Umsetzbarkeit der Gestaltungsalternativen

Ziel der Bewertung unsicherer Prozessschritte ist es, die Realisierbarkeit der betrachteten Gestaltungsalternativen sicherzustellen. Dementsprechend dienen die Bewertungsmethoden zur Bestätigung der Umsetzbarkeit, nicht zur Optimierung der Zielgrößen. Die Bewertungsmethoden laufen daher auf eine binäre Bewertung der Prozessschritte mit den Bewertungsergebnissen „umsetzbar" oder „nicht umsetzbar" hinaus. Als Nebenprodukte erzeugen sie aber auch Informationen, die zur

Detaillierung der wirtschaftlichen Betrachtung verwendbar sind. Ein Beispiel hierfür sind die Produktanlaufplanung und die Umsetzungsplanung aus dem Bereich der Fabrikplanung. Durch die Anwendung der Methoden werden Informationen erzeugt, die sich für eine detaillierte Modellierung der Anlaufkosten eignen.

Während die Bewertung nach den Zieldimensionen Qualität, Flexibilität und Zeit gegliedert ist, dient bei der Zuordnung von Methoden das SCOR Modell zur Orientierung. Durch die Anwendung eines Lieferantenauswahlprozesses beispielsweise lassen sich gleichzeitig alle drei Dimensionen berücksichtigen. Die nachfolgend aufgeführten Methoden stellen einen Überblick möglicher Ansätze in Bezug zu den in Abbildung 5-10 dargestellten Zielgrößen dar. Sie stellen keinen Anspruch auf Vollständigkeit und sind unternehmensspezifisch erweiterbar. Die Übersicht und Transparenz über Aufwand und Ergebnis der Maßnahmen ist aber entscheidender Aspekt eines aufwandsgerechten Entscheidungsprozesses zur Netzwerkgestaltung.

Lieferantenmanagement

Die Herausforderungen in der Beschaffung von Rohmaterialien und Vorprodukten unterscheiden sich je nach Branche und Region erheblich. So stellen beispielsweise sicherheitsrelevante Bauteile oder medizinische Produkte häufig hohe Anforderungen an die Materialqualität. Verpackungsmaterialien im Konsumgüterbereich dagegen haben eine geringe Wertdichte und werden, wenn möglich, lokal beschafft. Die konkreten Schwerpunkte des Lieferantenmanagements unterscheiden sich somit je nach Branche und Unternehmen. Als generisches Vorgehen zur Bewertung eignet sich allerdings der Lieferantenauswahlprozess. Dieser wird im Rahmen dieser Arbeit soweit durchgeführt, bis genug Informationen zur Bewertung der unsicheren Prozessschritte vorliegen. Als Maßnahme mit geringerem Aufwand eignet sich außerdem die Befragung von unternehmensinternen oder -externen Fachexperten. In einem der Anwendungsbeispiele dieser Arbeit (vgl. Kapitel 6.1) müssen beispielsweise Bleche zur Herstellung von Autoteilen beschafft werden. Aus den Expertenbefragungen im Unternehmen geht dabei hervor, dass diese Bleche für die betrachteten Alternativen Standardprodukte sind, deren Verfügbarkeit zur Auswahl der Gestaltungsalternative nicht weiter untersucht werden muss. Nachfolgend werden daher die Expertenbefragung, die Lieferantenvorauswahl und die Detailbetrachtung der Lieferanten als nach Aufwand gestaffelte Methoden zur Bewertung der Zielgrößen vorgestellt. Die Methoden sind in Abbildung 5-14 dargestellt. Die dort angegebenen Quellen liefern weiterführende Informationen zum Thema.

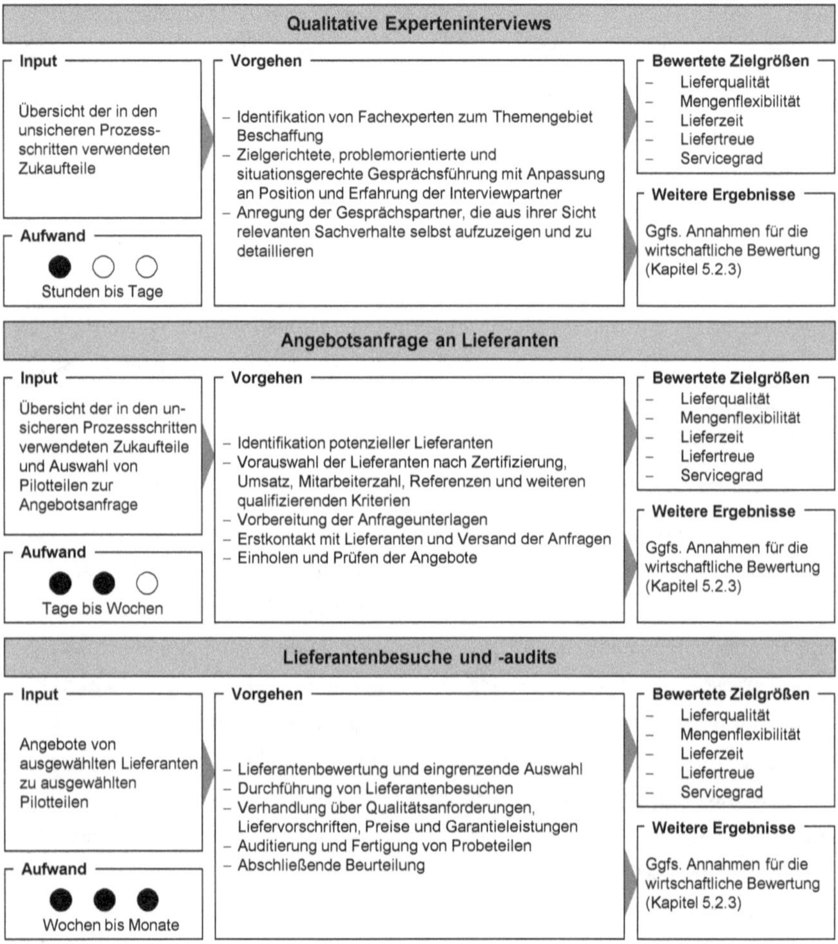

Abbildung 5-14: Methoden zur Bewertung der beschaffungsrelevanten Zielgrößen unsicherer Prozessschritte[444]

Fabrikplanung

---

[444] Vgl. Bogner, Littig et al. (2009) Experteninterviews, S, 266-274; Abele (2006) Handbuch globale Produktion, S. 332-337

Unter dem Begriff der Fabrikplanung sind eine ganze Reihe an Methoden zur Standortplanung zusammengefasst.[445] Die nachfolgend vorgestellten Methoden sind insbesondere für die Zielgrößen Produktionsqualität, Produktflexibilität und Durchlaufzeit relevant. Für die Produktionsqualität ist insbesondere die Verfügbarkeit der benötigten Technologien und Kompetenzprofile an den Standorten relevant, was im Rahmen der Fertigungsmittelplanung und der Personalplanung untersucht wird. Flexibilität und Termintreue werden in der Produktionsprogrammplanung untersucht, Durchlaufzeiten in der Prozessplanung. Als aufwendige, aber genaue Methode zur Prüfung von Produktflexibilität, Durchlaufzeit und Termintreue eignet sich darüber hinaus die dynamische Ablaufsimulation. Weitere Methoden der Fabrikplanung unterstützen vor allem die wirtschaftliche Bewertung der Gestaltungsalternativen sowie die konkrete Migrationsplanung. Sie sind aber für die an dieser Stelle betrachteten Zielgrößen weniger relevant. Neben den Methoden steht auch hier die Befragung unternehmensinterner und -externer Experten mit Expertise der lokalen Produktionsbedingungen als aufwandsarme Alternative zur Verfügung. Nachfolgend werden die Methoden im Einzelnen kurz vorgestellt, der Fokus liegt dabei auf den im Rahmen dieser Arbeit betrachteten Zielgrößen.

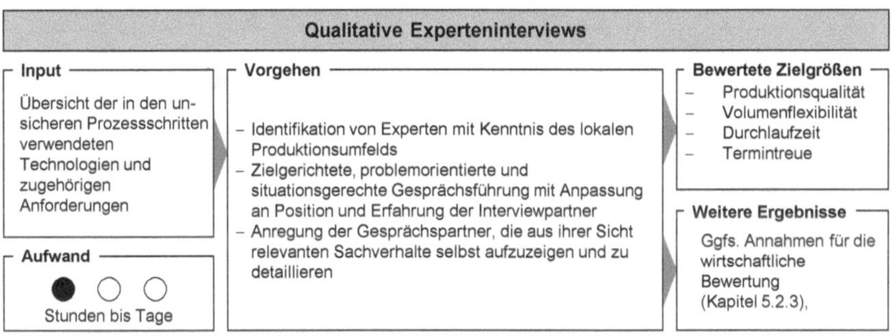

Abbildung 5-15: Methode zur Bewertung der produktionsrelevanten Zielgrößen unsicherer Prozessschritte mit geringem Aufwand[446]

[445] Vgl. Nöcker (2012) Zustandsbasierte Fabrikplanung, S. 136

[446] Vgl. Bogner, Littig et al. (2009) Experteninterviews, S, 266-274; Abele (2006) Handbuch globale Produktion, S. 332-337

Betriebsmittelplanung

Input
- Produktsortiment
- Bestehende Betriebsmittel
- Bestehende Maschinenkapazität

Aufwand
● ● ○
Tage bis Wochen

Vorgehen
- Auswahl der Verfahren
- Bestimmung der Planzeiten
- Ermittlung des geplanten Kapazitätsbedarfs
- Abgleich des Kapazitätsbedarfs mit der bestehenden Maschinenkapazität
- Ableitung zusätzlich benötigter Maschinen

Bewertete Zielgrößen
- Produktionsqualität
- Volumenflexibilität

Weitere Ergebnisse
- Maschinen-kapazitäten
- Herstellungskosten

Personal- und Organisationsplanung

Input
- Qualifikationsprofil der Mitarbeitenden
- Personalbedarf

Aufwand
● ● ○
Tage bis Wochen

Vorgehen
- Bestimmung des Brutto-Personalbedarfs mittels Schätzverfahren oder detaillierter Planungsmethoden
- Bestimmung des Netto-Personalbedarfs im Zeitverlauf unter Berücksichtigung von Zu- und Abgängen
- Ggfs. Prüfung der Verfügbarkeit von Mitarbeitenden mit dem erforderlichen Qualifikationsprofil am angestrebten Produktionsstandort

Bewertete Zielgrößen
- Produktionsqualität

Weitere Ergebnisse
- Aufbauorganisation
- Personalkosten

Produktionsprogrammplanung

Input
Abrufverhalten, Absatzprognosen, Auftragsdaten, Prognosedaten, Prozesszeiten, Verfügbarkeit der Fertigungsmittel

Aufwand
● ● ○
Tage bis Wochen

Vorgehen
- Durchführung eines Ressourcenabgleichs auf Basis des Absatzprogramms
- Treffen von Make-or-Buy-Entscheidungen zur Bestimmung des Ressourcenbedarfs
- Ermittlung von eventuell nötigen Erweiterungsinvestitionen

Bewertete Zielgrößen
- Volumenflexibilität
- Termintreue

Weitere Ergebnisse
- Sicherheitsbestand,
- Stückzahlszenarien
- Zulieferbedarf

Prozessplanung

Input
Fertigungsverfahren, Prozessketten, Qualitätsrate, Rüstzeiten, Auftragsdaten

Aufwand
● ● ○
Tage bis Wochen

Vorgehen
- Bestimmung der wertschöpfenden Prozesse und damit verbundenen Hilfsprozesse mittels:
  - Übernahme von vorhandenen Prozessen ohne Änderung
  - Neugestaltung von Prozessen
  - Erstkonzeption nicht vorhandener Prozesse
- Dokumentation der Ablaufstruktur

Bewertete Zielgrößen
- Durchlaufzeit

Weitere Ergebnisse
- Prozesszeiten für Kapazitäts-berechnungen

Abbildung 5-16: Methoden zur Bewertung der produktionsrelevanten Zielgrößen unsicherer Prozessschritte mit mittlerem Aufwand[447]

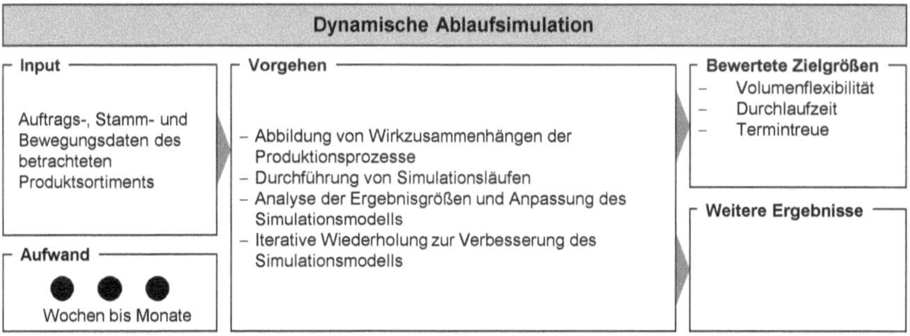

Abbildung 5-17: Methoden zur Bewertung der produktionsrelevanten Zielgrößen unsicherer Prozessschritte mit hohem Aufwand[448]

Logistikplanung

Bei der Zuordnung von Methoden zur Bewertung der Zielgrößen im Bereich der Auslieferung an die Kunden ist zu unterscheiden, ob die Logistik durch einen externen Zulieferer oder durch eine unternehmensinterne Logistik vorgenommen wird.[449]

Bei einem externen Logistikdienstleister bietet sich die Angebotsanfrage als Methode zur Bewertung der Zielerreichung an. Bei interner Logistik kann aus Perspektive der Prozessverantwortlichen (vgl. Kapitel 5.4.1) auf entsprechende Experten im Unternehmen zurückgegriffen werden. In beiden Fällen müssen das Produktprogramm und die zu berücksichtigenden Transportkosten bekannt sein.

Ist dies nicht möglich, so muss die Logistikplanung als Teil der Netzwerkplanung erfolgen, was jedoch eine aufwendige und zeitintensive Methode darstellt. Neben der Wahl der Transportmittel und Transportrouten muss z.B. auch die Paletten- und Containerbeladung berücksichtigt werden. Die beiden vorgelagerten Ansätze sind daher vorzuziehen.

---

[447] Vgl. Grundig (2009) Fabrikplanung, S. 90 und S. 95-100; Schenk, Wirth et al. (2014) Fabrikplanung und Fabrikbetrieb, S. 297; Nöcker (2012) Zustandsbasierte Fabrikplanung, S. 149;

[448] Vgl. März, Krug et al. (2011) Simulation und Optimierung in Produktion und Logistik, S. 10 f.

[449] Vgl. Wander (2018) Logistik und Wettbewerb, S. 137

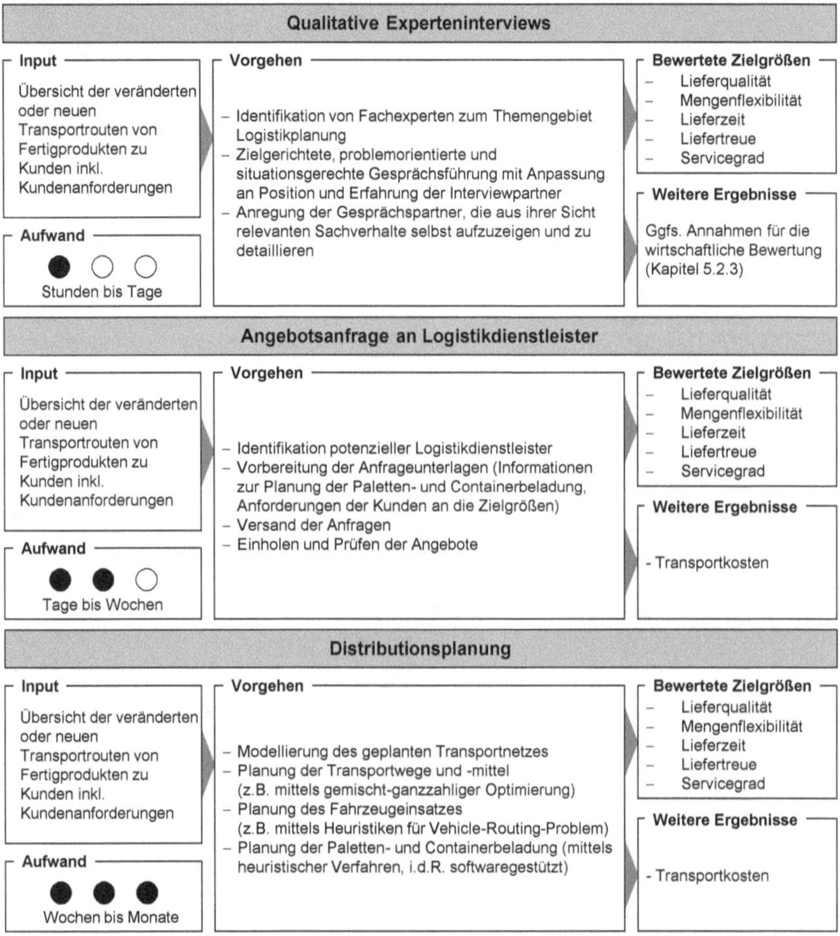

Abbildung 5-18: Methoden zur Bewertung der logistisch relevanten Zielgrößen unsicherer Prozessschritte[450]

Den Zielgrößen der Formalziele *Qualität*, *Zeit* und *Flexibilität* wurden somit Methoden zur Bewertung unsicherer Prozessschritte zugewiesen. Neben diesen drei Formalzielen, welche die grundsätzliche Umsetzbarkeit der Alternativen beurteilen, ist das Formalziel *Wirtschaftlichkeit* zu berücksichtigen.

---

[450] Vgl. Bogner, Littig et al. (2009) Experteninterviews, S, 266-274; Abele (2006) Handbuch globale Produktion, S. 332-337; Tempelmeier (2018) Planung logistischer Systeme, S. 71-117; Large (2015) Logistikmanagement, S. 78-98; Steglich, Feige et al. (2016) Logistik-Entscheidungen, S. 1-24

5.2.3 Auswahl der wirtschaftlichen Einflussfaktoren

Auswahl der **wirtschaftlichen Einflussfaktoren**

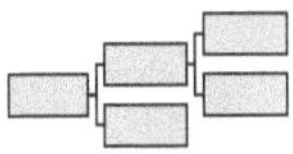

Input: Gestaltungsalternativen auf initialem Aggregationsniveau inkl. des Status quo des Produktionsnetzwerks

Vorgehen:
- Aufstellen eines Umsatz- und Kostentreiberbaums nach Vorbild des Wertbeitrags
- Bestimmung der zu betrachtenden Umsatz- und Kostentreiber in einer Investitionsvergleichsrechnung
- Ableitung der zu modellierenden Einflussfaktoren
- Festlegung des Betrachtungszeitraums der Wirtschaftlichkeitsbewertung

Output: Zur wirtschaftlichen Bewertung relevante Einflussfaktoren der Gestaltungsalternativen

Die Umsetzung von Gestaltungsalternativen zur Netzwerkgestaltung lässt sich als Investition betrachten, da anfänglichen Aufwänden spätere Einzahlungsüberschüsse entgegenstehen. Im Rahmen dieser Arbeit werden zur wirtschaftlichen Bewertung die in der Praxis am weitesten verbreiteten Methoden zur Bewertung von Investitionsentscheidungen verwendet. Diese sind wie in Kapitel 2.2.1.1 beschrieben: die Kapitalwertmethode, die Amortisationszeit und der interne Zinsfuß. Gegenüber anderen Methoden, wie dem vollständigen Finanzplan, sind dabei keine Finanzierungskosten oder Gewinne aus Geldanlagen berücksichtigt. Ebenfalls wird die Ertragssteuer nicht in die Kalkulation einbezogen. Beide Faktoren sind von weiteren, im Rahmen der Netzwerkgestaltung nicht berücksichtigten Einflüssen abhängig. Die vorgestellte Methode kann jedoch grundsätzlich entsprechend erweitert werden, wenn dies von den Entscheidungsverantwortlichen gewollt ist.[451]

Durch die Vernachlässigung von Steuern und Finanzierungskosten entspricht der Betrachtungsumfang für den Ertragsüberschuss einer Periode t dem Betrieblichen Gewinn vor Steuern und Abschreibungen (englisch: Earnings before interest, taxes, depreciation and amortisation, kurz EBITDA) des Zeitraums (vgl. Abbildung 5-19). Zur Aufteilung der Einflussfaktoren lässt sich damit die im Controlling übliche Kostenrechnung mit der Unterscheidung in Einmalkosten, Fixkosten und variable Kosten verwenden. Als Diskontierungszinssatz wird im Rahmen der hier beschriebenen Methode der Kapitalkostensatz des Unternehmens (WACC) verwendet.

[451] Weiterführende Literatur zum vollständigen Finanzplan und der Investitionsrechnung unter Berücksichtigung von Ertragssteuern bieten z.B. Becker, Peppmeier (2018) Investition und Finanzierung, S. 71; Grob (2015) Investitionsrechnung, S. 103-357

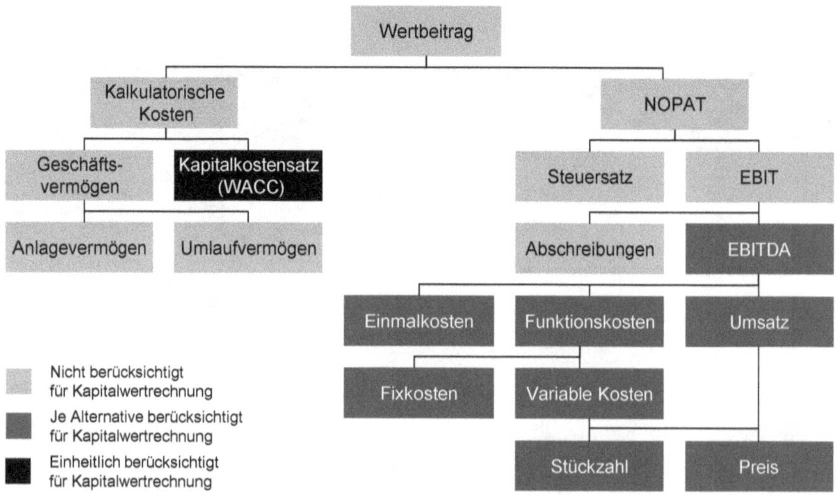

Abbildung 5-19: Zusammenhang zwischen Einflussfaktoren der Kapitalwertrechnung und dem Controlling-orientierten Wertbeitrag[452]

Der zur Berechnung der Gestaltungsalternativen relevante Einzahlungsüberschuss EZÜ ergibt sich dabei jedoch nicht direkt aus dem EBITDA der Alternative, sondern aus der Differenz zum Status quo des Produktionsnetzwerks. Der Einzahlungsüberschuss errechnet sich für eine Alternative a gemäß der nachfolgenden Formel.

Formel 5-3: EZÜ einer Alternative a als Differenz zum Status quo zum Zeitpunkt t

$$EZÜ_t = EBITDA_{t,a} - EBITDA_{t,sq}$$

Mit	$EZÜ_t$	Einzahlungsüberschuss zum Zeitpunkt t
	$EBITDA_{t,a}$	EBITDA der Alternative a zum Zeitpunkt t
	$EBITDA_{t,sq}$	EBITDA der Ausgangssituation zum Zeitpunkt t

Kapitalwert, interner Zinssatz und Amortisationszeit errechnen sich dann nach den in Kapitel 2.2.1.1 dargestellten Formeln.

452 I.A.a. Schuh, Prote et al. (2017) Assessment of production network scenarios, S. 119; Krebs (2012) Bewertung vernetzter Produktionsstandorte, S. 29

Der Betrachtungsumfang des Netzwerks muss für bestehende Produktfamilien und Standorte gleich sein (vgl. Kapitel 5.1.2). Er kann jedoch hinsichtlich neuer Standorte oder neuer Produktfamilien abweichen, die im Status quo noch nicht existieren.

Auf Basis des Wertbeitrag-Treiberbaums (vgl. Abbildung 5-19) werden zur Vorbereitung der Modellierung der Einflussfaktoren die einzelnen Kostenarten weiter aufgeschlüsselt. Dazu lässt sich die im betrachteten Unternehmen verwendete Kostenrechnung zur weiteren Aufschlüsselung verwenden.[453] Exemplarische Kostenarten sind in Abbildung 5-20 dargestellt.

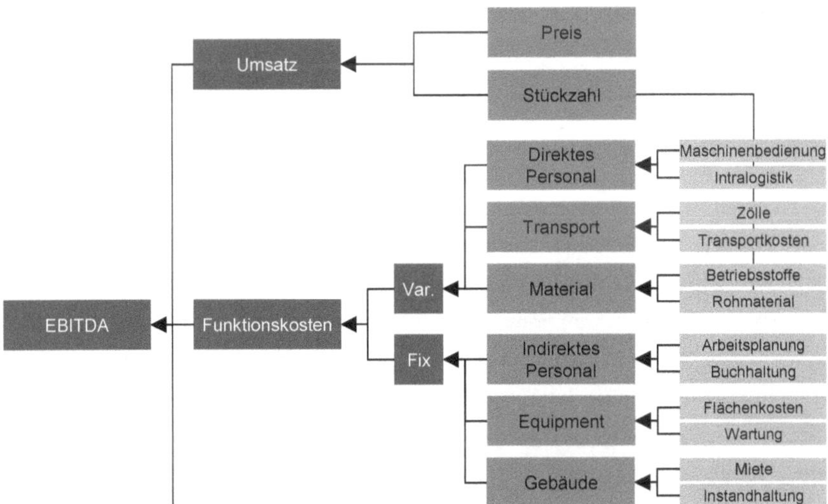

Abbildung 5-20: Exemplarische Detaillierung des EBITDA im Kontext der Produktionsnetzwerkgestaltung[454]

Wie bei der initialen Modellierung der Gestaltungsalternativen in Kapitel 5.1.2 werden zunächst aggregierte Einflussfaktoren verwendet und nach der initialen

[453] Ein systematisches Vorgehen zur Identifikation relevanter Kostenarten auf Basis der Produktionsprozesse beschreibt u.a. Prote (2017) Bewertung von Standortalternativen in Produktionsnetzwerken, S. 113-117

[454] I.A.a. Prote (2017) Bewertung von Standortalternativen in Produktionsnetzwerken, S. 116; Krebs (2012) Bewertung vernetzter Produktionsstandorte, S. 28

Bewertung weiter detailliert. Dabei ist die erste plausibel quantifizierbare Aggregationsstufe zu wählen (vgl. Kapitel 5.2.4). Durch die Berechnungsformel des Kapitalwerts ergeben sich Unterschiede nur für die Einflussfaktoren, die sich gegenüber dem Status quo unterscheiden. Ist aus Kundenperspektive beispielsweise eine Produktverlagerung nicht wahrnehmbar, so kann angenommen werden, dass die Kunden keine Preisänderung aufgrund der Verlagerung verlangen. Der Einflussfaktor Umsatz würde in diesem Fall nicht berücksichtigt. Zur Bestimmung der Veränderung werden die Einflussfaktoren den Modelldimensionen des Beschreibungsmodells aus Kapitel 4.1 zugeordnet.

Neben der Auswahl der Einflussfaktoren ist für den Kapitalwert die Wahl des betrachteten **Zeitraums** relevant. Die Kapitalwertmethode lässt sich im Grunde zeitlich beliebig fortsetzen. Aufgrund der zunehmenden Unsicherheit und der Abzinsung der Einkünfte werden die Aussagekraft und der Einfluss auf die Bewertung bei längeren Betrachtungszeiträumen allerdings geringer, der Modellierungsaufwand steigt dagegen. Der Zeitraum wird daher in Abhängigkeit von zwei Faktoren gewählt: Stabilität und Veränderungsumfang. Sollte eine Neu- oder Reallokation nur temporär erfolgen, so sind der temporäre und der Zielzustand abzubilden und legen den mindestens betrachteten Zeitraum fest. Er liegt bei Erreichen des Zielzustands. Beim Veränderungsumfang ist die Wahl des Zeitraums weniger eindeutig. Die Auswahl wird daher an dieser Stelle anhand zweier Beispiele erläutert: Bei der Neuallokation von Produktion bietet es sich an, wenn möglich die Produktlebenszeit als Betrachtungsraum zu wählen. Ist dies nicht möglich, so ist der Betrachtungszeitraum in Abhängigkeit des Investitionsumfangs zu wählen. Eine Standorteröffnung oder -schließung ist in der Regel mit hohen Investitionen verbunden und nur schwer umkehrbar. Ein Betrachtungszeitraum von etwa fünfzehn Jahren hat sich in der Praxis bewährt. Die reine Verlagerung von Produktumfängen ohne bauliche Veränderung dagegen amortisiert sich aufgrund der geringeren Investitionen in der Regel schneller, sodass eine kürzere Betrachtung ausreichend ist.

5.2.4 Modellierung der Einflussfaktoren und ihrer Unsicherheit

Modellierung der Einflussfaktoren und ihrer Unsicherheit

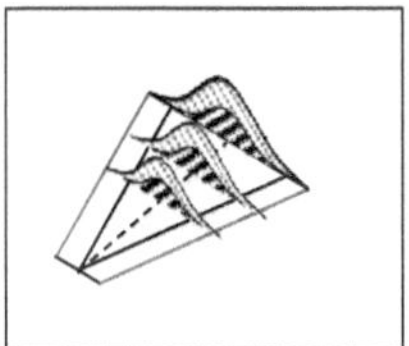

Input:	Zur wirtschaftlichen Bewertung relevante Einflusstreiber der Gestaltungsalternativen
Vorgehen:	– Bestimmung der initialen epistemischen Unsicherheit je Einflussfaktor – Ermittlung geeigneter Prognoseverfahren zur Bestimmung eines Erwartungswerts und der aleatorischen Unsicherheit je Einflussfaktor – Abbildung der Einflussfaktoren und ihrer aleatorischen und epistemischen Unsicherheit als zeitabhängige Verteilungsfunktion – Festlegung der Kovarianz der einzelnen Einflusstreiber
Output:	Prognosen der Entwicklung der Einflusstreiber unter Berücksichtigung ihrer aleatorischen und epistemischen Unsicherheit

Die Modellierung einzelner Einflussfaktoren erfolgt durch eine stochastische Modellierung der Entwicklung. Um gleichzeitig eine einfache Handhabung und hohe Transparenz zu erreichen, werden arithmetische Random Walks zur Modellierung verwendet (vgl. Kapitel 2.3.2.2). Arithmetische Random Walks lassen sich durch wenige Parameter beschreiben und bilden die zunehmende Unsicherheit im Zeitverlauf ab. Dabei werden sowohl epistemische als auch aleatorische Unsicherheit berücksichtigt. Die epistemische Unsicherheit ergibt sich aus der Unsicherheitsverteilung der Ausgangswerte zum Zeitpunkt t_0. Die aleatorische Unsicherheit wird durch die Modellierung als Random Walk und dem daraus entstehenden Konfidenzintervall berücksichtigt. Dabei werden Korrelationen zwischen Einflussfaktoren durch die Kovarianz von Zufallsvariablen abgebildet. Die in diesem Kapitel einzeln modellierten Einflussfaktoren werden im nachfolgenden Kapitel 5.3.1 mittels Monte-Carlo-Simulation zu einem Alternativen-Cockpit aggregiert.

Zur stochastischen Abbildung der Einflusstreiber wird ein vierstufiges Vorgehen verwendet: Zunächst wird die Ausgangsgröße des Einflussfaktors mit seiner epistemischen Unsicherheit erfasst und als Verteilungsfunktion dargestellt. Im nächsten Schritt wird ein Prognoseverfahren für die Herleitung der Entwicklung des Erwartungswertes über den Betrachtungszeitraum gewählt. In Abhängigkeit der Prognosegüte werden anschließend die Entwicklungsparameter festgelegt. Zuletzt wird die Korrelation zu anderen Einflussfaktoren festgelegt (vgl. Abbildung 5-21).

Der Ausgangswert zum Zeitpunkt t_0 ist im Idealfall genau bekannt und die epistemische Unsicherheit somit nicht vorhanden. Da in der Realität Informationen – insbesondere für aus Rohdaten zu aggregierende Einflussfaktoren – teils aufwendig zu ermitteln sind, wird die entsprechende epistemische Unsicherheit als

Verteilungsfunktion angegeben. Die Bestimmung der Verteilung erfolgt entweder auf Basis einer Expertenschätzung oder mittels statistischer Verfahren, die auf zuvor beschaffte Daten zugreifen. Statistische Verfahren erzeugen eine höhere Objektivität, sofern die verwendeten Daten valide sind. Expertenschätzungen werden bei neuen oder einzigartigen Projekten verwendet, für die keine Datengrundlage vorliegt.[455]

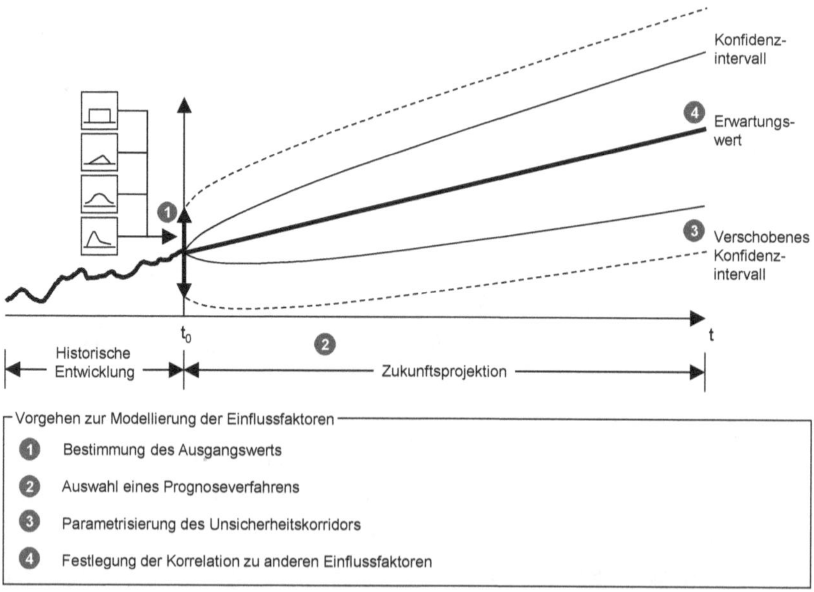

Abbildung 5-21: Abbildung einer linearen Unsicherheitsentwicklung im Zeitverlauf ohne Diskontierung

Grundsätzlich lassen sich alle in Kapitel 2.3.2.2 genannten Verteilungsfunktionen verwenden. Nachfolgend wird die Normalverteilung verwendet, da sie die häufigste Verteilungsform ist, über Erwartungswert und Varianz einfach zu beschreiben ist und geringe Eintrittswahrscheinlichkeiten weniger überschätzt als beispielsweise eine Dreiecksverteilung.[456] Für links- oder rechtsschiefe Verteilungen der epistemischen Unsicherheit eignet sich alternativ die Beta-Verteilung.[457] Sie wird im weiteren Verlauf der vorliegenden Arbeit aber nicht explizit als Formel dargestellt. Als untere

[455] Vgl. Romeike, Hager (2020) Risiko-Management 4.0, S. 157
[456] Vgl. Romeike, Hager (2020) Risiko-Management 4.0, S. 167-175
[457] Vgl. Krebs (2012) Bewertung vernetzter Produktionsstandorte, S. 71

und obere Grenze der Verteilung werden mindestens die oberen und unteren Ausgangsdaten verwendet.[458] Durch das in Kapitel 5.4 beschriebene iterative Verfahren zur Bewertung der Einflussfaktoren und die gezielte Informationsbeschaffung wird eine Überschätzung der Unsicherheit gegenüber einer Unterschätzung bevorzugt.

Im Anschluss wird je Einflussfaktor ein Prognoseverfahren gewählt, mit dem die Entwicklung des Erwartungswertes über den Betrachtungszeitraum bestimmt wird. Sofern die historische Entwicklung des Faktors vorhanden ist, eignen sich analytische Methoden wie die Zeitreihenanalyse, die Leitindikatormethode oder die Regressionsanalyse. Ist dies nicht möglich, muss auf intuitive Methoden wie die Expertenbefragung oder die Delphi-Methode zurückgegriffen werden (vgl. Abbildung 5-22). Die Entwicklung des Erwartungswertes wird als Trend in Abhängigkeit der Zeit beschrieben.

Verfahren	Verwendung eines formalen Modells	Eignung hinsichtlich der Fristigkeit	Voraussetzung
Zeitreihenanalyse	Analytisch	Kurz/mittel	Historische Daten
Leitindikatormethode	Analytisch	Kurz/mittel	Historische Daten
Regressionsmodelle	Analytisch	Kurz/mittel	Historische Daten
Expertenbefragung	Intuitiv	Kurz/mittel/lang	
Delphi-Methode	Intuitiv	Mittel/lang	

Abbildung 5-22: Prognoseverfahren zur Bestimmung der Erwartungswertentwicklung[459]

Im nächsten Schritt wird die Entwicklung der aleatorischen Unsicherheit bestimmt. Sind historische Daten des Einflussfaktors bekannt, so lässt sich die

[458] Bei Normalverteilungen können einzelne Werte theoretisch unendlich weit vom Erwartungswert abweichen. 99,73% aller Zufallswerte liegen allerdings innerhalb der dreifachen Standardabweichung (Romeike, Hager (2020) Risiko-Management 4.0, S. 557) und werden im Rahmen dieser Arbeit als „Grenze der Verteilung“ verwendet.

[459] I.A.a. Götze (2014) Investitionsrechnung, S. 24

Standardabweichung als Quadratwurzel der Varianz berechnen.[460] Ist keine historische Entwicklung bekannt, so muss die Entwicklung geschätzt werden. Dazu wird mittels Expertenbefragung ein oberer und unterer Grenzwert unter normalen Umweltbedingungen zu einem definierten Zeitpunkt in der Zukunft bestimmt.

Die Einflussfaktoren lassen sich somit als arithmetischer Random Walk erfassen.[461] Sie werden durch folgende Formel beschrieben:

Formel 5-4: Formel des arithmetischen Random Walks zur Modellierung von Einflussfaktoren mit linearem Erwartungswert

$$\boldsymbol{EF\,(t)} = \frac{\boldsymbol{x_0 + x_0 * apa * t + \sigma_e * snv1 + \sigma_a * \sqrt{t} * snv2}}{\boldsymbol{(1 + WACC)^t}}$$

Mit			
	EF (t)		Einflussfaktor zum Zeitpunkt t
	$t \in \mathbb{N}_0$		Zeitpunkt
	x_0		Ausgangswert zum Zeitpunkt t_0
	apa	[%]	Erwartete jährliche Entwicklung des Ausgangswerts
	σ_e		Standardabweichung der epistemischen Unsicherheit
	σ_a		Standardabweichung der aleatorischen Unsicherheit
	snv1		Standardnormalverteilte Zufallszahl
	snv2		Standardnormalverteilte Zufallszahl
	WACC	[%]	Gewichtete durchschnittliche Kapitalkosten

Ist der Ausgangswert x_0 genau bekannt, so liegt keine epistemische Unsicherheit vor und die Standardabweichung ist $\sigma_e = 0$. Sind die Einflussfaktoren nichtmonetär, so entfällt die Diskontierung. Der Ausgangswert und die jährliche Entwicklung lassen sich in Abhängigkeit von anderen arithmetischen Random Walks modellieren, sofern sich der Einflussfaktor aus mindestens einem anderen Einflussfaktor errechnet. Dazu werden andere Einflussfaktoren eingesetzt oder mit Faktoren verrechnet, beispielsweise durch Multiplikation.

[460] Die Definition und Berechnung von Varianz und Standardabweichung ist allgemein bekannt und hinreichend in der Literatur beschrieben, z.B. bei Rommelfanger (2006) Mathematik für Wirtschaftswissenschaftler, S. 240 f., und wird daher an dieser Stelle nicht detailliert dargestellt.

[461] Die allgemeine Formel für arithmetische Random Walks beschreiben Romeike, Hager (2020) Risiko-Management 4.0, S. 275

Sofern sich verschiedene Einflussfaktoren abhängig voneinander entwickeln, wird ihre Abhängigkeit mittels Korrelation beschrieben. Die Korrelation zwischen Einflussfaktoren wird über den Korrelationskoeffizienten ρ beschrieben. Dieser nimmt Werte von ρ = -1 bis ρ = 1 an. ρ = 1 entspricht dabei einem vollständig proportionalen, ρ = -1 einem vollständig antiproportionalen Verhalten. Bei einem Korrelationskoeffizienten von ρ = 0 sind die Einflussfaktoren unabhängig voneinander. Zur Bestimmung der Korrelationskoeffizienten sei an dieser Stelle auf weiterführende Literatur verwiesen.[462] Die Korrelationskoeffizienten von untereinander abhängigen Einflussfaktoren werden in Korrelationsmatrizen P zusammengefasst. Innerhalb eines Entscheidungsmodells können mehrere Korrelationsmatrizen vorliegen, wenn die den jeweiligen Matrizen zugeordneten Einflussfaktoren keine Korrelation mit den Einflussfaktoren der anderen Matrizen haben. Zur Berechnung der korrelierten Einflussfaktoren wird die Korrelationsmatrix P im nächsten Schritt durch eine Cholesky-Zerlegung in zwei Dreieckmatrizen L und L^T zerlegt:[463]

$$P = L * L^T$$

Die untere Dreiecksmatrix wird dann zeilenweise mit den Zufallsvariablen der zugehörigen Einflussfaktoren multipliziert. Dies sei an einem Beispiel mit drei korrelierten Einflussfaktoren EF_1, EF_2 und EF_3 verdeutlicht. Die Korrelationsmatrix setzt sich wie folgt zusammen:

$$P = \begin{pmatrix} \rho_{1,1} & \rho_{1,2} & \rho_{1,3} \\ \rho_{1,2} & \rho_{2,2} & \rho_{2,3} \\ \rho_{1,3} & \rho_{2,3} & \rho_{3,3} \end{pmatrix}$$

Die Dreiecksmatrix L ergibt sich durch Cholesky-Zerlegung zu:

$$L = \begin{pmatrix} l_{1,1} & 0 & 0 \\ l_{1,2} & l_{2,2} & 0 \\ l_{1,3} & l_{2,3} & l_{3,3} \end{pmatrix}$$

Die Einflussfaktoren errechnen sich wie folgt:

$$\boldsymbol{EF_1\ (t) = \frac{a + l_{1,1} * \sigma_a * \sqrt{t} * snv2}{(1 + WACC)^t}}$$

[462] Vgl. Krebs (2012) Bewertung vernetzter Produktionsstandorte, S. 83-86

[463] Vgl. Romeike, Hager (2020) Risiko-Management 4.0, S. 451-455, die Cholesky-Zerlegung lässt sich durch eine Kette von rekursiven Gleichungen automatisiert durchführen, auf eine ausführliche Darstellung wird daher an dieser Stelle verzichtet.

$$EF_2(t) = \frac{a + \sigma_a * \sqrt{t} * (l_{1,2} * snv2_1 + l_{2,2} * snv2_2)}{(1 + WACC)^t}$$

$$EF_3(t) = \frac{a +* \sqrt{t} * (l_{1,3} * snv2_1 + l_{2,3} * snv2_2 + l_{3,3} * snv2_3)}{(1 + WACC)^t}$$

Mit

a $= x_0 + x_0 * apa * t + \sigma_e * snv1$

$snv2_1$ = Standardnormalverteilte Zufallszahl

$snv2_2$ = Standardnormalverteilte Zufallszahl

$snv2_3$ = Standardnormalverteilte Zufallszahl

Durch die Korrelationen zwischen Zufallsvariablen wird wie bei der Projektionsbündelung im Szenario-Management der Lösungsraum um nicht plausible Ausprägungen reduziert. Das Vorgehen ist aber automatisierbar und erfordert anders als beim Szenario-Management keine aufwendige manuelle Untersuchung über Konsistenzmatrizen.[464]

5.3 Entscheidungsfindung unter Unsicherheit

In den Kapiteln 5.1 und 5.2 wurden die Grundlagen zur Beschreibung von Handlungsfaktoren und zur Ermittlung der Einflussfaktoren aufgezeigt. Auf dieser Grundlage wird in diesem Kapitel die Entscheidungsfindung unter Unsicherheit dargestellt. Der erste Teil in Kapitel 5.3.1 widmet sich der transparenten Darstellung der Alternativen mit ihrer Unsicherheit im Vergleich zueinander. Kapitel 5.3.2 beschreibt, unter welchen Voraussetzungen Alternativen sicher ausgeschlossen oder ausgewählt werden (vgl. Abbildung 5-23).

---

[464] Vgl. Gausemeier, Fink et al. (1996) Szenario-Management, S. 253 ff.

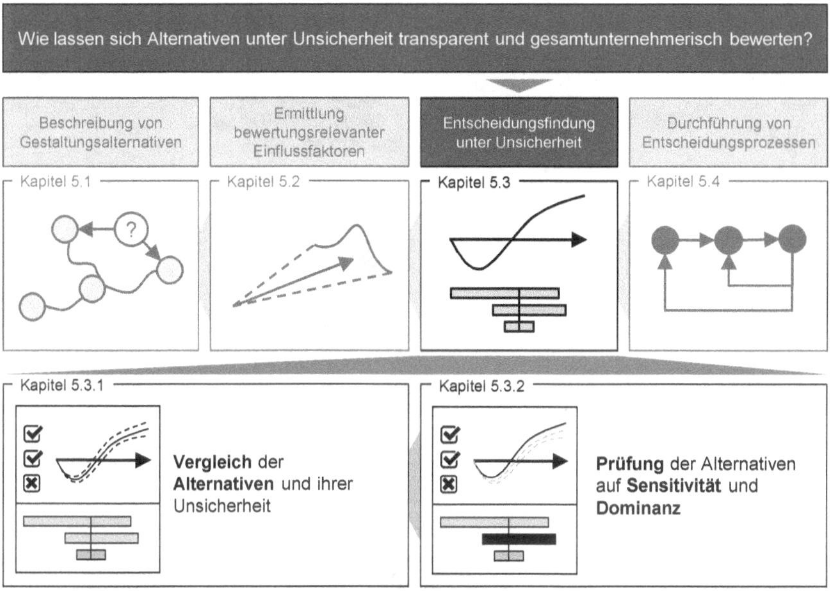

Abbildung 5-23: Übersicht der Elemente zur Bewertung von Entscheidungsalternativen unter Unsicherheit

5.3.1 Vergleich der Alternativen und ihrer Unsicherheit

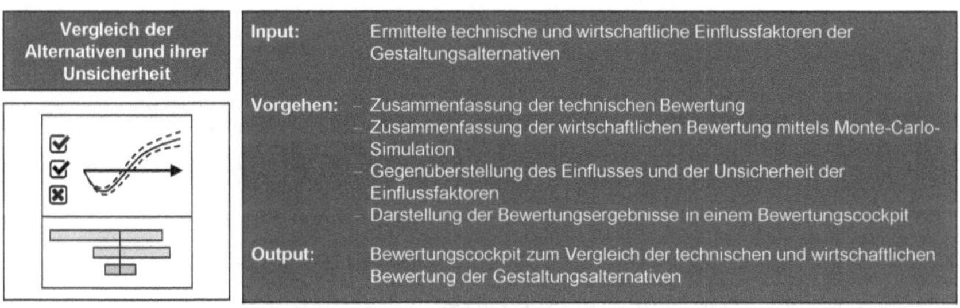

Zum Vergleich der Alternativen wird ein Bewertungscockpit aufgebaut, das die Bewertung der qualifizierenden Kriterien Qualität, Flexibilität und Zeit sowie die Bewertung der wirtschaftlichen Einflussfaktoren und ihrer Unsicherheit in einem Gesamtbild zusammenfasst (vgl. Abbildung 5-24).

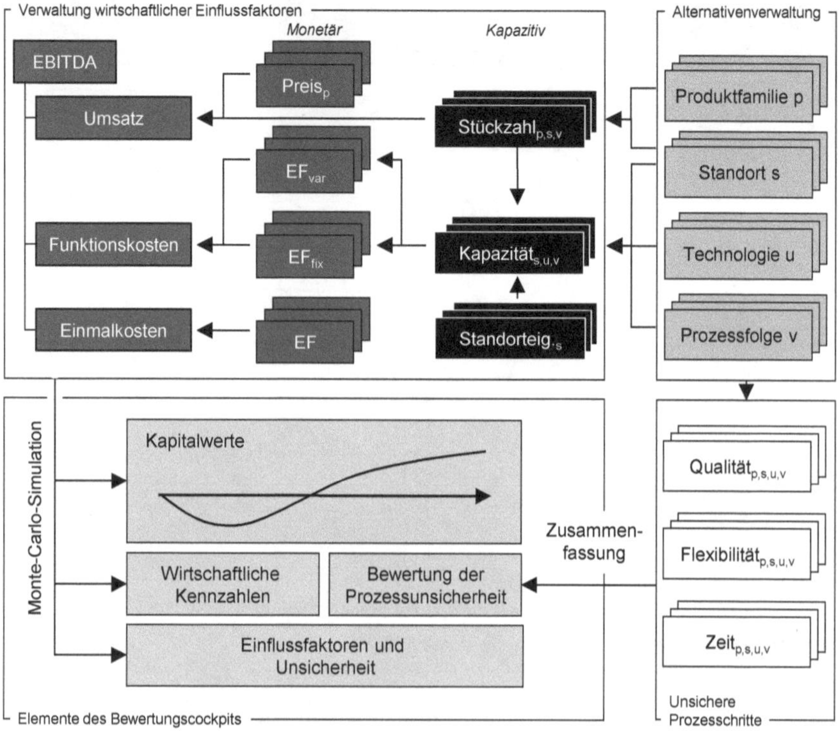

Abbildung 5-24: Aggregation von Einflussfaktoren und der Bewertung unsicherer Prozessschritte zu einem Bewertungscockpit

Durch das in Kapitel 5.1 eingeführte Modell werden Gestaltungsalternativen des Produktionsnetzwerks durch die Komponenten Produktfamilie, Standort, Technologie und Prozessfolge beschrieben. Diese Alternativen müssen im Sinne des Sand Cone Modells die qualifizierenden Faktoren Qualität, Flexibilität und Zeit ausreichend gut erfüllen, um valide zu sein. Aus Bewertungsperspektive ist dabei lediglich relevant, ob die marktseitig bestehenden Anforderungen erfüllt werden. Es gibt jedoch keinen Erfüllungsgrad, der gegen die wirtschaftliche Bewertung abzuwägen ist.

Die **qualifizierenden Faktoren** werden je Prozessschritt geprüft. Dabei findet zunächst eine Prüfung auf Unsicherheit in den Prozessschritten statt. Liegt Unsicherheit vor, werden jeweils Bewertungsmethoden angewendet (vgl. Kapitel 5.2.1 und 5.2.2). Zur Darstellung im Bewertungscockpit werden die Informationen je Prozessschritt für die

Gesamtalternative zusammengefasst. Erfüllt ein Prozessschritt einer Alternative einen qualifizierenden Faktor nicht, so ist die gesamte Alternative ungültig und wird überarbeitet oder verworfen. Der Faktor wird mit einem Kreuz markiert. Sind Prozessschritte einer Alternative noch in Untersuchung, so wird ein Fragezeichen verwendet, um den laufenden Prüfprozess aufzuzeigen. Sind alle Prozessschritte einer Alternative unkritisch oder wurden positiv bewertet, so wird der Faktor für die Alternative mit einem Häkchen versehen (vgl. Abbildung 5-26).

Die **wirtschaftlichen Einflussfaktoren** werden über Kapitalwert, Amortisationszeit und internen Zinsfuß bewertet. Die in Kapitel 5.2.4 eingeführten stochastischen Prozesse lassen sich aber nicht unmittelbar in einen Kapitalwert überführen. Zur Aggregation im Bewertungscockpit erfolgt eine Monte-Carlo-Simulation, um die numerische Ausprägung ihrer Verläufe und Konfidenzintervalle zu erfassen. Dazu werden die monetären Einflussfaktoren (vgl. Abbildung 5-24) der Alternativen vielfach berechnet.[465] Gemäß der Kapitalwertformel aus Kapitel 5.2.3 ergibt sich der jeweilige Einzahlungsüberschuss aus der Differenz des Einflussfaktors der betrachteten Alternative und der Ausgangssituation. Für eine konkrete Ausprägung m gilt damit die nachfolgende Formel. Von kapazitiven Einflussfaktoren, die in monetäre Einflussfaktoren einfließen, wird die Ausgangssituation nicht subtrahiert.

Formel 5-5: Berechnung des numerischen Ergebnisses eines Simulationslaufs m

$$x_{EF,t_{A,m}} = EF_{t,a,m} - EF_{t,AsIs,m}$$

Mit	$x_{EF,t_{a,m}}$	Numerisches Ergebnis eines Simulationslaufs m
	$EF_{t,a}$	Numerisches Ergebnis eines Simulationslaufs m eines Einflussfaktors EF einer Alternative A zum Zeitpunkt t
	$EF_{t,AsIs,m}$	Numerisches Ergebnis eines Simulationslaufs m eines Einflussfaktors EF in der Ausgangssituation zum Zeitpunkt t

[465] Im Rahmen der Validierung in Kapitel 6 wurden jeweils 10.000 Berechnungen je Einflussfaktor je Alternative zum je Zeitpunkt t vorgenommen. Weiterführende Literatur zur Auswahl der Wiederholhäufigkeit bietet Brandimarte (2014) Handbook in Monte Carlo simulation, S. 334 f.

Aus den numerischen Ausprägungen werden der Mittelwert und die Standardabweichung bestimmt. Da die verwendeten Zufallsvariablen symmetrisch sind, wird der Mittelwert als Erwartungswert interpretiert.[466] Der Mittelwert ergibt sich für einen Zeitpunkt t zu:

Formel 5-6: Berechnung des Mittelwerts eines Einflussfaktors zu einem Zeitpunkt t

$$M_{EF,t} = \frac{1}{n}\sum_{1}^{n} x_{EF,t}$$

Mit	$M_{EF,t}$	Mittelwert des Einflussfaktors zum Zeitpunkt t
	n	Wiederholhäufigkeit der Monte-Carlo-Simulation
	$x_{EF,t}$	Numerisches Ergebnis

Der Einzahlungsüberschuss einer Alternative A zum Zeitpunkt t ergibt sich aus der Summe der Mittelwerte der Einflussfaktoren.

Um die Unsicherheitsspanne der Alternativen aufzuzeigen, werden die obere und untere Grenze ihrer Wirtschaftlichkeit ermittelt. Diese errechnet sich wie zuvor definiert aus der Addition bzw. Subtraktion der dreifachen Standardabweichung zum bzw. vom Einzahlungsüberschuss zum jeweiligen Zeitpunkt. Die Standardabweichung errechnet sich als positive Quadratwurzel der Varianz. Die Varianz wird als mittlere quadratische Abweichung der einzelnen Ausprägungen zum Erwartungswert berechnet. Durch die Interpretation des Mittelwerts als Erwartungswert folgt:

Formel 5-7: Berechnung der Standardabweichung der numerischen Ergebnisse eines Einflussfaktors

$$\sigma_{EF,t} = +\sqrt{\frac{\sum_{1}^{n}(x_{EF,t} - M_{EF,t})^2}{n-1}}$$

Durch eine kumulierte Darstellung des Mittelwerts und der oberen und unteren Unsicherheitsspanne der Alternativen ergibt sich die Visualisierung der Kapitalwerte der Alternativen (vgl. Abbildung 5-26). Aus den Einzahlungsüberschüssen werden

[466] Da im Rahmen der Arbeit mit der Normalverteilung eine symmetrische Verteilung gewählt wurde, ist die Verwendung des Mittelwerts zulässig. Für nichtsymmetrische Verteilungen sollte stattdessen der Modus bestimmt werden.

außerdem Kapitalwert, Amortisationszeit und interner Zinsfuß errechnet (vgl. Kapitel 5.2.3).

Zur **Analyse der Bedeutung und Unsicherheit der Einflussfaktoren** wird eine Abwandlung des Tornadodiagramms verwendet. Tornadodiagramme stellen die Sensitivitätsfaktoren einer Entscheidung in absteigender Reihenfolge dar, wodurch sich die namensgebende Form ergibt.[467] Zur Verdichtung der Informationen wird die Darstellung im Rahmen dieser Arbeit weiter aufgeschlüsselt (vgl. Abbildung 5-26).

Auf der linken Seite werden wie beim Tornadodiagramm die Auswirkungen der Sensitivitäten auf den Kapitalwert dargestellt. Allerdings wird als Basis nicht der Kapitalwert verwendet, sondern der Betrag des Einzahlungsüberschusses des Einflussfaktors. Dadurch wird nicht nur die Spannweite der Unsicherheit, sondern auch die Gesamtbedeutung des Einflussfaktors für die Entscheidung dargestellt. Bei der Darstellung lässt sich wählen, ob sie für alle Alternativen oder ein einzelnes Szenario angezeigt wird. Die Berechnung unterscheidet sich jeweils. Für die Übersicht U aller Einflussfaktoren werden die Beträge der Mittelwerte des jeweiligen Einflussfaktors EF über alle Alternativen und den Betrachtungszeitraum aufsummiert.

Formel 5-8: Berechnung der Summe der Mittelwerte der Einflussfaktoren über den Zeitverlauf

$$U_{EF} = \sum_{1}^{a} \sum_{0}^{t} |M_{EF}|$$

Für die obere bzw. untere Grenze wird die dreifache Standardabweichung der jeweiligen Alternative addiert bzw. subtrahiert:

Formel 5-9: Berechnung der oberen bzw. unteren Grenze der Übersicht der Einflussfaktoren über den Zeitverlauf

$$U_{EF_{min/max}} = \sum_{1}^{a} \sum_{0}^{t} |M_{EF} \pm 3 * \sigma_{EF}|$$

Aus dem unteren und oberen Grenzwert ergibt sich der Unsicherheitskorridor UK des Einflussfaktors. Für die Analyse der Einflussfaktoren einer einzelnen Alternative entfällt die Summierung über die Alternativen.

[467] Vgl. Spetzler (2016) Decision quality, S. 99 f.

Auf der rechten Seite des modifizierten Tornadodiagramms wird der Unsicherheitskorridor in aleatorische und epistemische Unsicherheit unterteilt. Dazu wird die Monte-Carlo-Simulation (MCS) ein zweites Mal durchgeführt, allerdings ohne epistemische Unsicherheit (d.h. $\sigma_e = 0$ für alle EF). Die Anzahl der Wiederholungen n ist in beiden Fällen gleich. Durch den Vergleich der Streuung der numerischen Ergebnisse wird der prozentuale Anteil der aleatorischen Unsicherheit an der Gesamtunsicherheit bestimmt. In Abbildung 5-25 sind die Ergebnisse der beiden Simulationsläufe für einen Einflussfaktor nach Größe sortiert dargestellt.

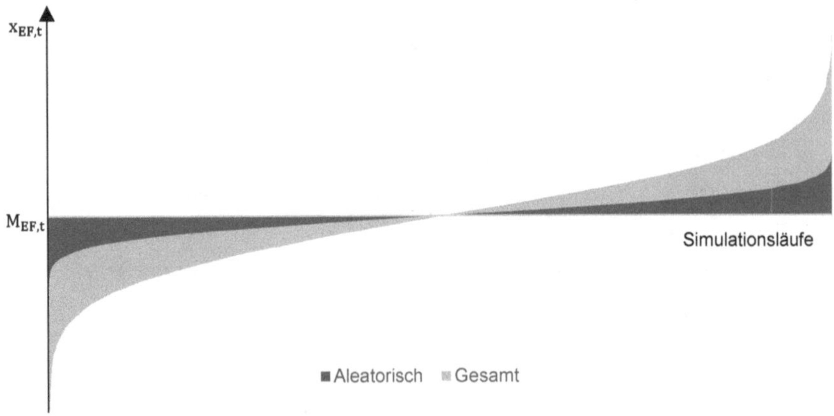

Abbildung 5-25: Überlagerung der numerischen Ergebnisse der rein aleatorischen und der gesamtheitlichen MCS eines Einflussfaktors zu einem Zeitpunkt t

Durch die gleiche Anzahl an Wiederholungen lässt sich die Unsicherheit jeweils als Flächeninhalt interpretieren. Dabei ist die Breite der einzelnen Ergebnisse genau 1 und die Höhe entspricht der Differenz zum Mittelwert; der verbleibende Anteil entspricht der epistemischen Unsicherheit. Die Berechnung des aleatorischen Anteils des Unsicherheitskorridors UK_A erfolgt über den Quotienten der mittleren absoluten Abweichung wie in Formel 5-10 dargestellt, der verbleibende Anteil entspricht der epistemischen Unsicherheit.

Formel 5-10: Berechnung des aleatorischen Anteils am Unsicherheitskorridor

$$UK_A = \frac{\sum_1^a \sum_0^t \frac{1}{n} * \sum_1^n |x_{EF,A} - M_{EF,A}|}{\sum_1^a \sum_0^t \frac{1}{n} * \sum_1^n |x_{EF,Ges} - M_{EF,Ges}|}$$

Durch die Unterteilung wird nicht nur deutlich, wie groß der Unsicherheitskorridor in Hinblick auf die Auswirkung des Einflussfaktors auf den Kapitalwert ist. Es wird auch aufgezeigt, wie sehr die Unsicherheit durch weitere Analysen reduziert werden kann. Da die Einflussfaktoren bereits in ihrer Modellierung als arithmetische stochastische Prozesse abgezinst werden, ist eine zu starke Berücksichtigung der zunehmenden Unsicherheit in der Zukunft ausgeschlossen.

Insgesamt ergibt sich das Bewertungscockpit damit aus vier Elementen: Einer Visualisierung des Kapitalwerts mit zugehörigem Unsicherheitskorridor, einer Zusammenfassung der technischen und wirtschaftlichen Bewertungsfaktoren und einer Analyseübersicht der Entscheidungsrelevanz von Einflussfaktoren und ihrer Unsicherheit. Das Bewertungscockpit setzt sich damit wie in Abbildung 5-26 gezeigt zusammen.

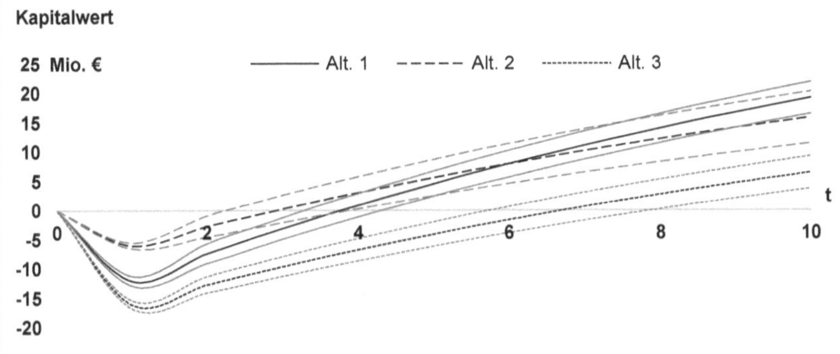

Alternative	Kapitalwert [Mio. €]	Amort.-zeit [a]	Int. Zinsfuß	Lieferzeit	Qualität	Flexibilität
Alt. A	16,2	4,6	30%	✓	✓	✓
Alt. B	11,0	4,3	33%	✓	✓	✓
Alt. C	2,7	8,2	12%	✓	✓	✓

Einflussfaktoren und Unsicherheit

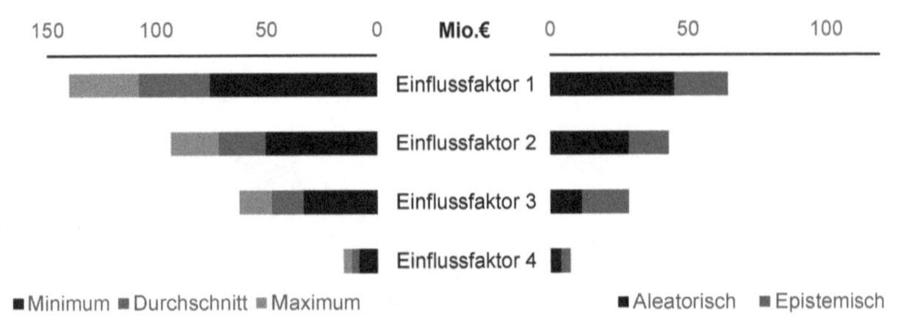

Abbildung 5-26: Bewertungscockpit mit exemplarischen Werten

5.3.2 Prüfung der Alternativen auf Sensitivität und Dominanz

Prüfung der Alternativen auf Sensitivität und Dominanz

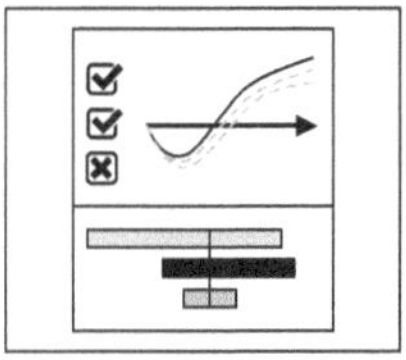

Input: Bewertungscockpit zum Vergleich der technischen und wirtschaftlichen Bewertung der Gestaltungsalternativen

Vorgehen:
- Prüfung auf Dominanz zum Ausschluss unterlegener Gestaltungsalternativen
- Sensitivitätsanalyse der Haupteinflussfaktoren zur erweiterten Dominanzprüfung

Output: Auswahl der dominanten und unterlegenen Szenarien

Das im vorherigen Abschnitt eingeführte Bewertungscockpit dient zum Vergleich von Alternativen. Zur Auswahl konkreter Alternativen werden die in Kapitel 2.3.3 vorgestellten Arten der Dominanz verwendet: absolute Dominanz, Zustandsdominanz und stochastische Dominanz. Lässt sich keine Dominanz feststellen, so müssen Alternativen weiter detailliert oder eine Entscheidung auf Basis strategischer Überlegungen getroffen werden. Diese Optionen werden in Kapitel 5.4.4 separat beschrieben.

Absolute Dominanz liegt vor, wenn eine Alternative zu jedem Zeitpunkt im schlechtesten Szenario besser als eine andere Alternative im besten Szenario ist. Absolute Dominanz kann – sofern die technischen Bewertungskriterien erfüllt sind – direkt aus der Visualisierung der Kapitalwertentwicklung abgelesen werden.

Gleiches gilt bei **Zustandsdominanz**, die vorliegt, wenn eine Alternative immer mindestens gleich gut und zusätzlich in mindestens einem Zustand besser abschneidet als eine andere Alternative. Alternative 3 in Abbildung 5-26 wird von Alternative 1 und Alternative 2 absolut dominiert.

Stochastische Dominanz, also ein höherer Erwartungswert bei allen Zustandsszenarien, lässt sich dagegen nicht sofort ablesen. Hierzu wird eine Sensitivitätsanalyse der Einflussfaktoren angewendet. Dabei wird untersucht, wie stark sich eine Extremausprägung einzelner Einflussfaktoren auf die jeweiligen Alternativen auswirkt.

Für die Sensitivitätsanalyse wird untersucht, wie stark sich die Einflussfaktoren zwischen den Szenarien unterscheiden. Dazu wird ein Differenzierungsfaktor DEF bestimmt. Dieser ergibt sich aus der Modifizierung der Berechnung für die Übersicht UEF. Anders als der Betrag wird in diesem Fall die Differenz zwischen den zwei zu untersuchenden Alternativen bestimmt, eine positive oder negative Auswirkung auf den Kapitalwert also mitberücksichtigt. Die Formel zur Errechnung des Differenzierungsfaktors D_{EF} bei zwei Alternativen A und B ergibt sich zu:

Formel 5-11: Berechnung des Differenzierungsfaktors bei zwei Alternativen

$$D_{EF} = \sum_{0}^{t} M_{EF,A} - M_{EF,B}$$

Dabei wird die in der Ausgangssituation bessere Alternative als Alternative A und die schlechtere Alternative als Alternative B beschrieben. Durch eine absteigende Sortierung der Einflussfaktoren nach D_{EF} ergibt sich eine Übersicht, welche Einflussfaktoren die Alternativen besonders stark unterscheiden. Ein positiver Differenzierungsfaktor zeigt dabei an, dass der Einflussfaktor bei Alternative A weniger Kosten oder mehr Umsatz erzeugt als bei Alternative B. Bei negativem Differenzierungsfaktor verhält es sich anders herum. Bei der nachfolgenden Berechnung der Sensitivität wird für die Einflussfaktoren mit positivem Differenzierungsfaktor das Minimum, für die Faktoren mit negativem Differenzierungsfaktor das Maximum modelliert. In Abbildung 5-27 ist dies am Beispiel der Alternativen A und B aus Abbildung 5-26 dargestellt. Alternative 2 hat den geringeren Kapitalwert. Daher wird die Ausprägung der Sensitivitäten zugunsten von Alternative B bestimmt. Sofern es Einflussfaktoren nur in der einen oder anderen Alternative gibt, wird entsprechend der günstigste bzw. ungünstigste Fall angenommen.

	Alt.A	Alt.B	D_{EF}	Ausprägung für Sensitivitätsanalyse
M_{EF1}	7,1	7,6	-0,5	Min
M_{EF2}	6,3	4,6	1,7	Max
M_{EF3}	4,0	3,0	1,0	Max
M_{EF4}	1,7	0,6	1,1	Max

Abbildung 5-27: Bestimmung der Ausprägung der Einflussfaktoren für die Sensitivitätsanalyse auf Basis des Differenzierungsfaktors

Zur Durchführung der Sensitivitätsanalyse entfällt die Zufallsvariable in der Modellierung. Die Standardabweichung wird mit dem Faktor 3 multipliziert, um den Grenzfall abzubilden. Bei einer Maximierung des Einflussfaktors wird die Abweichung addiert, bei einer Minimierung subtrahiert. Es ergibt sich folgende Formel:

Formel 5-12: Deterministische Modellierung der Grenzbereiche der Einflussfaktoren zur Szenarioanalyse

$$\boldsymbol{EF\ (t) = \frac{x_0 + x_0 * apa * t \pm 3\left(\sigma_e + \sigma_a * \sqrt{t}\right)}{(1 + WACC)^t}}$$

Sofern die Alternative A die Alternative B unter diesen Bedingungen absolut dominiert wird oder Zustandsdominanz vorliegt, so ist sie stochastisch dominant und Alternative 2 wird ausgeschlossen. Das modifizierte Tornadodiagramm zeigt die im Untersuchungsfall nicht mehr vorhandene Unsicherheit der modellierten Einflussfaktoren. Neben der Untersuchung aller Einflussfaktoren ist auch die Sensitivität einzelner Einflussfaktoren wählbar. Dazu werden nur bestimmte Einflussfaktoren deterministisch betrachtet, während die anderen Einflussfaktoren weiterhin stochastisch modelliert werden.

5.4 Durchführung von Entscheidungsprozessen

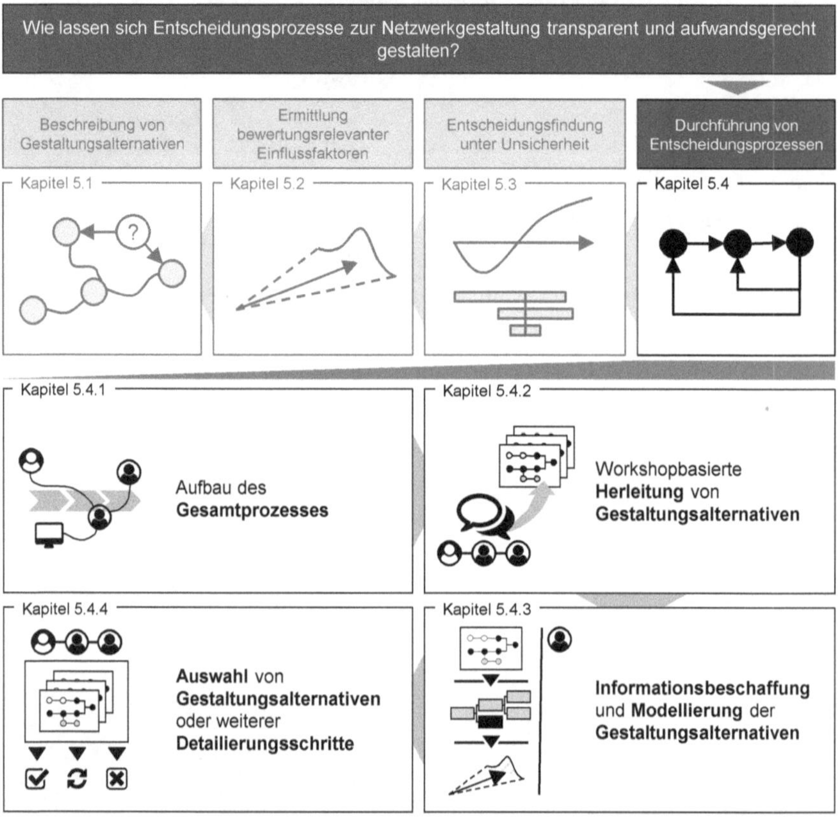

Abbildung 5-28: Übersicht der Elemente zur Durchführung von Entscheidungsprozessen

In den bisherigen Kapiteln 5.1 bis 5.3 wurden die erforderlichen Grundlagen aufgezeigt, um im Sinne der Kernidee der Arbeit einerseits detaillierte Analysen der Entscheidungssituation unter Unsicherheit zu ermöglichen. Gleichzeitig wurden durch Standardelemente die Grundlagen für einen effizienten und transparenten Entscheidungsprozess gelegt.

In Kapitel 5.4.1 wird zunächst der Gesamtprozess vorgestellt und die am Prozess beteiligten Rollen mit ihren Verantwortlichkeiten vorgestellt. Gleichzeitig wird gezeigt, an welchen Stellen ein auf Basis der in Kapitel 5.1 bis 5.3 vorgestellten Lösungselemente basierendes Softwaretool den Entscheidungsprozess unterstützt. Die daran anschließenden Unterkapitel 5.4.2 bis 5.4.4 beschreiben die einzelnen Prozessschritte der **Herleitung von Gestaltungsalternativen**, **Informationsbeschaffung und Modellierung** sowie **Auswahl von Gestaltungsalternativen** im Detail.

5.4.1 Aufbau des Gesamtprozesses

Aufbau des Gesamtprozesses

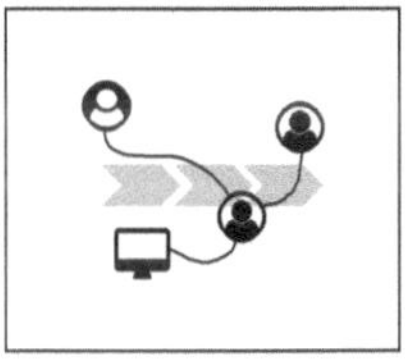

Input:	- Modell zur Beschreibung der Gestaltungsalternativen (Kapitel 5.1) - Vorgehen zur Ermittlung relevanter Einflussfaktoren (Kapitel 5.2) - Vorgehen zur Entscheidung unter Unsicherheit (Kapitel 5.3)
Vorgehen:	- Darstellung des Gesamtprozesses - Beschreibung von Rollen im Gesamtprozess - Zuordnung von Verantwortlichkeiten in den einzelnen Prozessschritten - Darstellung der Einbindung eines Softwaretools in den Gesamtprozess
Output:	Gesamtprozess zur Gestaltung von Produktionsnetzwerken mit Rollen und Verantwortlichkeiten

Der **Gesamtprozess** zur Gestaltung von Produktionsnetzwerken ist, wie in Kapitel 4.3.4 beschrieben, an agile Methoden angelehnt, wie sie in Kapitel 4.2 beschrieben werden. Er gliedert sich außerdem wie in Kapitel 4.3 gezeigt in den von SCHUH ET AL. entwickelten Referenzprozess ein. Ausgangssituation des Prozesses ist ein identifizierter Anpassungsbedarf im Produktionsnetzwerk. Beispiele hierfür sind die Nichterreichung der in Kapitel 2.2.1 genannten Ziele der Qualität, Flexibilität, Lieferzeit und Wirtschaftlichkeit für bestimmte Produkte oder Absatzregionen. Ebenso sind Vorgaben aus der Netzwerkstrategie (vgl. Kapitel 2.1.2) mögliche Auslöser einer Netzwerkanpassung. Beispiele hierfür sind Änderungen an den Vorgaben zu natürlichem Hedging oder veränderte Risikobewertungen hinsichtlich vorzuhaltender Redundanz im Netzwerk.

Aus dem formulierten Anpassungsbedarf werden im ersten Prozessschritt Workshop-basiert Anforderungen an die Gestaltungsalternativen hergeleitet. Auf Basis dieser Anforderungen werden verschiedene Alternativen formuliert. In diesem initialen Workshop wird noch keine Bewertung der Szenarien vorgenommen. Die Alternativen werden im Nachgang erforscht, indem ihre technische Realisierbarkeit untersucht wird und die Wirtschaftlichkeit der Alternativen unter Unsicherheit modelliert wird. Dieser Prozess wird im Sinne der Scrum-Methode in kurzzyklische Erarbeitungsschritte unterteilt, in denen die Unsicherheit in Hinblick auf die Alternativenbewertung schrittweise reduziert wird. Zum Abschluss der Alternativenerforschung erfolgt ein weiterer Workshop zur Bewertung der

Alternativen. Ergebnis des Workshops ist eine Modifikation der Alternativen, eine weitere Detaillierung der Modellierung durch eine weitere Erforschung der Alternativen oder die Entscheidung für eine der Alternativen. In diesem Fall geht der Prozess in eine Migrationsplanung zur Umsetzung über (vgl. Kapitel 2.1.3). Das Vorgehen ist in Abbildung 5-29 dargestellt.

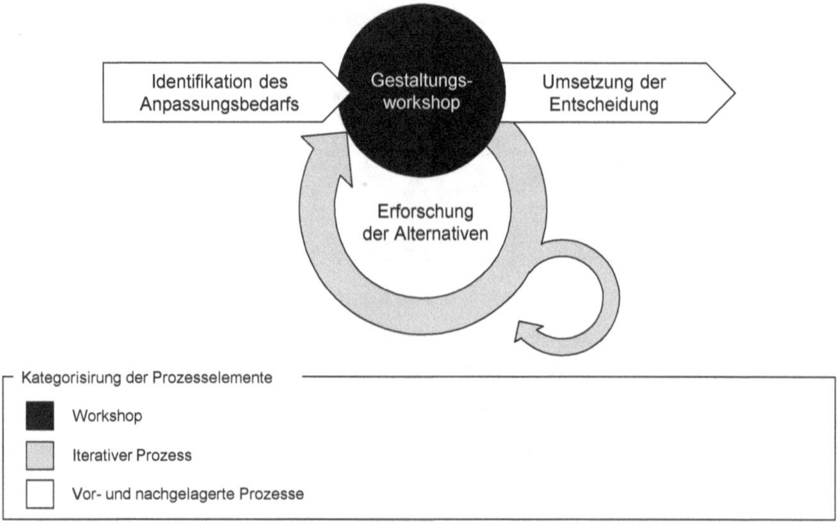

Abbildung 5-29: Iterativer Gesamtprozess zur Gestaltung von Produktionsnetzwerken[468]

Zur erfolgreichen Prozessdurchführung sind wie beim Scrum-Prozess klare **Rollen** und **Verantwortlichkeiten** notwendig. Die einzelnen Rollen werden dabei jedoch modifiziert, um die Übertragbarkeit von der Softwareentwicklung auf die Netzwerkgestaltung zu ermöglichen (vgl. Abbildung 5-30). Der Hauptunterschied besteht darin, dass nicht nur eine Person die Anforderungen an die zukünftige Gestaltung des Netzwerks vorgibt, sondern verschiedene Personen Mitsprachrecht haben. Beispielsweise Produktions-, Einkaufs- und Produktverantwortliche. Gleichzeitig soll die Vermeidung von Zielkonflikten aus dem Scrum-Prozess beibehalten werden. Die Rolle des Product Owner wird daher auf einen Entscheidungskreis übertragen, der aber genau einen Vorsitz hat. Ebenso soll der Prozess wie bei Scrum mit einem möglichst autarken Projektteam durchlaufen

[468] Eigene Darstellung in Anlehnung an Scrum Prozesse, siehe Kapitel 4.2

werden, um einerseits möglichen Geheimhaltungsanforderungen gerecht zu werden, andererseits möglichst wenige Ressourcen zu binden. Da anders als in der Softwareentwicklung aber sehr unterschiedliche Informationen zur Entscheidungsfindung benötigt werden, beispielsweise über Zölle, Lohnkosten und Bearbeitungstechnologien, muss dieser Kreis um Experten erweitert werden. Der Transfer der einzelnen Rollen aus dem Scrum-Ansatz auf den Entscheidungsprozess ergibt sich wie folgt:

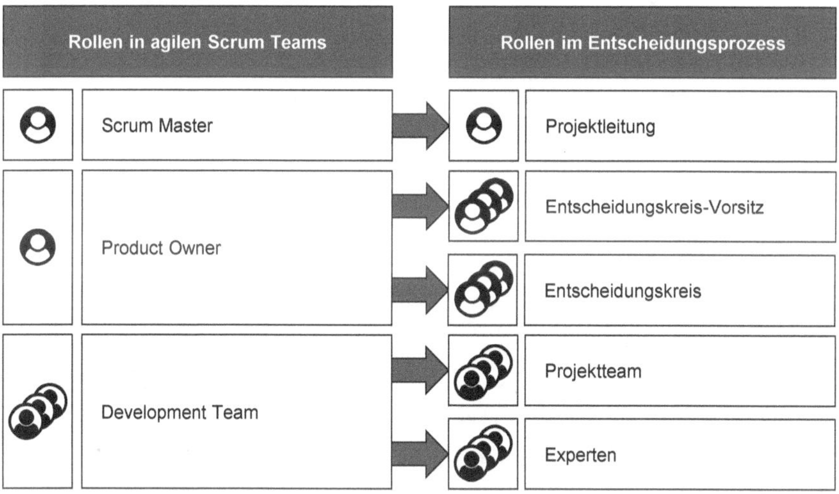

Abbildung 5-30: Transfer der Scrum-Rollen auf den Entscheidungsprozess zur Netzwerkgestaltung[469]

Die **Projektleitung** ist verantwortlich für den organisatorischen Ablauf des Entscheidungsprozesses und die Steuerung des Projektteams. Zum organisatorischen Ablauf gehören die Terminierung, Vorbereitung und Leitung der Workshops im Gesamtteam. Ebenso dient die Projektleitung während der Erforschung der Alternativen als Bindeglied zwischen Entscheidungskreis und Projektteam. Die Steuerung des Projektteams umfasst die Vermittlung der iterativen Arbeitsweise, die Priorisierung bei der Informationsbeschaffung und das Beseitigen von Hindernissen in der Informationsbeschaffung. Die Projektleitung sollte neben dem Entscheidungsprozess keine weiteren parallelen Projekte durchführen, um sich ganz

[469] Eigene Darstellung in Anlehnung an Rollen im Scrum Prozess, siehe Kapitel 4.2

auf den Entscheidungsprozess zu fokussieren. Sie kann jedoch bei genügend Zeit Aufgaben des Projektteams mit übernehmen.

Der **Entscheidungskreis** besteht aus den Personen, die für den betrachteten Bereich des Produktionsnetzwerks verantwortlich sind. Je nach Unternehmensorganisation sind dies beispielsweise:

- Produktionsvorstand
- Produktionsnetzwerkverantwortliche
- Regionalverantwortliche für den Betrachtungsbereich
- Einkaufsleitung (bei umfangreichen Make-or-Buy-Entscheidungen)
- Produkt- oder Vertriebsleitung (bei Verlagerung der Endmontage)

Aufgaben des Entscheidungskreises sind die Vorgabe strategischer Leitlinien zur Alternativenerstellung, die Plausibilisierung der Netzwerkmodellierung und die Auswahl der nächsten Schritte im Gestaltungsworkshop.

Es gibt dabei genau einen **Entscheidungskreis-Vorsitz**. Der Vorsitz ist verantwortlich dafür, dass eine im Entscheidungskreis getroffene Entscheidung in die Umsetzung übergeht. Damit einher geht die Zusammenstellung des Entscheidungskreises. Bei möglichen Zielkonflikten von Verantwortlichkeitsbereichen sollten die jeweiligen entscheidungsbefugten Personen aber Teil des Entscheidungskreises sein. Dadurch werden die Konflikte im Entscheidungsprozess diskutiert und verhindern nicht nach der Entscheidung den Übergang in die Realisationsphase. Gleichzeitig sollte der Entscheidungskreis zur Sicherstellung der Effizienz so klein wie möglich gewählt werden. Der Vorsitz weist der Projektleitung außerdem die Personen für das Projektteam zu und legt die Geheimhaltung des Projekts fest. Darüber ist geregelt, welche Experten durch das Projektteam konsultiert werden dürfen.

Das **Projektteam** arbeitet die Modelle der Gestaltungsalternativen aus. Dazu beschaffen die Mitglieder des Teams datenbasierte Informationen und befragen Experten. Die Informationen werden in einer Software zusammengetragen, sodass jederzeit eine einheitliche Informationsgrundlage für das gesamte Projektteam besteht. Auf dieser Basis bestimmt das Projektteam gemeinsam mit der Projektleitung in einem täglichen Regeltermin die Priorisierung in der Informationsbeschaffung. Im Gestaltungsworkshop informiert das Projektteam den Entscheidungskreis über den Projektfortschritt.

Die **Experten** sind nicht in den Entscheidungsprozess selbst eingebunden. Sie werden durch das Projektteam je nach Bedarf kontaktiert und liefern dem Projektteam die erforderlichen Informationen oder weitere Experten als Ansprechpersonen.

Basierend auf den in Kapitel 5.1 bis 5.3 vorgestellten Lösungselementen wird außerdem der Aufbau eines **Softwaretools** zur Unterstützung der Methodik aufgezeigt. Es besteht aus drei Schnittstellen für die Anwender: dem Alternativen-Manager, der Modellierungsumgebung und dem Bewertungscockpit. Das Konzept des Softwaretools ist in Abbildung 5-31 dargestellt. Die erforderliche Berechnungslogik wurde in den vorangegangenen Kapiteln erläutert. Die praktische Umsetzung erfolgt in der Anwendung in Kapitel 6 in Microsoft Excel. In der Reflexion der Ergebnisse in Kapitel 6.3 wird auf die potenziellen Vorteile eines eigenständigen Softwaretools eingegangen.

Der Alternativen-Manager wird zur Erstellung, Modifikation und Visualisierung der Gestaltungsalternativen verwendet und kommt in den Gestaltungsworkshops zum Einsatz. Die Modellierungsumgebung wird durch das Projektteam für die Eingabe der technischen und wirtschaftlichen Einflussfaktoren verwendet. Das Bewertungscockpit dient in der Ausarbeitungsphase zur Priorisierung der Informationsbeschaffung, bei den Gestaltungsworkshops zur Auswahl oder zum Verwerfen von Alternativen.

Der Ablauf der Gestaltungsworkshops und der Erforschung der Alternativen wird nachfolgend weiter detailliert. Die Herleitung von Gestaltungsalternativen und die Auswahl einer Alternative oder nächster Schritte erfolgen beide in den Gestaltungsworkshops. Da die Herleitung von Gestaltungsalternativen allerdings eher am Anfang und die Auswahl einer Alternative eher am Ende des Entscheidungsprozesses liegen, werden sie in gesonderten Abschnitten dargestellt.

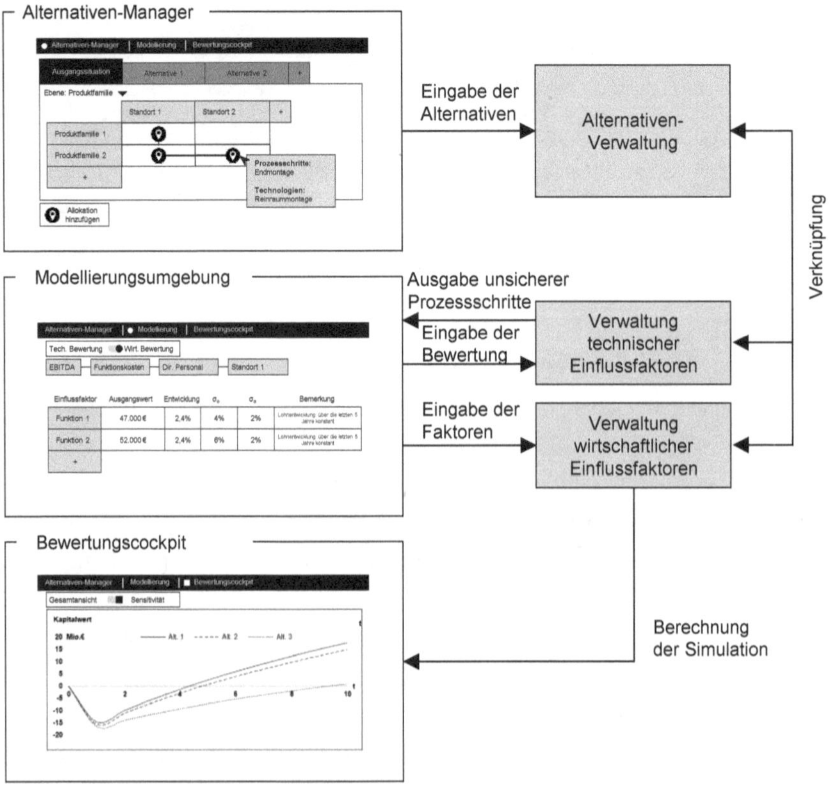

Abbildung 5-31: Architektur der Software zur Unterstützung des Entscheidungsprozesses

5.4.2 Workshop-basierte Herleitung von Gestaltungsalternativen

Workshop-basierte Herleitung von Gestaltungsalternativen

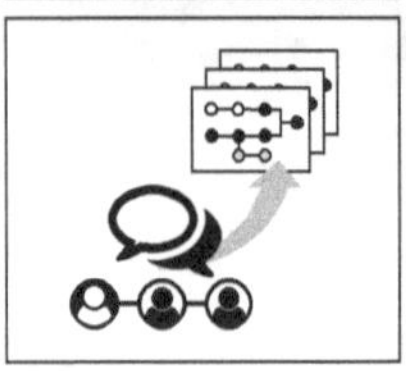

Input: Identifizierter Anpassungsbedarf im Produktionsnetzwerk

Vorgehen:
- Initiale Ableitung von Lösungsansätzen auf Basis eines identifizierten Handlungsbedarfs der Netzwerkgestaltung
- Berücksichtigung strategischer Vorgaben bei der Erstellung von Gestaltungsalternativen
- Berücksichtigung von Charakteristika zur Erstellung guter Alternativen
- Überführung der Alternativen in Softwaretool

Output: Eindeutig beschriebene Gestaltungsalternativen zur Gestaltung des Produktionsnetzwerks

Die Herleitung von Gestaltungalternativen findet zunächst in einem initialen Gestaltungsworkshop statt und wird bei Bedarf in weiteren Gestaltungsworkshops wiederholt (vgl. Kapitel 5.4.4). Das Vorgehen ist dabei gleich, der Aufwand aber bei der initialen Erstellung in der Regel größer. An der Erstellung beteiligt sind die Projektleitung, der Entscheidungskreis inkl. Vorsitz und das Projektteam (vgl. Abbildung 5-32).

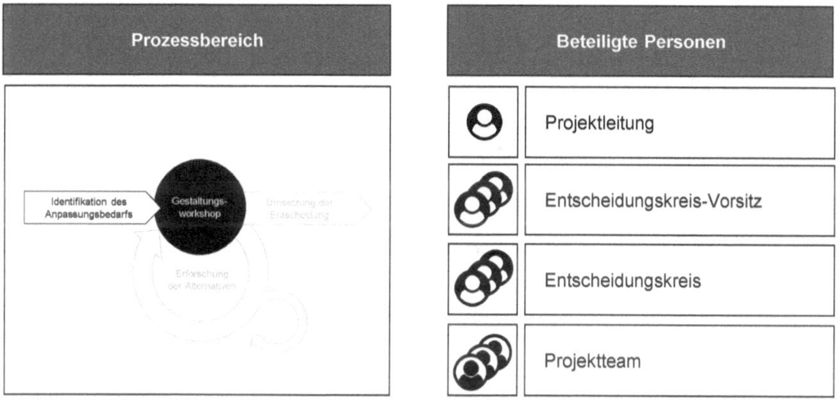

Abbildung 5-32: Einordnung der Herleitung von Gestaltungsalternativen in den Prozessbereich

Ausgangspunkt des Prozessschritts sind **identifizierte Anpassungsbedarfe** im Netzwerk. Für die zielgerichtete Herleitung von Gestaltungsalternativen ist es im ersten Schritt erforderlich, die Anpassungsbedarfe in **Lösungsansätze** zu überführen. Die Lösungsansätze werden so formuliert, dass sie eindeutige Vorgaben für die Alternativengestaltung in den vier Dimensionen des Beschreibungsmodells (vgl. Kapitel 5.1.1) darstellen. Die zu entwickelnden Alternativen müssen klar erkennbar zur Lösung beitragen. Beispiele dafür sind auf Basis der oben genannten Ursachen für Anpassungsbedarfe in Abbildung 5-33 aufgeführt.

Die Freiheitsgrade in der Gestaltung werden durch **strategische Vorgaben** eingegrenzt. Die strategischen Vorgaben allokieren bestimmte Prozessschritte als Kernkompetenzen langfristig an bestimmte Standorte. Ziel ist die langfristige Entwicklung des Netzwerks und die Reduzierung der Komplexität in der Netzwerkgestaltung. Die Kernkompetenzen werden nur im Rahmen des in Abbildung

4-2 dargestellten Strategieprozesses überarbeitet.[470] Für den Gestaltungsprozess sind sie damit verbindlich.

Identifizierter Anpassungsbedarf	Lösungsansatz
Der steigende Produktabsatz kann nicht durch bestehende Kapazitäten abgedeckt werden	Ausbau bestehender Standorte oder Aufbau neuer Standorte
Ein neues Freihandelsabkommen könnte die Produktion im neuen Binnenmarkt wirtschaftlich machen	Verlagerung von Produktionsumfängen in die Zielregion
Die Flächenproduktivität im Netzwerk sinkt seit 5 Jahren kontinuierlich	Reduktion von Produktionsflächen

Abbildung 5-33: Beispiele zur Überführung von Anpassungsbedarfen in Lösungsansätze

Die Alternativen selbst werden schließlich in einem kreativen Prozess entworfen. Dieser setzt Wissen über das betrachtete bestehende Produktionsnetzwerk bei zumindest einem Teil der Workshopbeteiligten voraus. Ist dieses Wissen nicht vorhanden, so muss der Entscheidungskreis angepasst werden oder das Produktionsnetzwerk zunächst in seiner gegenwärtigen Form erfasst und modelliert werden. Zur Prüfung des Sets an Alternativen eignen sich folgende **Charakteristika guter Alternativen** nach SPETZLER:[471]

- Die in Betracht gezogenen Lösungen enthalten auch kreative und nicht nur direkt offensichtliche und konventionelle Lösungen.
- Die Alternativen entscheiden sich signifikant voneinander.
- Die Alternativen decken einen breiten Lösungsraum ab.
- Die Alternativen bieten jeweils mindestens einen klar erkennbaren Vorteil gegenüber den anderen Alternativen.
- Die Umsetzbarkeit der Alternativen wird nicht ausgeschlossen.
- Mehr Alternativen erzeugen in der Regel bessere Lösungen. Die Zahl muss aber auf eine handhabbare Zahl beschränkt bleiben.

---

[470] Der Prozess zur Herleitung strategischer Vorgaben wird detailliert dargestellt in Schuh, Prote et al. (2018) Continuous Production Network Design

[471] Vgl. Spetzler (2016) Decision quality, S. 53 f.

Die Alternativen werden über den in Abbildung 5-34 dargestellten Alternativen-Manager in die Software zur Entscheidungsunterstützung eingetragen. Zuerst wird die Ausgangssituation auf Basis des in Kapitel 5.1 eingeführten Beschreibungsmodells modelliert. Dazu werden die betroffenen Standorte und zugehörigen Produktfamilien angelegt. Die einzelnen Prozessschritte mit zugehörigen Technologien werden auf dem in Kapitel 5.1.2 eingeführten initialen Aggregationsniveau angelegt. Kernkompetenzen werden dabei wie in Abbildung 5-34 dargestellt mit einem Kreis markiert. Jede neue Alternative wird in einem neuen Reiter angelegt. Nach erfolgter Modellierung wird der Betrachtungsbereich geprüft. Dazu werden die einzelnen Alternativen überlagert und das Vorgehen zur Auswahl des in Kapitel 5.1.2 beschriebenen Betrachtungsbereichs angewendet.

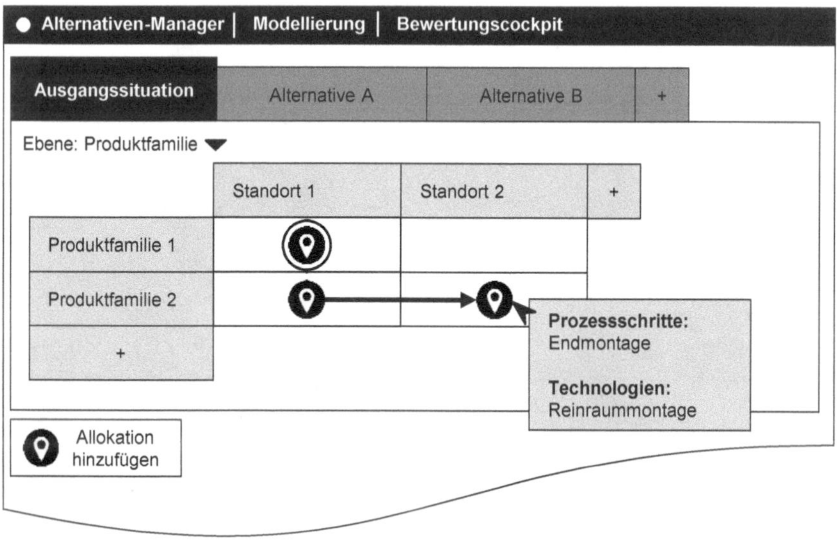

Abbildung 5-34: Tool-Ansicht Alternativen-Manager auf oberster Betrachtungsebene mit exemplarischen Eingaben

Die ausformulierten Alternativen stellen den Abschluss des ersten Gestaltungsworkshops dar. Gleichzeitig startet der Prozess zur Erforschung der Alternativen. In diesem werden die Einflussfaktoren identifiziert, zugehörige Informationen beschafft und modelliert. Das Vorgehen ist im nachfolgenden Kapitel beschrieben.

5.4.3 Informationsbeschaffung und Modellierung der Gestaltungsalternativen

Informationsbeschaffung und Modellierung der Gestaltungsalternativen

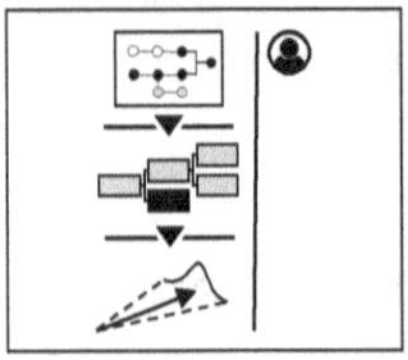

Input:	Eindeutig beschriebene Gestaltungsalternativen zur Gestaltung des Produktionsnetzwerks
Vorgehen:	– Identifikation der technisch unsicheren Prozessschritte – Durchführung von Methoden zur Bewertung der Prozessschritte – Identifikation der zur wirtschaftlichen Bewertung relevanten Einflusstreiber – Informationsbeschaffung und Modellierung der Entwicklung der Einflusstreiber und ihrer Unsicherheit mittels stochastischer Prozesse
Output:	Bewertung technisch unsicherer Prozessschritte und Modell zur wirtschaftlichen Bewertung der Gestaltungsalternativen

Die in Abbildung 5-35 dargestellte Erforschung der Alternativen ist ein zweistufig iterativer Prozess. Der längere Zyklus startet nach einem initialen Gestaltungsworkshop und führt immer wieder zu Gestaltungsworkshops, in denen die Bewertungssituation beurteilt und nächste Schritte abgeleitet werden. Der kürzere Zyklus wird täglich von Projektleitung und Projektteam durchlaufen.

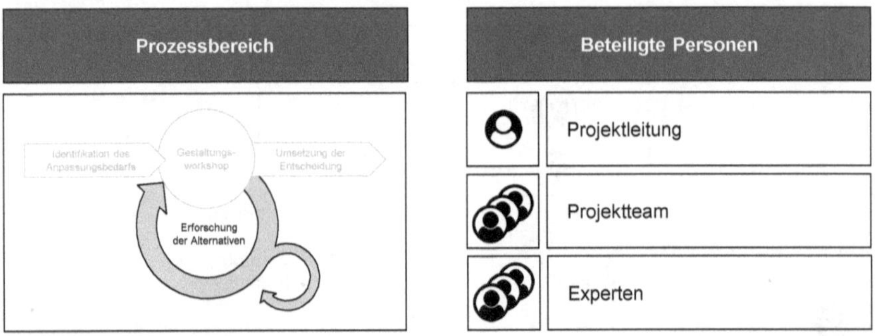

Abbildung 5-35: Einordnung der Informationsbeschaffung und Modellierung in den Prozessbereich

In einem Aufgaben-Backlog werden die zur Erarbeitung einer Entscheidungsgrundlage erforderlichen Aufgaben gesammelt. Die Aufgaben werden nach technischer und wirtschaftlicher Bewertung unterteilt. Der Backlog wird nach dem ersten Gestaltungsworkshop initial befüllt und die Aufgaben Teammitgliedern zugeordnet. Der Bearbeitungsfortschritt wird im Softwaretool dokumentiert. Dadurch steht er im nächsten Durchlauf des Zyklus als Priorisierungsgrundlage zur Verfügung. Zur visuellen Unterstützung der Priorisierung dient das in Kapitel 5.3.1 dargestellte Bewertungscockpit. Dort sind die hinsichtlich technischer Umsetzung unsicheren

Alternativen und die wirtschaftlichen Haupteinflusstreiber mit ihrer epistemischen Unsicherheit dargestellt.

Für die technische Bewertung durchläuft die Software auf Basis der modellierten Alternativen automatisiert die in Kapitel 5.2.1 beschriebene Auswahllogik zur Identifikation unsicherer qualifizierender Zielgrößen. Die ermittelten **technisch unsicheren Prozessschritte** werden im Softwaretool wie in Abbildung 5-36 dargestellt visualisiert und lassen sich durch das Projektteam bewerten. Je nach Komplexität der einzelnen technischen Bewertungen lassen sie sich im Expertengespräch beurteilen oder benötigen nach der Zuordnung in Kapitel 5.2.2 aufwendigere Bewertungsprozesse. Realisierbare Prozessschritte werden mit einem Häkchen markiert. Prozessschritte, die nicht umsetzbar sind, werden mit einem Kreuz versehen. Die zugehörigen Alternativen müssen dann im nächsten Gestaltungsworkshop modifiziert oder verworfen werden.

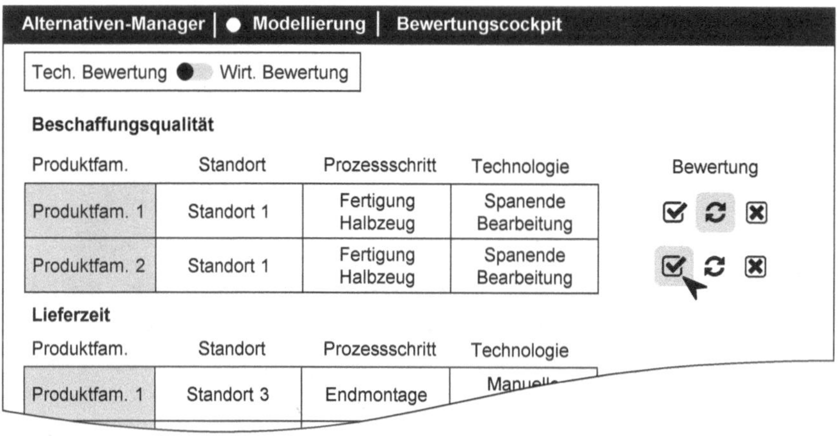

Abbildung 5-36: Tool-Ansicht Technische Bewertung mit exemplarischen Eingaben

Für die Identifikation der zur **wirtschaftlichen Bewertung** relevanten Einflussfaktoren wird zunächst die initiale Aggregation festgelegt. Dafür wird der in Kapitel 5.2.3 vorgestellte Treiberbaum soweit detailliert, dass eine erste quantitative Abschätzung der einzelnen Einflussfaktoren ermöglicht wird. Außerdem werden die kapazitiven Einflussfaktoren wie Schichtmodelle, Stückzahlen und Prozesszeiten, die zur Berechnung benötigt werden, im Softwaretool erfasst. Mittels Operatoren werden sie miteinander oder mit den wirtschaftlichen Einflussfaktoren verknüpft. Gleichzeitig werden sie den Produktfamilien, Standorten, Prozessschritten und Technologien zugeordnet (vgl. Abbildung 5-24).

Nach der initialen Modellierung erfolgt die **Informationsbeschaffung** der einzelnen Einflussfaktoren. Welche Quellen sich am besten für eine valide Bewertung heranziehen lassen, variiert je nach Unternehmen und Fragestellung. Grundsätzlich lassen sich folgende Quellen kategorisieren:[472]

- Interne Datenbanken, beispielsweise ERP Systeme mit hinterlegten Stückzahlen, Maschinenstundensätzen, Stücklisten und Sollprozesszeiten
- Externe Datenbanken, beispielsweise für Personalkosten, Zollsätze oder Grundstücks- und Baukosten
- Unternehmensinterne Experten, beispielsweise für Zollfragen, Transportkosten, Technologiepotenziale und die Aufschlüsselung indirekter Funktionen
- Unternehmensexterne Experten, beispielsweise Beratungen oder lokale Wirtschaftsförderungen

Die Informationen lassen sich dementsprechend als Datensatz beschaffen oder interview-basiert einholen. In beiden Fällen sind zur Modellierung neben dem Ausgangswert auch die jährliche Entwicklung, die Unsicherheit des Ausgangswerts und die Unsicherheit bezüglich der jährlichen Entwicklung zu bestimmen.

Bei datenbasierten Informationen lassen sich die Entwicklung und die Unsicherheiten hinsichtlich der Entwicklung aus vergangenen Verläufen extrapolieren. Hierbei ist aber zu prüfen, welcher Zeitraum geeignet ist und ob bekannte Veränderungen eine andere künftige Entwicklung plausibel erscheinen lassen. In diesem Fall muss der Unsicherheitsfaktor entsprechend groß gewählt werden, sodass alle plausiblen Szenarien durch den Unsicherheitskorridor abgedeckt sind. Ebenso lässt sich für aggregierte Einflussfaktoren die Ausgangsunsicherheit bestimmen, bei der die größte oder kleinste Ausprägung eines Datensatzes die oberen und unteren Grenzen markieren. Mittels Korrelationsanalyse lassen sich darüber hinaus die Korrelationen zwischen Einflussfaktoren bestimmen und in der Modellierung berücksichtigen. Die Prüfung wird allerdings nur durchgeführt, wenn eine plausible Kausalität vorliegt. Datenbasierte Informationen haben damit den Vorteil, die benötigten Informationen über mathematische Methoden zu bestimmen, statt sie zu schätzen. Gleichzeitig ist

[472] I.A.a. Prote (2017) Bewertung von Standortalternativen in Produktionsnetzwerken, S. 142-145

jedoch auch Erfahrungswissen im Projektteam erforderlich, um beispielsweise Entwicklungen plausibel zu ermitteln und Scheinkorrelationen zu vermeiden.

Expertenbasierte Informationen haben den Vorteil, dass das benötigte Erfahrungswissen für die kontextuale Einordnung der Informationen und die Abschätzung der Entwicklungen bei den befragten Experten liegt. Inwiefern die Aussagen der Experten aber objektiv den Sachverhalt schildern oder ein subjektives Bild aus der jeweiligen Betrachtungsposition abgeben, ist für das Projektteam nicht ersichtlich.

Die Informationen werden mit den getroffenen Annahmen im Softwaretool wie in Abbildung 5-37 dargestellt dokumentiert.

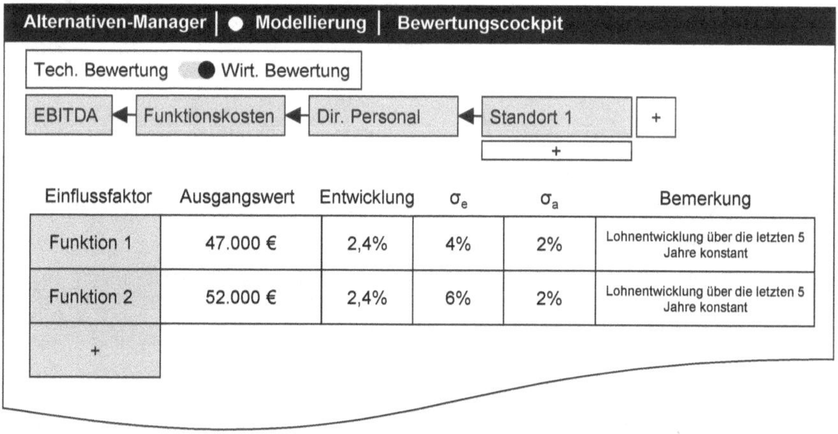

Abbildung 5-37: Tool-Ansicht Wirtschaftliche Bewertung mit exemplarischen Eingaben

Die Auswirkungen der einzelnen modellierten Einflussfaktoren sind jederzeit aus dem Bewertungscockpit ablesbar. Dadurch lassen sich die Eingaben durch das Projektteam einerseits schnell plausibilisieren und Fehleingaben identifizieren. Andererseits wird auch die Relevanz des jeweiligen Einflussfaktors auf die Entscheidungssituation deutlich. Nach einem ersten initialen Modellaufbau wird in den kurzen Iterationszyklen die Relevanz der Einflussfaktoren täglich abgewogen und die Haupteinflussfaktoren mit der größten epistemischen Unsicherheit weiter detailliert. Alternativen, die von anderen absolut oder in allen Zuständen dominiert werden, werden bis zum nächsten Gestaltungsworkshop nicht weiter detailliert. Der

Projektleitung obliegt es abzuschätzen, wann die Bewertungssituation weit genug ausgearbeitet ist, um einen Gestaltungsworkshop zur Auswahl von Alternativen oder zur Festlegung weiterer Schritte anzusetzen. Alternativ wird der Gestaltungsworkshop auch früher zur Prüfung der Annahmen angesetzt, von deren Plausibilisierung das weitere Vorgehen zur Erforschung der Alternativen abhängt.

5.4.4 Auswahl von Gestaltungsalternativen oder weiterer Schritte

Auswahl von Gestaltungsalternativen oder weiterer Schritte

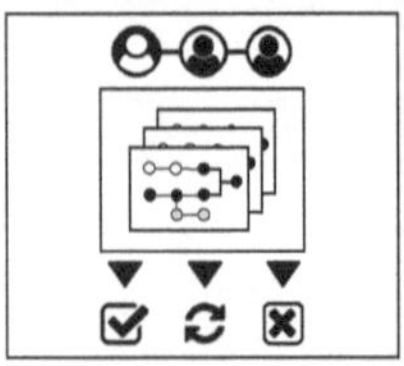

Input:	Bewertung technisch unsicherer Prozessschritte und Modell zur wirtschaftlichen Bewertung der Gestaltungsalternativen
Vorgehen:	- Vergleich der Gestaltungsalternativen mittels Bewertungscockpit - Prüfung der Alternativen auf Sensitivität und Dominanz - Identifikation dominanter Alternativen oder - Auswahl der weiter zu detaillierenden Gestaltungsalternativen und Einflussfaktoren
Output:	Auswahl einer Gestaltungsalternative oder zur Detailierung ausgewählte Gestaltungsalternativen und Einflussfaktoren

Nach Durchlauf eines Zyklus zur Erforschung der Alternativen folgt wieder der Gestaltungsworkshop. Der Teilnehmerkreis besteht wie in Abbildung 5-38 dargestellt aus der Projektleitung, dem Projektteam und dem Entscheidungskreis mit Vorsitz.

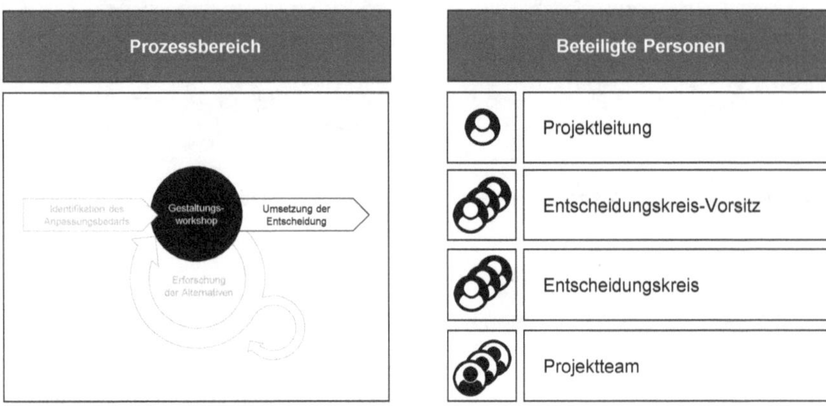

Abbildung 5-38: Einordnung der Auswahl von Gestaltungsalternativen in den Prozessbereich

Ziel der Workshops ist die Auswahl einer Alternative oder die Festlegung der nächsten Schritte. Die nächsten Schritte sind entweder eine weitere Informationsbeschaffung wie in Kapitel 5.4.3 dargestellt oder eine Überarbeitung der

Alternativen. In diesem Fall wird der Prozess aus Kapitel 5.4.2 noch einmal durchlaufen, bevor der nächste Erforschungszyklus startet.

Für den Gestaltungsworkshop wird im Kern das Bewertungscockpit benutzt, um die Alternativen wie in Kapitel 5.3.2 beschrieben und in Abbildung 5-39 dargestellt auf Dominanz zu prüfen.

Bevor die Dominanzprüfung beginnt, werden die dokumentierten Annahmen durch den Entscheidungskreis plausibilisiert und gegebenenfalls eine erneute Prüfung beauftragt oder angepasst. Sofern eine erneute Prüfung veranlasst wird, werden die Unsicherheitsparameter des Einflussfaktors erhöht, um die Unsicherheit zu berücksichtigen und trotzdem eine Fortführung des Workshops zu ermöglichen.

Im nächsten Schritt werden Alternativen unter folgenden Voraussetzungen ausgeschlossen:

- Sie werden von mindestens einer technisch realisierbaren Alternative absolut oder durch Zustandsdominanz dominiert
- Sie erfüllen mindestens ein qualifizierendes Bewertungskriterium nicht
- Sie erfüllen bei der wirtschaftlichen Bewertung nicht die Vorgaben des Unternehmens

Ist genau eine Alternative übrig, so wird diese ausgewählt. Ist keine Alternative übrig, so geht der Workshop in die Gestaltung neuer oder die Modifizierung bestehender Alternativen über.

Sind mehrere Alternativen übrig, so wird mittels Sensitivitätsprüfung untersucht, ob eine Alternative den anderen in allen Szenariozuständen über- oder unterlegen ist. In diesem Fall lassen sich weitere Alternativen verwerfen oder, sofern bei genau einer Alternative stochastische Dominanz vorliegt, zur Umsetzung auswählen. Ist dies nicht der Fall, findet eine weitere Informationsbeschaffung statt, um die epistemische Unsicherheit weiter einzugrenzen. Ist klar erkennbar, dass aufgrund der aleatorischen Unsicherheit keine stochastische Dominanz zwischen zwei oder mehr den anderen überlegenen Alternativen zustande kommen kann, so muss eine unsichere Entscheidung getroffen werden. Ein solcher Fall ist in Kapitel 6.1 dargestellt.

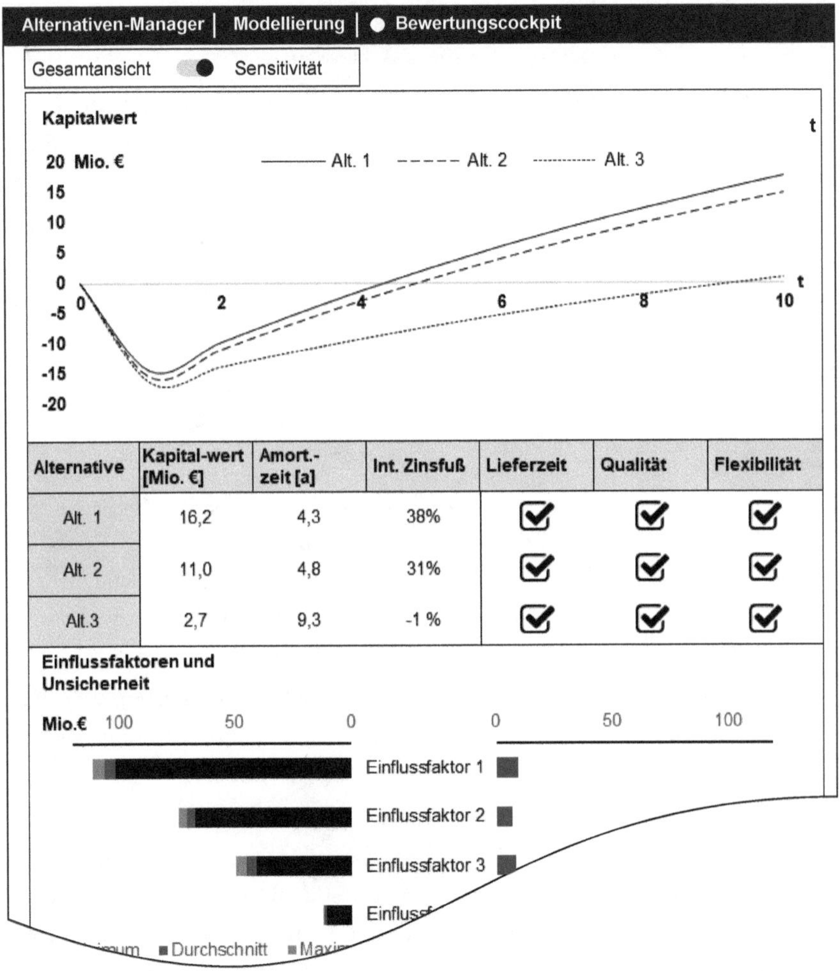

Abbildung 5-39: Tool-Ansicht Bewertungscockpit im Sensitivitätsmodus mit exemplarischen Werten

5.5 Zwischenfazit

Im vorliegenden Kapitel wurde das in Kapitel 4 hergeleitete Grobkonzept einer Gestaltungsmethodik für aufwandsgerechte Entscheidungsprozesse zur Gestaltung von Produktionsnetzwerken ausdetailliert.

In Kapitel 5.1 wurden zunächst die Elemente hergeleitet, die zu einer gleichzeitig aufwandsarmen und eindeutigen Beschreibung von Produktionsnetzwerken benötigt werden. Die Elemente wurden in einem Beschreibungsmodell zusammengefasst, das ausgehend von einem initialen Aggregationsniveau eine beliebig tiefe, schrittweise ausbaubare Detaillierung erlaubt. Gleichzeitig wurden Regeln zur Festlegung des Betrachtungsbereichs abgeleitet. Durch diese wird sichergestellt, dass die Auswirkungen auf das Gesamtunternehmen erfasst werden.

Im darauffolgenden Kapitel 5.2 wurden die bewertungsrelevanten Einflussfaktoren als Verknüpfung zwischen den Bewertungsdimensionen und den Alternativen eingeführt. Durch eine Trennung in technische und wirtschaftliche Bewertung wird eine Vermischung unterschiedlicher Bewertungsdimensionen vermieden.

Bei der technischen Bewertung steht die Erfüllung von Kundenanforderungen hinsichtlich Qualität, Zeit und Flexibilität im Vordergrund. Durch eine Auswahllogik wurde aufgezeigt, wie sich technisch unsichere Prozessschritte aus dem Vergleich der Alternativen mit der Ausgangssituation automatisierbar ableiten lassen. Den identifizierten Prozessschritten wurden Methoden zugeordnet, mittels derer, abhängig von der Komplexität der Fragestellung, effizient die technische Realisierbarkeit ermittelt wird.

Die Wirtschaftlichkeit ist die unternehmensinterne Optimierungsgröße unter Berücksichtigung der Kundenanforderungen. Die wirtschaftlich relevanten Einflussfaktoren werden von einem Treiberbaum abgeleitet. Dadurch wird sichergestellt, dass alle relevanten Faktoren berücksichtigt werden. Gleichzeitig bietet das Vorgehen die Möglichkeit, von einer aggregierten Kosten- und Umsatzbetrachtung stückweise die Einflussfaktoren zu detaillieren, die den größten Einfluss und die größte Unsicherheit in Hinblick auf die Entscheidung haben. Zur Abbildung der Unsicherheit werden stochastische Prozesse verwendet, deren Unsicherheit in der Ausgangssituation die epistemische und die Unsicherheit hinsichtlich der Trendentwicklung die aleatorische Unsicherheit beschreiben. Durch die Abbildung der Korrelation von Einflussfaktoren werden Projektionsbündel im Sinne der Szenariotechnik erstellt, um plausible Zukunftsszenarien zu erstellt.

In Kapitel 5.3 wurden die einzelnen Einflussfaktoren und Bewertungsdimensionen in einem Bewertungscockpit zusammengefasst. Dazu wird die technische Bewertung je Alternative dargestellt und die wirtschaftlichen Zielgrößen für den Erwartungswert der stochastischen Prozesse ermittelt. Gleichzeitig wird der Kapitalwert über den Zeitverlauf mit seinem Unsicherheitskorridor visualisiert. Durch ein abgewandeltes Tornadodiagramm werden außerdem die Haupteinflussfaktoren mit ihren Sensitivitätsbereichen und die Aufschlüsselung der Unsicherheit transparent gemacht. Diese Darstellung ermöglicht die zielgerichtete Priorisierung von Detaillierungsschritten und einen objektiven Vergleich von Alternativen. Durch Sensitivitätsanalysen lassen sich die einzelnen Alternativen außerdem unter verschiedenen potenziellen Umweltzuständen vergleichen.

Die zuvor beschriebenen Elemente fließen in Kapitel 5.4 in einen an agile Methoden angelehnten Gestaltungsprozess ein, der durch ein Softwaretool unterstützt wird. Der Prozess selbst ist in Gestaltungsworkshops und eine iterative Erforschung der Alternativen unterteilt. In den Gestaltungsworkshops werden Alternativen entwickelt und nach Durchlauf der Erforschungsphasen die Bewertungssituation beurteilt. Je nach Ausgangslage werden die Alternativen modifiziert, weitere Erforschungsphasen angestoßen oder eine Alternative ausgewählt. Der Erforschungsprozess selbst besteht vor allem aus der Beschaffung von Informationen und der Modellierung der Alternativen. Die Reihenfolge der Informationsbeschaffung wird durch Analyse der Einflussrelevanz und Unsicherheit der Einflussfaktoren im Bewertungscockpit kurzzyklisch im Projektteam besprochen und modifiziert. Die Modellierung erfolgt dazu einheitlich in dem vorgeschlagenen Softwaretool. Durch das Vorgehen wird Unsicherheit in der Entscheidungssituation systematisch abgebaut, um schnellstmöglich fundierte Entscheidungen zu ermöglichen.

Das Vorgehen wird im nachfolgenden Kapitel 6 anhand von zwei Beispielen angewendet und kritisch reflektiert.

6 Anwendung und Reflexion der Ergebnisse

Die in Kapitel 4 eingeführte und in Kapitel 5 detaillierte Gestaltungsmethodik zur Erstellung aufwandsgerechter Entscheidungsprozesse zur Netzwerkgestaltung wird gemäß dem Forschungsprozess nach ULRICH nachfolgend angewendet und kritisch reflektiert.[473] Da die Methode für verschiedene Formen der Netzwerkgestaltung geeignet sein soll, wird sie in zwei Situationen, einer Standortauswahl und einer Überarbeitung der Netzwerkstruktur, angewendet. Bei beiden Anwendungen handelt es sich um industrielle Forschungsprojekte, an welchen der Autor als externer Projektpartner beteiligt war. Sowohl die in Kapitel 6.1 beschriebene Standortauswahl bei einem Automobilzulieferer als auch die in Kapitel 6.2 dargestellte Überarbeitung der Netzwerkstruktur eines Werkzeugmaschinenherstellers unterliegen einer Geheimhaltung der Unternehmen und werden daher anonymisiert dargestellt. Die Anonymisierung beinhaltet den Verzicht auf eine ausführliche Beschreibung der Unternehmen, die teilweise Abwandlung der Standorte und Länder sowie der Maschinen- und Personalkosten. Die Darstellungen entsprechen aber im Verhältnis dem realen Sachverhalt. Die kritische Reflexion der Methode in Kapitel 6.3 wird durch die anonymisierte Darstellung nicht beeinträchtigt.

In den beiden betrachteten Anwendungen erfolgte die Umsetzung des in Kapitel 5 eingeführten Softwaretools in Microsoft Excel 2016. Die sich daraus ergebenden Unterschiede zu einer eigenständigen Softwareanwendung, insbesondere in Hinblick auf die Anwendung der Monte-Carlo-Simulation, werden in der kritischen Reflexion berücksichtigt.

[473] Vgl. Ulrich, Dyllick et al. (1984) Management, S. 193

6.1 Anwendung der Methodik bei der Standortauswahl eines Automobilzulieferers

In diesem Kapitel wird die Anwendung der Methodik für die Standortauswahl eines international tätigen Automobilzulieferers beschrieben. Dazu werden die initiale Ausgangssituation und die Anwendung der Methodik dargestellt. Die Anwendung der Methodik richtet sich nach dem in Kapitel 5.4 dargestellten Gesamtprozess. Dabei wird an einzelnen Stellen des Prozesses ausführlicher auf die Elemente zur Beschreibung und Bewertung der Entscheidungssituation aus den Kapiteln 5.1 bis 5.3 eingegangen.

6.1.1 Ausgangssituation

Der international tätige Automobilzulieferer ist auf die Herstellung von KFZ-Karosserieteilen spezialisiert und beliefert verschiedene OEMs.[474] Das Unternehmen ist von einem OEM angefragt, ein Angebot für die Herstellung von verschiedenen Elementen aus dem Bodenbereich der Karosserie einer neuen Mittelklasse-Limousine abzugeben. Die Elemente bestehen aus einzelnen Pressteilen, die verschweißt und anschließend im OEM-Werk zur Karosserie zusammengesetzt werden. Der OEM gibt dabei vor, dass das Verschweißen der Elemente nicht weiter als 50 km von den Werken des OEM in Hamburg, Budapest und Kapstadt stattfinden darf, um eine Just in Time Anlieferung sicherzustellen.[475] Für die Pressteile selbst gibt es keine Standortvorgaben. Allerdings sollen die Teile für alle Werke mit dem gleichen Werkzeugsatz bearbeitet werden. Dezentrale, lokale Presswerke sind dadurch ausgeschlossen.

Der OEM verpflichtet sich zur Abnahme einer vorgegebenen Stückzahl an Karosserieteilen über die Laufzeit von zwei Fahrzeuggenerationen, in Summe 16 Jahre. Der Automobilzulieferer hat noch keine für das Angebot geeignete Netzwerkstruktur. Aufgrund von Laufzeit und Volumen der Anfrage wäre das Unternehmen aber bereit, die notwendige Infrastruktur aufzubauen. Die Standorte der erforderlichen Montagewerke zum Verschweißen der Karosserieteile sind durch

[474] Unter einem Original Equipment Manufacturer (OEM) wird in der Automobilindustrie ein Automobilhersteller verstanden und damit begrifflich von Zulieferern abgegrenzt.

[475] Bei einer Just in Time Belieferung wird die Ware exakt zum vom Abnehmer gewünschten Zeitpunkt bereitgestellt. In der Regel kommt die Ware dann ohne Lagerung direkt in den Produktionsprozess.

die OEM-Vorgaben vorgegeben. Das Presswerk soll kostenoptimal allokiert werden. Dabei soll auch geprüft werden, inwiefern ein aktuell nicht komplett ausgelastetes Presswerk im Raum Köln genutzt werden kann (vgl. Abbildung 6-1).

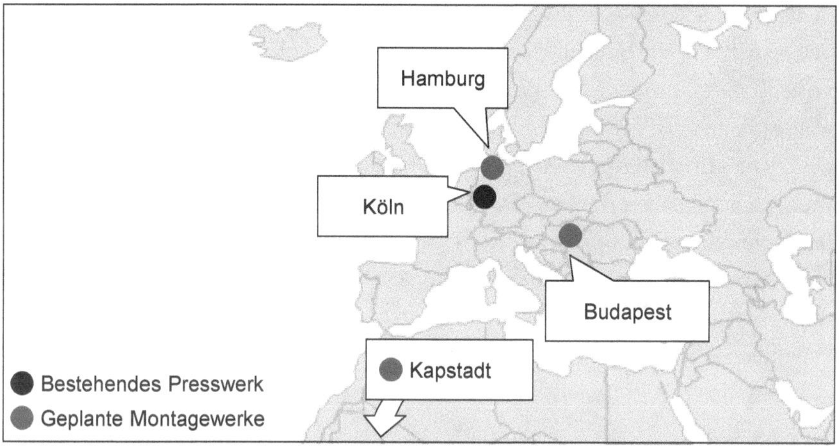

Abbildung 6-1: Übersicht bestehender und geplanter Werke in der Ausgangssituation

6.1.2 Anwendung der Methodik

Zur **Vorbereitung des ersten Gestaltungsworkshops** werden zunächst der Entscheidungskreis und das Projektteam zusammengesetzt. Entscheidungskreis-Vorsitz ist der Managing Direktor für die Regionen Europa und Südafrika. Daneben ist der Produktionsverantwortliche für Europa Teil des Entscheidungskreises. Projektleitung und Projektteam werden unternehmensextern durch ein industrielles Forschungsprojekt hinzugezogen und durch einen Mitarbeiter aus der Produktionsplanung ergänzt, der für die Kontaktherstellung zwischen Projektteam und Experten sowie für die Bereitstellung von Daten zuständig ist.

Im **initialen Gestaltungsworkshop** werden die Alternativen zur Allokation des Presswerks erarbeitet. Zielstellung ist die Identifikation und Auswahl des kostengünstigsten Standorts. Zur Identifikation der Alternativen werden zunächst für die Hauptkostenblöcke Investition, Rohmaterial, Produktion und Transport die jeweils günstigsten Alternativen abgeschätzt. Als Standort mit den niedrigsten Investitionen wird Köln vermutet, da hier teilweise bestehende Infrastruktur, wie Hallenbereiche und bestehende Fundamente, genutzt werden können. Der Preis des benötigten Stahls ist in Europa nahezu identisch und daher kein Differenzierungskriterium. Energie- und Lohnkosten sind in Osteuropa niedriger als in Deutschland. Aus dieser Perspektive wird ein an das geplante Montagewerk in Budapest angeschlossenes Presswerk als Alternative aufgenommen. Hinsichtlich der Transportkosten ist Hamburg der günstigste Standort, da dort die meisten Elemente verbaut werden sollen. An dem Standort in Kapstadt dagegen sind im Verhältnis wenige Fahrzeuge geplant, weshalb Kapstadt als Standort nicht weiter untersucht wird. Die Alternativen werden im Software-Tool modelliert. Dabei werden alle Produkte zunächst der Produktfamilie „Pressteile" zugeordnet. Die Bearbeitungsschritte werden in der ersten Iteration nicht weiter untergliedert und je Alternative komplett an den Standort angesiedelt. Da die Produktfamilie heute nicht existiert, wird keine Ausgangssituation modelliert. Technologisch ist nicht klar, ob die Teile über Warm- oder Kaltumformen gefertigt werden können. Daher werden sie zunächst unter „Umformen" zusammengefasst. Das Resultat ist in Abbildung 6-2 dargestellt.

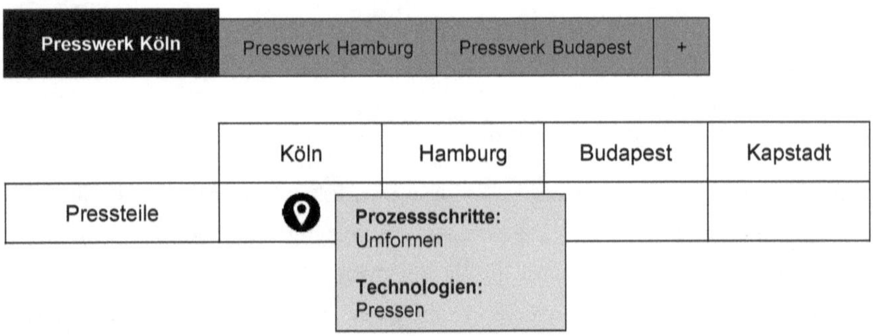

Abbildung 6-2: Übersicht der Allokationsalternativen

Die drei **Alternativen** „Köln", „Hamburg" und „Budapest" werden nachfolgend vom Projektteam **erforscht**. Dazu werden zunächst die technisch unsicheren Prozessschritte identifiziert. Da keine Ausgangssituation vorliegt, die verglichen werden könnte, gelten zunächst alle Alternativen durch die Auswahllogik als unsicher. Daher werden im ersten Schritt Experten aus Einkauf, Produktion und Logistik hinzugezogen, um die Prozessschritte jeweils auf Unsicherheiten zu bewerten. Seitens Einkauf bestehen keine Bedenken, da im Automobilbereich handelsübliche Stähle verbaut werden sollen. Das Unternehmen baut regelmäßig neue Standorte in Europa auf. In allen drei potenziellen Standorten existiert bereits

Automobilindustrie im Umfeld. Bedenken aus dem Bereich der Fabrikplanung bestehen daher nicht. Die genaue Auswahl der Umformart ist für die einzelnen Teile aufgrund ihrer anspruchsvollen Geometrie aber unklar. Daher werden externe Technologieexperten hinzugezogen, die neben der Auswahl der Umformart auch für die wirtschaftliche Bewertung die Anzahl der erforderlichen Hübe je Bauteil ermitteln. Die Logistik wird aufgrund der langfristigen Abnahmeprognosen seitens des OEM und der Erfahrung des Unternehmens mit der Handhabung von Karosserieteilen als unkritisch bewertet. Der Experte wird gleichzeitig auch bezüglich einer Schätzung der Transportkosten befragt. Die Erforschung der technischen Machbarkeit ist damit abgeschlossen.

Zur wirtschaftlichen Bewertung werden zunächst die relevanten Haupteinflussfaktoren auf Basis des Treiberbaums bestimmt (vgl. Abbildung 6-3). Der Umsatz ist für alle drei Szenarien gleich, da der mit dem OEM vereinbarte Preis unabhängig vom Standort des Presswerks ist. Bei den Funktionskosten werden als Fixkosten Transport und direktes Personal unterschieden. Außerdem werden die Betriebskosten der Maschinen nicht weiter unterteilt und zunächst den variablen Kosten zugeordnet. Die Transporte sind jeweils von den produzierten Stückzahlen abhängig, Betriebs- und Personalkosten von der Zahl der benötigten Schichten. Die Berechnung der Stückzahlen und der Kapazitäten auf Basis der Standorteigenschaften und Maschinenkapaziäten im Softwaretool ist in Abbildung 9-2 dargestellt. Die Stückzahlen werden als Random Walks mit einer konstanten aleatorischen Unsicherheit von 10% modelliert. Bei den Umformpressen wird davon ausgegangen, dass die Hubgeschwindigkeit über die Laufzeit gleichbleibt. Störungen werden über einen OEE-Faktor berücksichtigt Es wird davon ausgegangen, dass aufgrund der hohen Zahl an Gleichteilen und den damit verbundenen niedrigen Rüstaufwänden eine OEE von 80% erreicht werden kann. Die OEE wird als zeitunabhängige Normalverteilung mit 70% und 90% als oberer und unterer Grenze modelliert. Die Personalkosten unterscheiden sich außerdem je Standort. Bei den Betriebskosten wird zunächst keine Unterteilung, beispielsweise für Energie- oder Flächenkosten, vorgenommen. Die Aspekte werden jedoch mit einer entsprechend großen epistemischen Unsicherheit berücksichtigt. Es werden keine Korrelationen abgebildet.

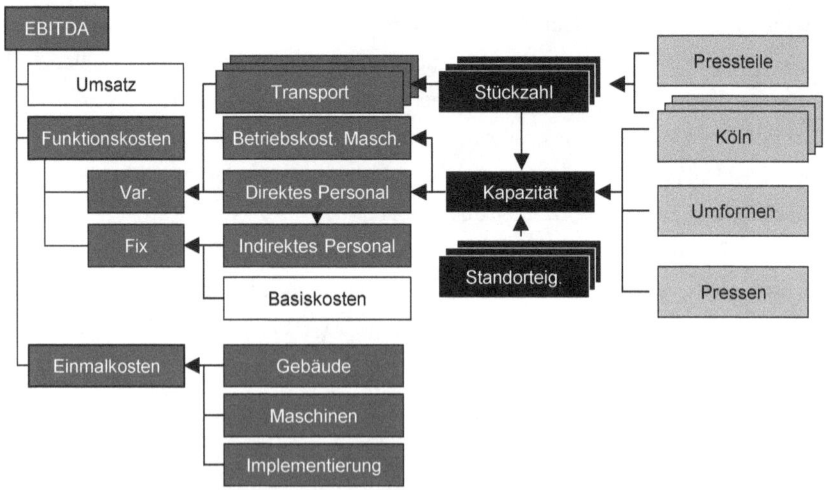

Abbildung 6-3: Treiberbaum mit wirtschaftlichen und kapazitiven Einflussfaktoren

Bei den Fixkosten werden nur produktionsnahe indirekte Funktionen berücksichtigt. Das Presswerk wird jeweils an eine bestehende Produktion angeschlossen. Die Standortbasiskosten werden daher nicht als differenzierender Einflussfaktor berücksichtigt. Das indirekte Personal wird in der ersten Iteration im Verhältnis zu den direkten Personalkosten modelliert. Auch hier wird eine entsprechend große epistemische Unsicherheit modelliert.

Bei den Einmalkosten wird zwischen Gebäude, Maschinen und Implementierung unterschieden. Die Gebäudekosten enthalten alle notwendigen Arbeiten am Gelände, das Errichten, die Gebäudetechnik und die Einrichtung. Es werden Referenzwerte je Quadratmeter verwendet. Für die Investitionskosten der Maschinen werden Referenzwerte verwendet, die den Aushub des für die Pressen notwendigen Fundaments und den Aufbau beinhalten. Als Implementierungskosten werden 20% der Gebäude- und Maschinenkosten als Richtwert angenommen. Der Wert basiert auf den Erfahrungen vergangener Projekte des Unternehmens und enthält Aspekte wie den Hochlauf der Produktion und das Anlernen von Personal. Die Modellierung der Einflussfaktoren im Tool mit den konkreten Zahlenwerten ist in Abbildung 9-3 dargestellt.

Auf Basis der Modellierung wird die Monte-Carlo-Simulation des Modells durchgeführt. Dabei werden die Berechnungen einmal ohne und einmal mit Berücksichtigung der Ausgangsunsichereit berechnet. Jeder Einflussfaktor wird zu jedem Zeitpunkt 10.000-mal berechnet. Ein Auszug ist in Abbildung 9-4 zu sehen. Je Alternative entstehen dadurch 2.040.000 numerische Werte, die im Bewertungscockpit zusammengefasst werden.

Aus den modellierten Einflussfaktoren ergibt sich das in Abbildung 6-4 dargestellte Bewertungscockpit, das als Grundlage des zweiten Gestaltungsworkshops dient.

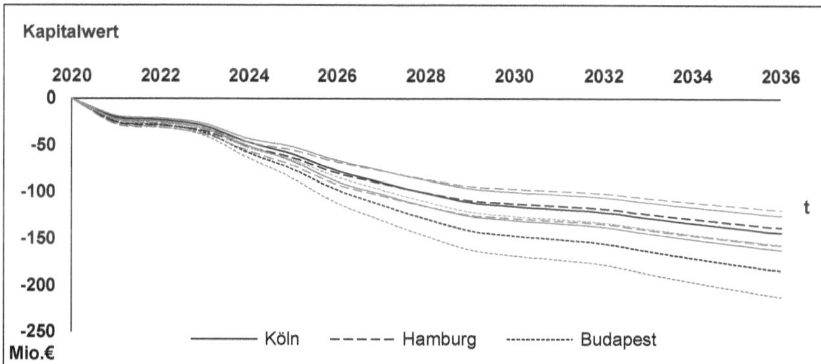

Alternative	Kapitalwert [Mio. €]	Amort.-zeit [a]	Int. Zinsfuß	Lieferzeit	Qualität	Flexibilität
Köln	-145,6	-	-	☑	☑	☑
Hamburg	-140,0	-	-	☑	☑	☑
Budapest	-186,7	-	-	☑	☑	☑

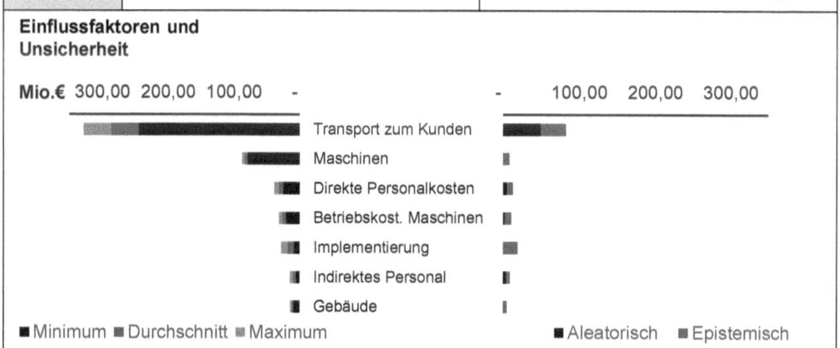

Abbildung 6-4: Bewertungscockpit zu Beginn des zweiten Gestaltungsworkshops

Das Bewertungscockpit im Softwaretool ist in Abbildung 9-5 abgebildet. Da der Kapitalwert für die neuen Produkte nicht mit einem bestehenden Netzwerk abgeglichen wird und die Umsätze durch den Verkauf der Pressteile nicht berücksichtigt werden, ist der Kapitalwert für alle Szenarien negativ. Er entspricht den abgezinsten Auszahlungen über den betrachteten Zeitraum. Dementsprechend amortisiert sich die Rechnung nicht. Es wird nach der Alternative mit dem kleinsten negativen Kapitalwert gesucht.

Die Analyse der Einflusstreiber und ihrer Unsicherheit ergibt, dass die Transportkosten den mit Abstand größten Einfluss auf die Entscheidungssituation haben, gefolgt von den Investitionen in die Maschinen und den direkten Personalkosten. Die Transportkosten weisen gleichzeitig die größte Unsicherheit auf.

Der Vergleich der Alternativen zeigt, dass Budapest von den Alternativen Köln und Hamburg beinahe absolut dominiert wird. Grund sind die im Verhältnis höchsten Transportkosten. Zum finalen Ausschluss der Alternative wird daher auf stochastische Dominanz geprüft.

Dazu wird der Einflussfaktor „Transport zum Kunden“ mit der niedrigsten berücksichtigten Entwicklung und dem niedrigsten berücksichtigten Startwert ausgewählt. Da vermutet wird, dass sich die Transportkosten in Europa ähnlich entwickeln, werden sie für die Sensitivitätsanalyse nicht weiter unterteilt. Dadurch ergibt sich das in Abbildung 6-5 gezeigte Bewertungscockpit. Die Unsicherheit der Transportkosten beträgt aufgrund der deterministischen Modellierung 0. Budapest als Standortalternative bleibt unter diesen Umständen in der langfristigen Perspektive am teuersten und wird ab 2024 stochastisch dominiert. Als Resultat wird die Alternative ausgeschlossen. In der nächsten Runde der Alternativenerforschung werden nur noch Köln und Hamburg in Betracht gezogen.

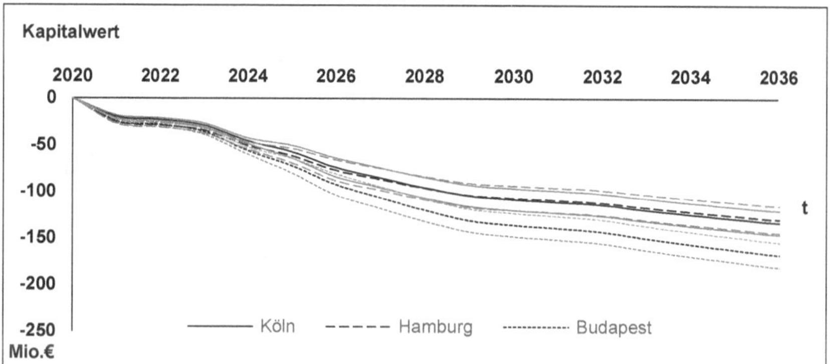

Alternative	Kapitalwert [Mio. €]	Amort.-zeit [a]	Int. Zinsfuß	Lieferzeit	Qualität	Flexibilität
Köln	-134,8	-	-	✓	✓	✓
Hamburg	-131,1	-	-	✓	✓	✓
Budapest	-169,6	-	-	✓	✓	✓

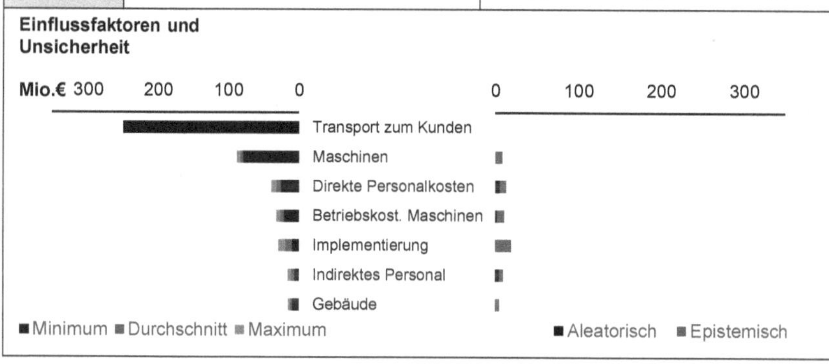

Abbildung 6-5: Bewertungscockpit mit Sensitivitätsanalyse der Transportkosten

Zur weiteren Untersuchung der beiden verbleibenden Alternativen werden die Einflussfaktoren mit der höchsten epistemischen Unsicherheit weiter detailliert. Dazu wird beim Umformen zwischen Warm- und Kaltumformen unterschieden. Die Implementierung wird anhand einer Roadmap geplant und weiter detailliert. Ebenso wird das direkte und indirekte Personal weiter aufgeschlüsselt. Durch die Detaillierung wird das in Abbildung 6-6 dargestellte Bewertungscockpit erzeugt. Es zeigt sich jedoch, dass aufgrund der hohen aleatorischen Unsicherheit der Transportkosten kein dominantes Szenario identifiziert werden kann. Der

Entscheidungskreis beschließt daher im dritten Gestaltungsworkshop, die Alternative „Köln" zu wählen, da sie geringere Investitionskosten hat und damit vermutlich zu einer schnelleren Amortisation führt. Auf Basis der Entscheidung und der damit verbundenen Produktionskosten reicht der Automobilzulieferer sein Angebot beim OEM ein. Am weiteren Angebotsprozess und einer möglicherweise erfolgten Umsetzung der Gestaltungsalternative war der Autor nicht mehr beteiligt.

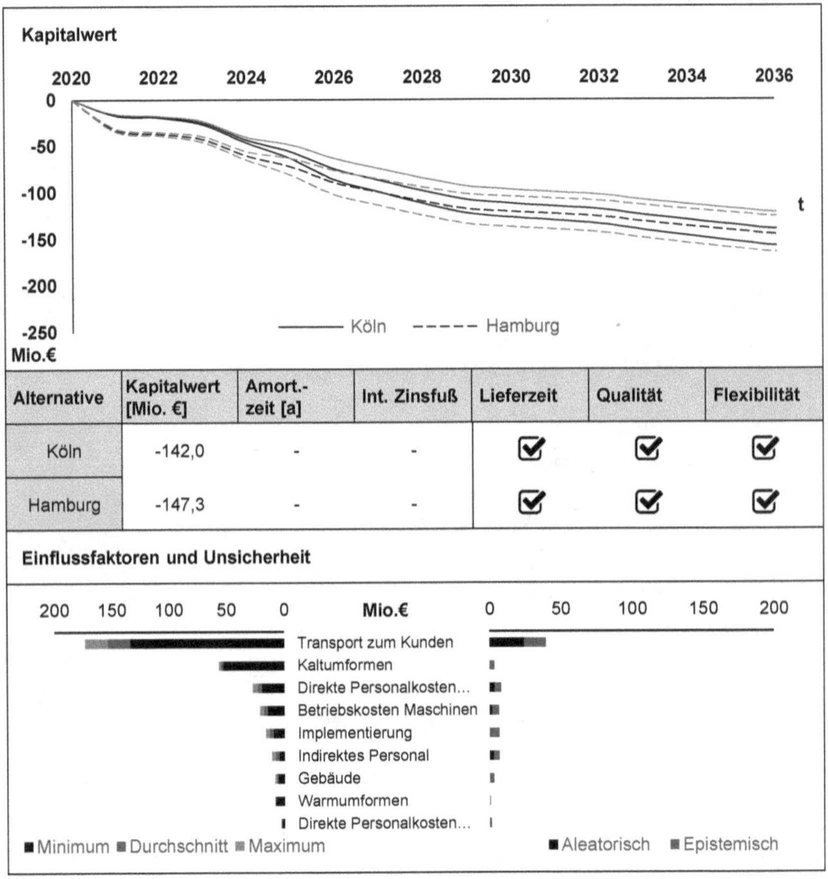

Abbildung 6-6: Bewertungscockpit zu Beginn des dritten Gestaltungsworkshops

6.2 Anwendung der Methodik bei der Überarbeitung der Netzwerkstruktur eines Werkzeugmaschinenherstellers

Das nachfolgende Kapitel beschreibt die Anwendung der Methodik im Rahmen einer Überarbeitung der Netzwerkstruktur eines Werkzeugmaschinenherstellers. Wie im Kapitel 6.1 untergliedert sich die Beschreibung in die Darstellung der Ausgangssituation und die Anwendung entlang des in Kapitel 5.4 beschriebenen Prozesses.

6.2.1 Ausgangssituation

Ein international tätiger Werkzeugmaschinenhersteller hat in den vergangenen 30 Jahren sein Netzwerk in Deutschland und dem benachbarten Umland durch Zukäufe und Standorteröffnungen stetig erweitert. Abbildung 6-7 stellt diese Werke dar. Die einzelnen Standorte wurden nicht zentral koordiniert, wodurch historisch gewachsene Strukturen entstanden sind. Interne Analysen des Herstellers haben ergeben, dass im Laufe der Zeit Überkapazitäten im Netzwerk entstanden sind, die in den nächsten Jahren nicht durch Umsatzwachstum genutzt werden können.

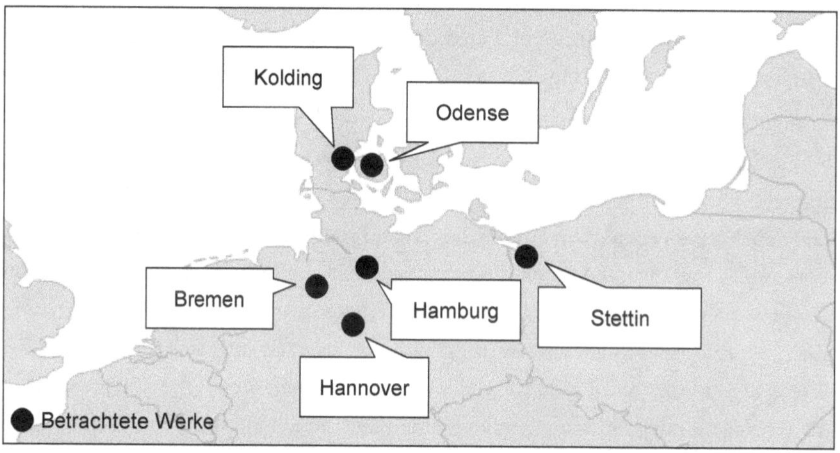

Abbildung 6-7: Übersicht der Standorte im Betrachtungsbereich

Um die Überkapazitäten abzubauen, soll die Netzwerkstruktur überarbeitet werden. Im ersten Zuge wurden dazu bestimmte Prozessschritte als Kernkompetenzen an Standorten festgelegt. Diese sollen im Rahmen der Netzwerkanpassung nicht verändert werden. Die Kernkompetenzen umfassen vor allem die Endmontagen der

Werkzeugmaschinen. Dazu kommen ausgewählte, technisch anspruchsvolle Prozessschritte. Die Werke in Hamburg, Hannover und Bremen werden dadurch nicht grundsätzlich infrage gestellt. Vom Standort Stettin sollen außerdem keine Produkteumfänge an andere Standorte verlagert werden, eine Allokation von Prozessschritten nach Stettin ist aber möglich und präferiert. Eine weitere Restriktion gibt vor, dass Prozessschritte nur an Standorte verlagert werden sollen, an denen die zum Einsatz kommende Technologie bereits angewendet wird. Dadurch sollen Skaleneffekte sichergestellt werden. Alternativ zur Verlagerung an andere Standorte ist auch der Zukauf durch externe Lieferanten, da es sich bei den Bauteilen und Prozessschritten nicht um Kernkompetenzen handelt.

6.2.2 Anwendung der Methodik

Das Projektteam und der Entscheidungskreis werden in **Vorbereitung auf den ersten Gestaltungsworkshop** bewusst als kleiner Kreis festgelegt, da das Projekt vertraulich ist und gleichzeitig eine gute Informationsgrundlage zu den betrachteten Produktionsprozessen und Transportkosten vorliegt. Der Entscheidungskreis besteht allein aus dem Produktionsverantwortlichen für die Region Europa. Das Projektteam setzt sich aus zwei unternehmensexternen und zwei unternehmensinternen Mitgliedern zusammen. Eines der beiden externen Projektmitglieder übernimmt die Projektleitung.

Im **initialen Gestaltungsworkshop** werden die Produktfamilien gebildet und ihre aktuelle Allokation, wie in Abbildung 6-8 gezeigt, dargestellt. Die Produktfamilien sind dabei keine Produktfamilien im Sinne von Produkten für Endabnehmer, sondern Vormontageumfänge, die an die Endmontagen in Hamburg, Bremen und Hannover geschickt werden. Der Transport an die Endmontagestätten ist nicht abgebildet, wird aber in der wirtschaftlichen Bewertung berücksichtigt. Es zeigt sich, dass bis auf den Werkzeugschlitten alle Produktfamilien an genau einem Standort gefertigt werden. Als Aggregationsniveau wird festgelegt, die zum Einsatz kommenden Technologien als Prozessschritte zu modellieren, jedoch keine genauere Unterteilung vorzunehmen. Daraus folgt die Unterteilung wie am Beispiel der Werkzeugschlitten in Abbildung 6-8 detailliert und in Abbildung 6-10 dargestellt. Als Betrachtungszeitraum werden zehn Jahre festgelegt.

Als nächstes werden im Gestaltungsworkshop die Alternativen hergeleitet. Bei Odense und Kolding ist jeweils das gesamte Produktprogramm Teil der Untersuchung. Daher soll in einer Alternative „Maximal" die Verlagerung beider Standorte untersucht werden. Dabei werden insbesondere Verlagerungen nach Stettin präferiert. Sofern die erforderlichen Technologien nicht in Stettin vorhanden sind, erfolgt die Verlagerung an einen anderen Standort im Netzwerk oder soll extern vergeben werden. Es ergibt sich das in Abbildung 6-9 gezeigte Bild.

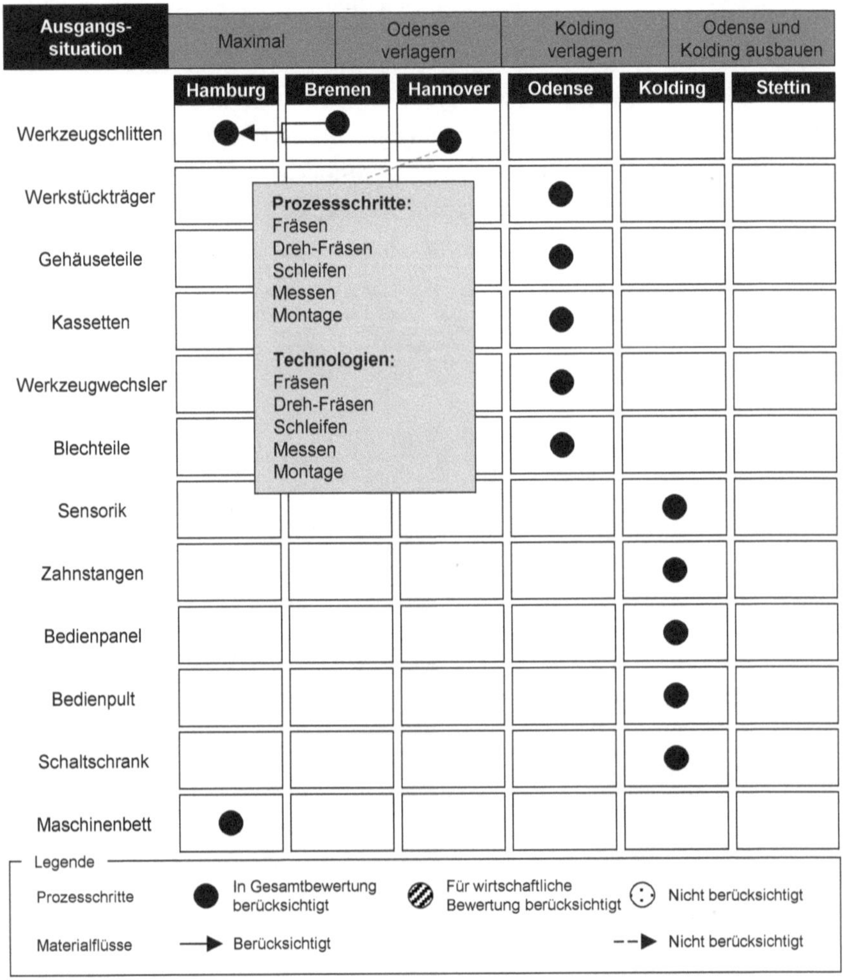

Abbildung 6-8: Allokation der betrachteten Produktfamilien in der Ausgangssituation

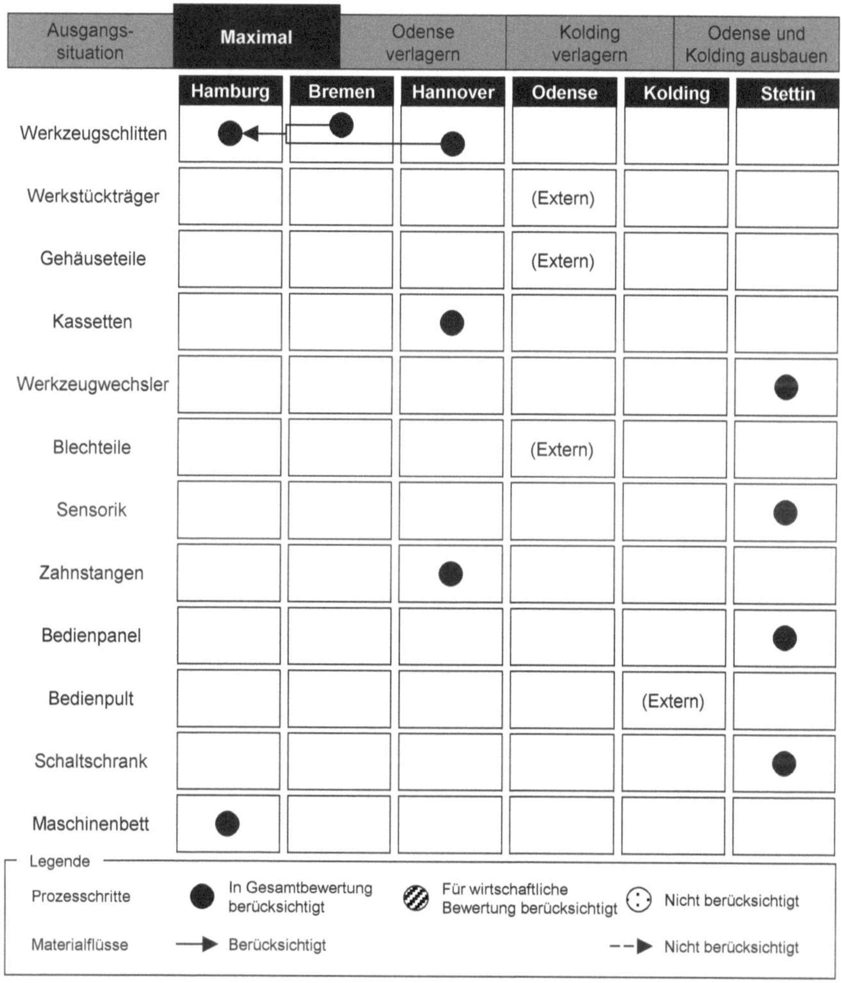

Abbildung 6-9: Allokation der betrachteten Produktfamilien in der Alternative Maximal

Als weitere Alternativen kommen die Verlagerung von Odense oder Kolding auf die anderen Standorte in Betracht (vgl. Abbildung 9-6 und Abbildung 9-7). In beiden Fällen werden die Produktumfänge soweit möglich auf die anderen Standorte verteilt und nur die Produktfamilien nach extern vergeben, die nicht intern abgedeckt werden können oder als unrentabel eingeschätzt werden.

Als vierte Alternative wird die Verlagerung von Produktfamilien nach Odense und Kolding in Betracht gezogen (vgl. Abbildung 9-8). Hierdurch würden beide Werke als interne Zulieferwerke gestärkt und eine stärkere Trennung zwischen Vor- und Endfertigung vorgenommen. Die Standorte Hamburg, Bremen und Hannover würden bei dieser Alternative Umfänge abgeben und ihre Strukturen entsprechend verschlanken.

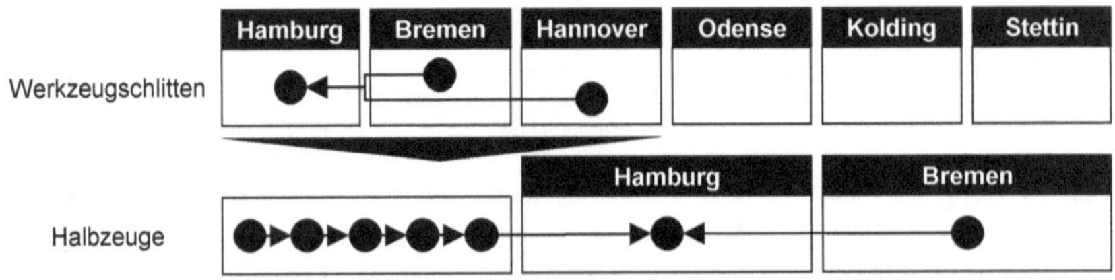

Abbildung 6-10: Detaillierung der Prozessschritte für die Produktfamilie „Werkzeugschlitten" auf der Produktionssegment-Ebene

Nachdem die Alternativen festgelegt wurden, startet die **Erforschung der Alternativen**. Technisch unsichere Prozessschritte werden nicht identifiziert. Es ist allerdings unklar, ob die Standorte, die Produktfamilien aufnehmen, genug Fläche haben, um die Kapazitäten abzubilden. Dazu wird auf Basis der Ist-Arbeitsstunden eine grobe Betriebsmittelplanung durchgeführt, um die Anzahl der je Szenario benötigten Maschinen zu ermitteln. Auf Basis der bestehenden Layouts wird abgeglichen, ob eine räumliche Unterbringung der zusätzlich benötigten Maschinen möglich ist. Dies ist für alle vier Alternativen der Fall.

Die wirtschaftliche Bewertung stützt sich vor allem auf die Maschinenstundensätze der einzelnen Technologien. Die aktuellen Herstellkosten sind bekannt. Für die Verlagerung werden die durchschnittlichen Maschinenstundensätze der Technologien an den Standorten verwendet und die Maschine mit dem günstigsten bzw. teuersten Maschinenstundensatz als untere bzw. obere Grenze der epistemischen Unsicherheit aufgefasst. Für die Entwicklung wird die Entwicklung der Lohn- und Energiekosten aus den letzten Jahren per Regressionsanalyse fortgeschrieben und als Anteil auf die entsprechenden Lohn- und Energieaspekte im Maschinenstundensatz aufgefasst. Die im Maschinenstundensatz enthaltenen Kostendeckungsbeiträge für die Standortbasiskosten werden herausgerechnet. Die Standortbasiskosten werden als eigener Fixkostenblock modelliert. Die Transporte werden anhand der bestehenden Transportkosten und der Anzahl an erforderlichen Fahrten auf den neuen Routen abgeschätzt. Die Entwicklung wird ebenfalls per Regressionsanalyse aus den vergangenen Jahren fortgeschrieben. Die aleatorische Unsicherheit wird auf Basis der Prognosegüte des Regressionsmodells abgeschätzt. Die Zukaufteile werden durch den Einkaufsleiter auf Basis vergangener Angebotsanfragen in einem Workshop abgeschätzt und mit einer zunehmend größeren epistemischen Unsicherheit modelliert, je älter die Angebote sind. Als Einmalkosten werden auf der einen Seite die Veräußerung der Grundstücke, auf der anderen Seite Kosten für die Produktionsverlagerung berücksichtigt. Es ergibt sich die in Abbildung 6-11 dargestellte Aufschlüsselung der Kostentreiber. Da es sich nicht um Endprodukte handelt, bleibt der Umsatz für alle Alternativen unverändert. Korrelationen zwischen den wirtschaftlichen Einflussfaktoren werden nicht angenommen. Das Kapazitätsmodell rechnet auf Basis der gewichteten durchschnittlichen Bearbeitungszeit die Bearbeitungszeiten. Gleichzeitig wird die minimale und maximale Abweichung der Bearbeitungszeit ermittelt. Die Bearbeitungszeit je Technologie und Standort wird damit selbst als stochastischer Prozess aufgefasst und fließt als Einflussfaktor in den Maschinenstundensatz ein.

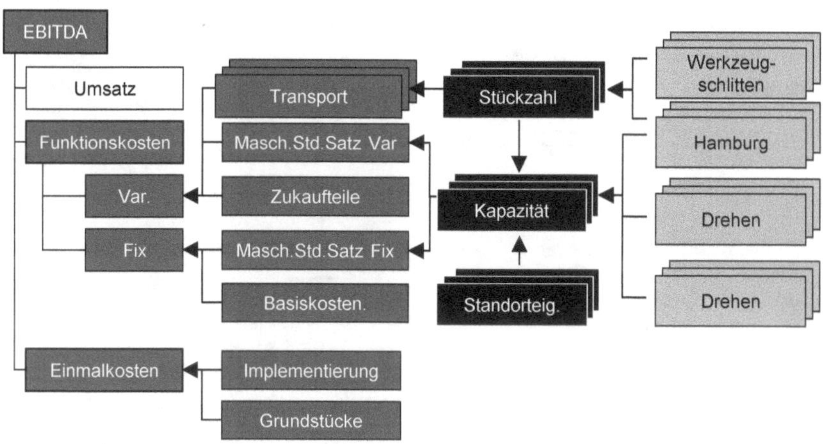

Abbildung 6-11: Treiberbaum mit wirtschaftlichen und kapazitiven Einflussfaktoren

Auf Basis der technischen und wirtschaftlichen Bewertung ergibt sich die erste vollständige Darstellung im Bewertungscockpit wie in Abbildung 6-12 dargestellt. Dieses bildet die Grundlage für den **zweiten Gestaltungsworkshop**.

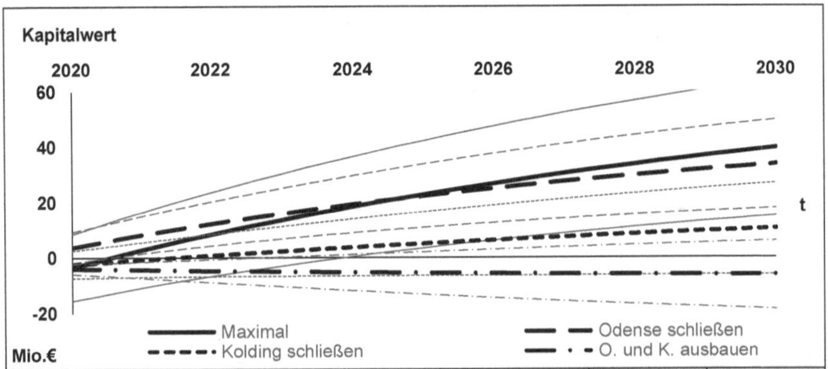

Alternative	Kapitalwert [Mio. €]	Amort.-zeit [a]	Int. Zinsfuß	Lieferzeit	Qualität	Flexibilität
Maximal	39,6	1,5	199%	☑	☑	☑
Odense verlagern	33,7	-	-	☑	☑	☑
Kolding verlagern	10,4	2,4	79%	☑	☑	☑
O. und K. ausbauen	-6,4	-	-	☑	☑	☑

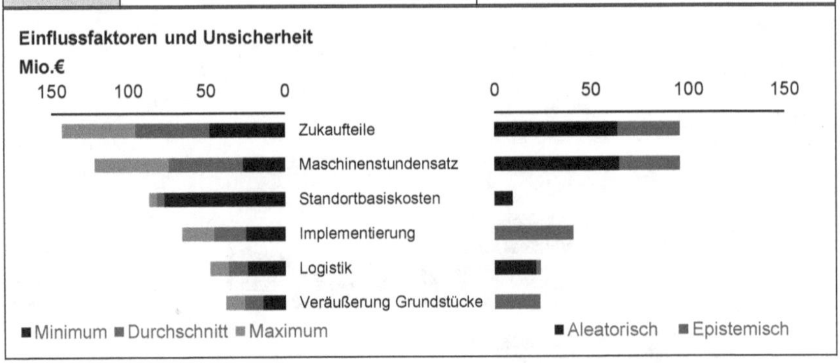

Abbildung 6-12: Bewertungscockpit zu Beginn des zweiten Gestaltungsworkshops

Es zeigt sich, dass die Alternative „Odense und Kolding ausbauen“ nicht vorteilhaft ist und mindestens von der Alternative „Odense verlagern“ absolut dominiert wird. Grund ist vor allem, dass zusätzliche Transportaufwände entstehen, denen keine signifikanten Einsparungen in der Produktion entgegenstehen. Die Alternative „Kolding verlagern“ scheint deutlich weniger wirtschaftlich zu sein als die Alternativen „Maximal“ und „Odense verlagern“. Aufgrund der Unsicherheit in der Bewertung wird diese Alternative aber noch nicht verworfen.

Zur weiteren Erforschung der Alternativen bietet sich vor allem eine weitere Untersuchung der Zukaufteile und der Maschinenstundensätze an. Da eine weitere Unterteilung des Kapazitätsmodells zeitintensiv ist, wird der Fokus zunächst auf die Zukaufteile gelegt. Die Einkaufsabteilung wird mit dem Einholen aktueller Angebote beauftragt. Die Einkaufspreise ändern sich jedoch nur unwesentlich im Vergleich zur Schätzung durch den Einkaufsleiter in der ersten Iterationsschleife. Die Alternative „Maximal" hat immer noch für eine Laufzeit von zehn Jahren einen etwa sechs Millionen Euro höheren Kapitalwert als die Alternative „Odense verlagern". Um zu prüfen, ob eine weitere Detaillierung des Kapazitätsmodells zielführend ist, wird in einem dritten Gestaltungsworkshop eine Sensitivitätsanalyse durchgeführt. Dazu wird der Differenzierungsfaktor auf Basis der kumulierten diskontierten wirtschaftlichen Einflussfaktoren ermittelt (vgl. Abbildung 6-13). Da die Alternative „Maximal" über einen Betrachtungszeitraum von zehn Jahren den höheren Kapitalwert aufweist, wird die Sensitivitätsanalyse so gestaltet, dass sie für die Alternative „Odense verlagern" möglichst vorteilhaft ist. Für Einflussfaktoren mit geringeren Kosten in diesem Szenario wird die obere Grenze, für Einflussfaktoren mit niedrigeren Kosten die untere Grenze verwendet.

	Maximal	Odense verlagern	D_{EF}	Ausprägung für Sensitivitätsanalyse
Maschinenstundensatz	36,4	33,7	2,7	Max
Logistik	20,4	23,1	-2,7	Min
Standortbasiskosten	20,8	39,4	-18,6	Min
Zukaufteile	47,2	52,2	-5	Min
Implementierung	8,3	23,5	-15,2	Min
Veräußerung Grundstürcke	6,7	13,1	-6,4	Min
	[m€]	[m€]	[m€]	

Abbildung 6-13: Ermittlung der Ausprägungen der Einflussfaktoren für die Sensitivätsanalyse

Abbildung 6-14 stellt die Ergebnisse der Sensitivitätsanalyse dar. Es zeigt sich, dass die Alternative „Maximal" auf lange Sicht vorteilhaft bleibt. Da die Amortisationszeit bei dieser Alternative mit 1,6 Jahren als kurz und damit wenig riskant beurteilt wird und die Alternative „Odense verlagern" keine strategischen Vorteile bietet, wird die Alternative „Maximal" ausgewählt.

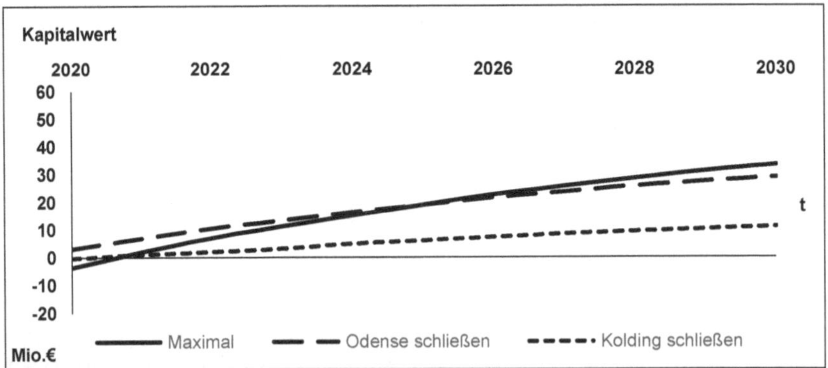

Alternative	Kapital- wert [Mio.€]	Amort.- zeit [a]	Int. Zinsfuß	Lieferzeit	Qualität	Flexibilität
Maximal	33,7	1,6	170%	☑	☑	☑
Odense verlagern	28,9	-	-	☑	☑	☑
Kolding verlagern	10,9	1,2	306%	☑	☑	☑

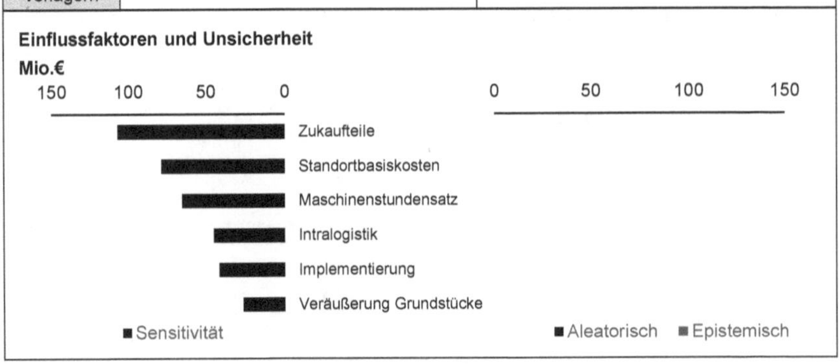

Abbildung 6-14: Bewertungscockpit der Senitivitätsanalyse

6.3 Kritische Reflexion der Ergebnisse

Die Durchführung der Standortauswahl eines Automobilzulieferers und der Überarbeitung der Netzwerkstruktur eines Werkzeugmaschinenherstellers haben gezeigt, dass sich der Entscheidungsprozess auf verschiedene Fragestellungen der Netzwerkgestaltung anwenden lässt. Der vergleichsweise geringe Aufwand im Entscheidungsprozess wurde durch die Entscheidungsträger in den Projekten bestätigt. Für eine empirische Beurteilung ist die Anzahl der Anwendungen und die

Zahl von Referenzentscheidungsprozessen jedoch nicht ausreichend. Der Standortauswahlprozess (Kapitel 6.1) wurde in acht aufeinander folgenden Arbeitstagen durchlaufen. Aufgrund der Fristigkeit des Angebots an den OEM wurde das Thema vom Management und den befragten Experten priorisiert. Die Aufwände in Personentagen (abgekürzt: PT) gliedern sich wie folgt:

Rollen im Entscheidungsprozess	Zeitaufwand bei der Standortauswahl eines Automobilzulieferers
Projektleitung	8 PT
Entscheidungskreis-Vorsitz	6 h (Gestaltungsworkshops)
Entscheidungskreis	6 h p.P. (Gestaltungsworkshops)
Projektteam	6 PT
Experten	4 Workshops a 1 h mit Produktionsexperten 3 PT Technologieexperte Umformen

Abbildung 6-15: Aufwände der an der Standortauswahl beteiligten Personen

KREBS gibt die Aufwände für eine konventionelle Standortbewertung mit 38 PT, für die Anwendung des von ihm entwickelten Vorgehens mit 48 PT an.[476] Die Aufwände für die Standortauswahl in Kapitel 6.1 liegen mit insgesamt etwa 20 PT deutlich darunter. Davon sind 6 PT für die Programmierung des Excel-Tools angefallen. Durch ein eigenständiges Softwaretool mit den in Kapitel 5.4 dargestellten Eingabemasken könnte sich der Aufwand durch den Wegfall der Modellprogrammierung vermutlich noch einmal um etwa vier bis sechs Tage verringern lassen. Dies zeigt das grundsätzliche Potenzial der Methode. Der Aufwand einer Standortauswahl kann nach Erfahrung des Autors jedoch je nach Offenheit der Fragestellung und Komplexität des Produktprogramms stark schwanken. Gleichzeitig liegen nur von KREBS überhaupt Aussagen zum Aufwand vor. Diese beziehen sich auch nur auf eine Standortauswahl. Eine systematische Analyse des Aufwands im Vergleich zu anderen bestehenden Ansätzen ist daher nicht möglich. Durch das Softwaretool lassen sich die

[476] Vgl. Krebs (2012) Bewertung vernetzter Produktionsstandorte, S. 152

Monte-Carlo-Simulation und Sensitivitätsanalysen allerdings schnell und aufwandarm durchführen.

Für die Berücksichtigung der Auswirkungen auf das Gesamtunternehmen ist anzumerken, dass durch den Verzicht auf die Berücksichtigung von Steuern und Kapitalkosten eine Vereinfachung vorgenommen wurde, um die Komplexität zu reduzieren. Die Methode lässt sich aber theoretisch auch auf wirtschaftliche Bewertungen wie den Market Value Added oder den vollständigen Finanzplan übertragen.

Die weiteren in Kapitel 4.1.1 aufgestellten inhaltlichen Anforderungen an die Methodik können als erfüllt angesehen werden: Bei der Entwicklung von Gestaltungsalternativen wird der Betrachtungsbereich systematisch hergeleitet, wodurch die Auswirkungen von Entscheidungen auf das Gesamtunternehmen dargestellt werden. Ein iteratives Vorgehen bei der Detaillierung der Modellierung entlang eines Treiberbaums ermöglicht in Kombination mit dem entwickelten Bewertungscockpit eine anforderungsgerechte Modellierung des Produktionsnetzwerks. Im Prinzip ist eine beliebig detaillierte Modellierung möglich. Durch die Visualisierung der Haupteinflussfaktoren und ihrer epistemischen und aleatorischen Unsicherheit erfolgt dies jedoch nur im erforderlichen Maß. Gleichzeitig sind dadurch die Anforderungen aus dem Bereich der Informationsbeschaffung erfüllt. Alle Prozessschritte und Rechenwege lassen sich – anders als beispielsweise beim Einsatz von Optimierungsmodellen – transparent nachvollziehen. Voraussetzung ist eine saubere Dokumentation von Annahmen und Ergebnissen aus Expertenbefragungen. Die Zwischenstände lassen sich durch das Bewertungscockpit von Entscheidungsträgern erfassen.

Die formalen Anforderungen sind ebenfalls erfüllt. Durch die explizite Abbildung der Unsicherheit der Modelle zur Bewertung des Netzwerks wird eine ausreichende Sicherheit in der Modellierung berücksichtigt. Die Genauigkeit der Modelle ist vom Detaillierungsgrad abhängig und beliebig genau ausführbar. Es werden quantitative Ergebnisse erzeugt, die reproduzierbar sind. Damit ist die formale Richtigkeit sichergestellt. Die Produktivität wurde durch die Anwendung der Methodik in zwei Beispielen gezeigt. Die Handhabbarkeit und der geringe Aufwand waren ebenfalls inhaltliche Anforderungen.

Insgesamt lässt somit feststellen, dass ein anwendungsorientierter Entscheidungsprozess entwickelt wurde, der mit geringem Aufwand Netzwerkentscheidungen aus unternehmerischer Perspektive aufbereiten und bewerten kann. Die Methodik lässt sich auf verschiedene Fragestellungen anwenden und je nach Bedarf flexibel detaillieren. Gleichzeitig entstehen dadurch große Freiheitsgrade, was Erfahrungswissen im Projektteam über das methodische Vorgehen sowie über das betrachtete Unternehmen und mögliche Informationsquellen zu einem wichtigen Erfolgsfaktor in der Anwendung macht.

7 Zusammenfassung und Ausblick

Globale Wertschöpfungsketten machen heute den Großteil des internationalen Handels aus. Dabei nimmt insbesondere der Anteil des intraorganisationalen Warenverkehrs stark zu. Es entstehen immer mehr eng verflochtene Produktionsnetzwerke. Unternehmen streben durch diese Produktionsnetzwerke Wettbewerbsvorteile, wie Markterschließung, Kosteneinsparungen oder Zugang zu neuen Technologien an. Im Laufe der Zeit entstehen aber aufgrund der Ausnutzung lokaler Opportunitäten in Kombination mit einer unstrukturierten Entwicklung des Gesamtnetzwerks häufig historisch gewachsene Strukturen, die weit hinter dem Potenzial des Produktionsnetzwerks zurückbleiben. Aufgrund der hohen Komplexität von Produktionsnetzwerken hat sich bis heute oft noch kein Vorgehen zur kontinuierlichen Entwicklung durchgesetzt, bei der die einzelnen Anpassungsentscheidungen im Gesamtkontext des Unternehmensnetzwerks betrachtet werden. Kapitel 2 hat gezeigt, dass Entscheidungsprozesse zur Netzwerkgestaltung heute nur unzureichend geeignet sind, um die Entscheidungskomplexität systematisch einzugrenzen und gleichzeitig qualitativ gute Entscheidungen unter Berücksichtigung von Unsicherheit zu treffen. Aufwand und Genauigkeit stehen sich diametral gegenüber. Gleichzeitig lassen sich aufwendige Modellierungen der Entscheidungssituation durch die Entscheider häufig nicht transparent nachvollziehen. Aus diesen Defiziten wurde der Handlungsbedarf aus der Praxis formuliert.

Im nachfolgenden Kapitel 3 wurden bestehende Ansätze zur Gestaltung von Produktionsnetzwerken mit dem Handlungsbedarf abgeglichen. Der Vergleich hat gezeigt, dass zwar Ansätze zur Berücksichtigung von Unsicherheit im Entscheidungsprozess existieren, diese jedoch nur auf einzelne Fragestellungen im Kontext der Netzwerkgestaltung anwendbar sind und nicht flexibel genug auf spezifische Fragestellungen adaptiert werden können. Häufig wird erst zum Ende des Entscheidungsprozesses deutlich, welche Einflussfaktoren wirklich relevant für die

Entscheidungsfindung sind. Gleichzeitig wird nicht unterschieden, ob die Faktoren unsicher sind, da ihre Entwicklung nicht sicher prognostiziert werden kann oder weil der vorliegende Informationsstand unzureichend ist. Dadurch wird eine fokussierte Informationsbeschaffung erschwert.

Auf Basis der Herausforderungen aus der Praxis und des Forschungsdefizits wurde in Kapitel 4 das Konzept einer Gestaltungsmethodik für Entscheidungsprozesse zur kontinuierlichen Gestaltung von Produktionsnetzwerken vorgestellt und im nachfolgenden Kapitel 5 detailliert. Die Gestaltungsmethodik basiert auf drei Kernideen: Durch Standardelemente bei Vorgehen, Modellierung, Berechnung und Visualisierung lässt sich Transparenz über den Entscheidungsprozess schaffen und Teilprozessschritte können automatisiert werden. Gleichzeitig bleibt der Prozess flexibel. Durch Treiberbäume lässt sich das Netzwerk zunächst stark aggregiert modellieren und mittels einer Analyse der Unsicherheit dort detaillieren, wo zusätzliche Informationen am meisten zum Erkenntnisgewinn in Hinblick auf die Entscheidungssituation beitragen. Die Einbettung der Elemente in einen agilen Entscheidungsprozess erlaubt schließlich eine enge Einbindung der Entscheidungsträger bei gleichzeitig weitgehender Autonomie des Projektteams.

Die Methodik untergliedert sich in vier aufeinander aufbauende Teilmodelle. Die Grundlage bildet ein Beschreibungsmodell zur Darstellung von Ausgangssituation und Gestaltungsalternativen. Das Modell stellt einerseits sicher, dass die Alternativen eindeutig und leicht verständlich beschrieben sind. Gleichzeitig erlaubt es die systematische Auswahl des Betrachtungsbereichs unter Berücksichtigung möglicher Remanenzeffekte. Den Gestaltungsalternativen lassen sich durch das nachfolgende Beschreibungsmodell bewertungsrelevante Einflussfaktoren zuordnen. Die Bewertung erfolgt anhand der übergeordneten Ziele der Netzwerkgestaltung, Qualität, Flexibilität, Zeit und Wirtschaftlichkeit. Qualität, Flexibilität und Zeit werden als qualifizierende Kriterien betrachtet. Sie müssen aus Kundensicht erfüllt sein, damit die betrachtete Alternative umsetzbar ist. Die technische Machbarkeit der Alternativen wird durch Methoden aus dem Lieferantenmanagement, der Fabrikplanung und der Logistikplanung bewertet. Die Wirtschaftlichkeit ist dagegen unter Voraussetzung der Erfüllung der anderen Ziele die Optimierungsgröße, nach der die technisch machbaren Alternativen unterschieden werden. Die Modellierung der wirtschaftlichen Einflussfaktoren folgt einem Treiberbaum, der sicherstellt, dass auch bei einer aggregierten Betrachtung der Entscheidungssituation alle relevanten

Einflussfaktoren berücksichtigt sind. Die Unsicherheit wird durch stochastische Prozesse erfasst, bei denen die aleatorische und epistemische Unsicherheit getrennt erfasst werden. Mittels einer Monte-Carlo-Simulation werden die Einflussfaktoren mit ihrer Unsicherheit numerisch erfasst und in einem Entscheidungscockpit zusammengefasst. Dieses bildet die Ausgangsbasis für einen iterativen, agilen Entscheidungsprozess. Durch eine klare Rollenzuordnung werden hierbei die Entscheidungsträger früh in den Prozess eingebunden. Es wird ihnen ermöglicht, Leitlinien zu setzen, innerhalb derer das Projektteam selbstständig an der Ausarbeitung einer iterativ genauer werdenden Entscheidungsvorlage arbeitet, bis eine Entscheidung getroffen werden kann. Durch die Erfassung der Unsicherheit der Einflussfaktoren wird das Projektteam befähigt, zielgerichtet Informationen zu beschaffen oder die Modellierung der wirtschaftlichen Einflussfaktoren zu detaillieren. Durch ein Softwaretool wird die Monte-Carlo-Simulation automatisiert und der Aufwand von Sensitiviätsanalysen stark reduziert.

Die Methodik wurde in Kapitel 6 bei der Standortauswahl eines Automobilzulieferers und bei der Überarbeitung der Netzwerkstruktur eines Werkzeugmaschinenherstellers angewendet. Dabei konnten die praktische Anwendbarkeit und der Mehrwert der Methodik für die Entscheidungsträger nachgewiesen werden. In beiden Fällen wurden unnötige Detailanalysen durch eine transparente Darstellung des Sachverhalts verhindert und die Entscheidungsdauer damit verkürzt.

Weiterer Forschungsbedarf besteht in der Einbettung der Methodik in einen übergeordneten Gesamtprozess zur kontinuierlichen Netzwerkgestaltung. Dazu sind insbesondere Methoden zur systematischen Identifikation von Anpassungsbedarfen und zur Überführung von Entscheidungssituationen in eine detaillierte Migrationsplanung erforderlich. Des Weiteren gewinnen ökologische und soziale Nachhaltigkeit zunehmend an Bedeutung. Beide Themen sind bisher nicht im Entscheidungsprozess berücksichtigt. Eine Möglichkeit wäre die Aufnahme weiterer qualifizierender Bewertungskriterien. Ebenso sind Kapitalkosten und Steuern bisher nicht im Modell berücksichtigt. Eine Berücksichtigung ist zwar wie in Kapitel 6.3 dargestellt möglich, führt in der Praxis aber häufig zu einem deutlichen Aufwandsanstieg. Effiziente Möglichkeiten der Berücksichtigung dieser Faktoren würden die Entscheidungsgüte weiter verbessern. Darüber hinaus werden die Alternativen in der vorgeschlagenen Methode auf Basis des Erfahrungswissens der

Prozessbeteiligten aufgestellt. Es ist somit wahrscheinlich, dass bessere Alternativen existieren. Während die in Kapitel 3.2 vorgestellten Entscheidungsmodelle auf Basis von Optimierung keine ausreichende Transparenz über den Entstehungsprozess bieten, würde eine transparente Methodik zur systematischen Herleitung der Alternativen möglicherweise die Entscheidungsqualität weiter verbessern.

8 Literaturverzeichnis

o.V. (2019)
13th International Conference on Applications of Statistics and Probability in Civil Engineering,, 2019

o.V. (2020)
2020 IEEE International Conference,, 2020

o.V. (2009)
27th Conference and Exposition on Structural Dynamics 2009 - (IMAC XXVII) ; Orlando, Florida, USA, 9 - 12 February 2009, Curran, Red Hook, NY, 2009

Abele, E. (2006)
Handbuch globale Produktion, Hanser, München, 2006

Abele, E.; Meyer, T.; Näher, U.; Strube, G.; Sykes, R. (2008)
Global Production - A Handbook for Strategy and Implementation, Springer-Verlag Berlin Heidelberg, Berlin, Heidelberg, 2008

Adam, D. (2014)
Planung und Entscheidung - Modelle - Ziele - Methoden, 4., Aufl. 1996. Softcover reprint of the original 4th ed. 1996; Betriebswirtschaftlicher Verlag Gabler, Wiesbaden, 2014

Ameri, F.; Stecke, K.; Cieminski, G. von; Kiritis, D. (2019)
Advances in production management systems - Towards smart production management systems ; IFIP WG 5.7 International Conference, APMS 2019 Austin, TX, USA, September 1-5, 2019 proceedings, Part II, Springer International Publishing, Cham, 2019

Balderjahn, I. (2000)
Standortmarketing, De Gruyter, 2000

be Isa, J.; Epha, H.; Braunreuther, S.; Reinhart, G. (2018)
Management of Reconfigurable Production Networks in Order-Based Production. In: Moon, I./Lee, G. M./ et al. (Hrsg.): Smart manufacturing for industry 4.0, Springer, Cham, 2018, S. 490 - 497.

Bea, F.; Friedl, B.; Schweitzer, M. (2011)
Allgemeine Betriebswirtschaftslehre - Bd. 2: Führung, 10 Aufl.; UTB Stuttgart, Stuttgart, 2011

Becker, H. P.; Peppmeier, A. (2018)
Investition und Finanzierung, Springer Fachmedien Wiesbaden, Wiesbaden, 2018

Behrens, B.-A.; Brosius, A.; Hintze, W.; Ihlenfeldt, S.; Wulfsberg, J. (2021)
Production at the leading edge of technology - Proceedings of the 10th Congress of the German Academic Association for Production Technology (WGP), Dresden, 23-24 September 2020, Springer, Berlin, 2021

Bellmann, K.; Hippe, A. (1996)
Management von Unternehmensnetzwerken - Interorganisationale Konzepte und praktische Umsetzung, Gabler Verlag, Wiesbaden, 1996

Benfer, M.; Ziegler, M.; Gützlaff, A.; Fränken, B.; Cremer, S.; Prote, J.-P.; Schuh, G. (2019)
Determination of the abstraction level in production network models. In: Procedia CIRP, 81. Jg., 2019, S. 198 - 203.

Binder, V. A.; Kantowsky, J. (1996)
Technologiepotentiale - Neuausrichtung der Gestaltungsfelder des Strategischen Technologiemanagements, Deutscher Universitätsverlag, Wiesbaden, s.l., 1996

Bocquet, J. (2007)
International Conference on Engineering Design (ICED'07). Paris, France, 2007, 28-31 August 2007.,, 2007

Bogner, A.; Littig, B.; Menz, W. (2009)
Experteninterviews - Theorien, Methoden, Anwendungsfelder, 3., grundlegend überarbeitete Auflage; VS Verlag für Sozialwissenschaften, Wiesbaden, 2009

Bolstorff, P.; Rosenbaum, R. (2012)
Supply Chain Excellence - A Handbook for Dramatic Improvement Using the SCOR Model, 3rd ed.; AMACOM, New York, 2012

Brambring, F. (2017)
Steigerung der Datenintegrität in der Produktionssteuerung, Dissertation, RWTH Aachen; IIF - Institut für Industriekommunikation und Fachmedien GmbH, 2017

Brandimarte, P. (2014)
Handbook in Monte Carlo simulation - Applications in financial engineering, risk management, and economics, John Wiley & Sons, Hoboken, New Jersey, 2014

Brauweiler, H.-C. (2019)
Risikomanagement in Unternehmen - Ein grundlegender Überblick für die Management-Praxis, 2., erweiterte und ergänzte Auflage; Springer Gabler, Wiesbaden, 2019

Bretzke, W.-R. (1980)
Der Problembezug von Entscheidungsmodellen, Mohr, Tübingen, 1980

Brunnberg, D. (2018)
Kapitalmarktkommunikation und Finanzanalysten, Dissertation, 2018

Buhmann, M.; Schön, M. (2009)
Dynamische Standortbewertung – Denken in Szenarien und Optionen. In: Kinkel, S. (Hrsg.): Erfolgsfaktor Standortplanung - In- und ausländische Standorte richtig bewerten, 2. Aufl.; Springer-Verlag, s.l., 2009, S. 279 - 299.

Bullinger, H.-J.; Spath, D.; Warnecke, H.-J.; Westkämper, E. (2009)
Handbuch Unternehmensorganisation - Strategien, Planung, Umsetzung, 3. neubearb. Aufl.; Springer-Verlag, s.l., 2009

Busse von Colbe, W.; Witte, F. (2018)
Investitionstheorie und Investitionsrechnung, 5., vollständig überarbeitete Auflage; Springer Gabler, Berlin, 2018

Capgemini (2012)
The Deciding Factor: Big Data & Decision Making,, 2012

Chehbi-Gamoura, S.; Derrouiche, R.; Damand, D.; Barth, M. (2020)
Insights from big Data Analytics in supply chain management: an all-inclusive literature review using the SCOR model. In: Production Planning & Control, Nr. 5, 31. Jg., 2020, S. 355 - 382.

Cheng, Y.; Farooq, S.; Johansen, J. (2015)
International manufacturing network - Past, present, and future. In: International Journal of Operations & Production Management, Nr. 3, 35. Jg., 2015, S. 392 - 429.

Cheng, Y.; Farooq, S.; Johansen, J.; O'Brien, C. (2019)
The management of international manufacturing networks: a missing link towards total management of global networks. In: Production Planning & Control, Nr. 2-3, 30. Jg., 2019, S. 91 - 95.

Christodoulou, P.; Fleet, D.; Hanson, P.; Phaal, R.; Probert, D.; Shi, Y. (2007)
Making the right things in the right places - A structured approach to developing and exploiting 'manufacturing footprint' strategy, University of Cambridge Institute for Manufacturing, Cambridge, 2007

o.V. (2019)
CIRP Annals Manufacturing Technology,, 2019

Coe, N. M.; Yeung, H. W.-c. (2015)
Global production networks - Theorizing economic development in an interconnected world, Oxford University Press, Oxford, 2015

Demeter, K. (2003)
Manufacturing strategy and competitiveness. In: International Journal of Production Economics, 81-82, 2003, S. 205 - 213.

DIN EN ISO 9002:2015-11 Qualitätsmanagementsysteme: Grundlagen und BegriffeBeuth Verlag GmbH, Berlin

Dombrowski, U.; Krenkel, P.; Wullbrandt, J. (2018)
Strategic Positioning of Production within the Generic Competitive Strategies. In: Procedia CIRP, 72. Jg., 2018, S. 1196 - 1201.

Domschke, W.; Drexl, A.; Klein, R.; Scholl, A. (2015)
Einführung in Operations Research, 9., überarbeitete und verbesserte Auflage 2015; Springer Gabler, Berlin, Heidelberg, 2015

Du, X.; Chen, W. (2000)
Methodology for Managing the Effect of Uncertainty in Simulation-Based Design. In: AIAA Journal, Nr. 8, 38. Jg., 2000, S. 1471 - 1478.

Dyckhoff, H. (2003)
Neukonzeption der ProduktionstheorieZeitschrift für Betriebswirtschaft, Springer, Berlin, Heidelberg, 2003, S. 705 - 732.

Dyckhoff, H. (2006)
Produktionstheorie - Grundzüge industrieller Produktionswirtschaft : mit 20 Tabellen, 5, überarb. Aufl.; Springer, Berlin, Heidelberg, 2006

ElMaraghy, H. (2005)
Flexible and reconfigurable manufacturing systems paradigms. In: International Journal of Flexible Manufacturing Systems, Nr. 4, 17. Jg., 2005, S. 261 - 276.

Erlach, K. (2010)
Wertstromdesign - Der Weg zur schlanken Fabrik, 2., bearb. und erweiterte Aufl.; Springer, Berlin, New York, 2010

Errasti, A. (2013)
Global production networks - Operations design and management, 2. ed.; CRC Press, Boca Raton, Fla., 2013

Felbermayr, G.; Sandkamp, A.; Mahlkow, H.; Gans, S. (2020)
Lieferketten in der Zeit nach Corona,, 2020

Ferdows, K. (1997)
Making the Most of Foreign Factories. In: Harvard Business Review, Nr. 75, 1997

Ferdows, K. (2018)
Keeping up with growing complexity of managing global operations. In: International Journal of Operations & Production Management, Nr. 2, 38. Jg., 2018, S. 390 - 402.

Ferdows, K.; Meyer, A. de (1990)
Lasting improvements in manufacturing performance: In search of a new theory. In: Journal of Operations Management, Nr. 2, 9. Jg., 1990, S. 168 - 184.

Ferdows, K.; Vereecke, A.; Meyer, A. de (2016)
Delayering the global production network into congruent subnetworks. In: Journal of Operations Management, 41. Jg., 2016, S. 63 - 74.

Fertsch, M. (2017)
24th International Conference on Production research (ICPR 2017) - Posnan, Poland, July 30-August 3, 2017, DEStech Publications, Lancaster, 2017

Folkeson, A.; Gralen, K.; Norell, M.; Sellgren, U. (2003)
Proceedings of ICED 03, the 14th International Conference on Engineering Design, 14th International Conference on Engineering Design (2003)

Förster, R.; Förster, A. (2018)
Einführung in die Fertigungstechnik - Lehrbuch für Studenten ohne Vorpraktikum, Springer Vieweg, Berlin, 2018

Friedli, T.; Mundt, A.; Thomas, S. (2014)
Strategic management of global manufacturing networks - Aligning strategy, configuration, and coordination, Springer Berlin Heidelberg, Berlin, Heidelberg, s.l., 2014

Friedman, M.; Savage, L. (1948)
The Utility Analysis of Choices Involving Risk. In: The University of Chicago Press (Hrsg.): Journal of Political Economy,, 1948, S. 279 - 304.

Gausemeier, J.; Fink, A.; Schlake, O. (1996)
Szenario-Management - Planen und Führen mit Szenarien, 2., bearb. Aufl.; Hanser, München, 1996

Gleißner, W.; Wolfrum, M. (2019)
Risikoaggregation und Monte-Carlo-Simulation - Schlüsseltechnologie für Risikomanagement und Controlling, Springer Fachmedien Wiesbaden, Wiesbaden, 2019

Gochermann, J. (2020)
Technologiemanagement - Technologien erkennen, bewerten und erfolgreich einsetzen, 1st ed. 2020, 2020

Gölzer, P.; Simon, L.; Cato, P.; Amberg, M. (2015)
Designing Global Manufacturing Networks Using Big Data. In: Procedia CIRP, 33. Jg., 2015, S. 191 - 196.

Gottmann, J. (2016)
Produktionscontrolling - Wertströme und Kosten optimieren, 1. Aufl. 2016; Springer Gabler, Wiesbaden, 2016

Götze, U. (2014)
Investitionsrechnung - Modelle und Analysen zur Beurteilung von Investitionsvorhaben, 7. Aufl.; Springer Gabler, Berlin, 2014

Grob, H. L. (2015)
Einführung in die Investitionsrechnung - Eine Fallstudiengeschichte, 5., vollständig überarbeitete und erweiterte Auflage; Verlag Franz Vahlen, München, 2015

Grundig, C.-G. (2009)
Fabrikplanung - Planungssystematik - Methoden - Anwendungen, 3., neu bearb. Aufl.; Hanser, München, 2009

Grünig, R.; Kühn, R. (2013)
Entscheidungsverfahren für komplexe Probleme - Ein heuristischer Ansatz, 4., korrigierte und überarb. Aufl.; Springer Gabler, Berlin, 2013

Günther, H.-O. (2005)
Supply Chain Management und Logistik - Optimierung, Simulation, Decision Support ; mit 84 Tabellen ; [Tagungsband], Physica-Verlag Heidelberg, Heidelberg, 2005

Günther, H.-O.; Tempelmeier, H. (2016)
Produktion und Logistik - Supply Chain und Operations Management, 12., verbesserte Auflage, 2016

Gutenberg, E. (1951)
Grundlagen der Betriebswirtschaftslehre - Erster Band Die Produktion, Springer Berlin Heidelberg, Berlin, Heidelberg, s.l., 1951

Harre, J. (2006)
Strategische Standortstrukturplanung für multinational produzierende Unternehmen, Shaker, Aachen, 2006

Hartkopf, M. (2013)
Systematik für eine kontinuierliche und langfristig ausgerichtete Planung technologischer und kapazitiver Werksentwicklungen, Fraunhofer-Verl., Stuttgart, 2013

Heinen, E. (1966)
Das Zielsystem der Unternehmung - Grundlagen betriebswirtschaftlicher Entscheidungen, Gabler Verlag, Wiesbaden, s.l., 1966

Hochdörffer, J.; Buergin, J.; Vlachou, E.; Zogopoulos, V.; Lanza, G.; Mourtzis, D. (2018)

Holistic approach for integrating customers in the design, planning, and control of global production networks. In: CIRP Journal of Manufacturing Science and Technology, 23. Jg., 2018, S. 98 - 107.

IEEE IEEM (2017)
2017 IEEE International Conference on Industrial Engineering & Engineering Management, IEEE, Piscataway, NJ (2017)

Jindal, A.; Sangwan, K. (2014)
Closed loop supply chain network design and optimisation using fuzzy mixed integer linear programming model. In: International Journal of Production Research, Nr. 14, 52. Jg., 2014, S. 4156 - 4173.

Jindal, A.; Sangwan, K. (2017)
Multi-objective fuzzy mathematical modelling of closed-loop supply chain considering economical and environmental factors. In: Annals of Operations Research, Nr. 1-2, 257. Jg., 2017, S. 95 - 120.

Jindal, A.; Sangwan, K.; Saxena, S. (2015)
Network Design and Optimization for Multi-product, Multi-time, Multi-echelon Closed-loop Supply Chain under Uncertainty. In: Procedia CIRP, 29. Jg., 2015, S. 656 - 661.

Jodlbauer, H. (2008)
Produktionsoptimierung - Wertschaffende sowie kundenorientierte Planung und Steuerung, Zweite, erweiterte Auflage; Springer-Verlag/Wien, Vienna, 2008

Jonen, A.; Harbrücker, U. (2019)
Investitionsrechenverfahren in der Praxis: aktueller Stand und historische Entwicklung, Duale Hochschule Baden-Württemberg Mannheim, 2019

Kaplan, R. S.; Cooper, R. (1999)
Prozesskostenrechnung als Managementinstrument, Campus-Verl., Frankfurt am Main, 1999

Kersten, W. (2014)
Next generation supply chains - Trends and opportunities, 1 ed.; epubli, Berlin, 2014

Kersting, G.; Wakolbinger, A. (2014)
Stochastische Prozesse, Birkhäuser, Basel, 2014

Kinkel, S. (2009)
Erfolgsfaktor Standortplanung - In- und ausländische Standorte richtig bewerten, 2. Aufl.; Springer-Verlag, s.l., 2009

Kiureghian, A.; Ditlevsen, O. (2009)
Aleatory or epistemic? Does it matter. In: Structural Safety, Nr. 2, 31. Jg., 2009, S. 105 - 112.

Klein, R.; Scholl, A. (2012)
Planung und Entscheidung - Konzepte, Modelle und Methoden einer modernen betriebswirtschaftlichen Entscheidungsanalyse, 2. Aufl.; Franz Vahlen, München, 2012

Knetsch, T. (2003)
Unsicherheiten in Ingenieurberechnungen,, 2003

Koberstein, A.; Lukas, E.; Naumann, M. (2013)
Integrated Strategic Planning of Global Production Networks and Financial Hedging under Uncertain Demands and Exchange Rates. In: Business Research, Nr. 2, 6. Jg., 2013, S. 215 - 240.

Kornmeier, M. (2007)
Wissenschaftstheorie und wissenschaftliches Arbeiten - Eine Einführung für Wirtschaftswissenschaftler, Physica-Verlag Heidelberg, Heidelberg, 2007

Kornwachs, K. (2013)
Technikwissenschaften - Erkennen - Gestalten - Verantworten, Springer Vieweg, Berlin, 2013

Krebs, P. (2012)
Bewertung vernetzter Produktionsstandorte unter Berücksichtigung multidimensionaler Unsicherheiten, Utz, München, 2012

Kreye; Melanie E; Goh; Yee Mey; Newnes; Linda B (2011)
Manifestation of uncertainty - a classification. In: ICED 11 - 18th International Conference on Engineering Design - Impacting Society Through Engineering Design., 2011, S. 96 - 107.

Kristianto, Y.; Gunasekaran, A.; Helo, P. (2017)
Building the "Triple R" in global manufacturing. In: International Journal of Production Economics, 183. Jg., 2017, S. 607 - 619.

Kubicek, H. (1976)
Heuristische Bezugsrahmen und heuristisch angelegte Forschungsdesign als Elemente einer Konstruktionsstrategie empirischer Forschung, Inst. für Unternehmungsführung im Fachbereich Wirtschaftswiss. d. Freien Univ, Berlin, 1976

Kupfer, S. (2020)
Investition in Innovation - Dynamische Investitionsstrategien bei technologischem Fortschritt und unter Unsicherheit, 1st ed. 2020, 2020

Lanza, G.; Ferdows, K.; Kara, S.; Mourtzis, D.; Schuh, G.; Váncza, J.; Wang, L.; Wiendahl, H.-P. (2019) Global Production Networks: Design and OperationCIRP Annals Manufacturing Technology, 2019

Lanza, G.; Moser, R. (2014)
Multi-objective optimization of global manufacturing networks taking into account multi-dimensional uncertainty. In: CIRP Annals, Nr. 1, 63. Jg., 2014, S. 397 - 400.

Large, R. (2015)
Logistikmanagement, De Gruyter, 2015

Laufenberg, L. (1996)
Methodik zur integrierten Projektgestaltung für die situative Umsetzung des simultaneous engineering, Als Ms. gedr; Shaker, Aachen, 1996

Laux, H.; Gillenkirch, R. M.; Schenk-Mathes, H. Y. (2014)
Entscheidungstheorie, 9., vollst. überarb. Aufl.; Springer Gabler, Berlin, 2014

Laux, H.; Gillenkirch, R. M.; Schenk-Mathes, H. Y. (2018)
Entscheidungstheorie, 10. Aufl. 2018; Springer Berlin Heidelberg, Berlin, Heidelberg, 2018

Lödding, H. (2016)
Verfahren der Fertigungssteuerung - Grundlagen, Beschreibung, Konfiguration, 3. Auflage; Springer Vieweg, Berlin, Heidelberg, 2016

Lotter, B.; Wiendahl, H.-P. (2012)
Montage in der industriellen Produktion - Ein Handbuch für die Praxis, 2. Aufl. 2013; Springer, Berlin, Heidelberg, 2012

Marchau, V. A. W. J.; Walker, W. E.; Bloemen, P. J. T. M.; Popper, S. W. (2019)
Decision making under deep uncertainty - From theory to practice, Springer, Cham, Switzerland, 2019

März, L.; Krug, W.; Rose, O.; Weigert, G. (2011)
Simulation und Optimierung in Produktion und Logistik - Praxisorientierter Leitfaden mit Fallbeispielen, Springer-Verlag Berlin Heidelberg, Berlin, Heidelberg, 2011

Merchiers, A. (2008)
Bewertung globaler Standortstrukturalternativen im Maschinenbau, Apprimus-Verl., Aachen, 2008

Merendino, A.; Dibb, S.; Meadows, M.; Quinn, L.; Wilson, D.; Simkin, L.; Canhoto, A. (2018)
Big data, big decisions - The impact of big data on board level decision-making. In: Journal of Business Research, 93. Jg., 2018, S. 67 - 78.

Meyer, T. (2006)
Globale Produktionsnetzwerke - Ein Modell zur kostenoptimierten Standortwahl, Shaker, Aachen, 2006

Miltenburg, J. (2005)
Manufacturing strategy - How to formulate and implement a winning plan, 2. ed.; Productivity Press, New York, NY, 2005

Mollemeier, A. (1997)
Integrierte Steuerung getakteter Variantenfließlinien, Gabler Edition Wissenschaft; Deutscher Universitätsverlag, Wiesbaden, s.l., 1997

Moon, I.; Lee, G.; Park, J.; Kiritsis, D.; Cieminski, G. von (2018)
Advances in Production Management Systems. Production Management for Data-Driven, Intelligent, Collaborative, and Sustainable Manufacturing - IFIP WG 5.7 International Conference, APMS 2018, Seoul, Korea, August 26-30, 2018, Proceedings, Part I, Springer International Publishing, Cham, 2018

Moon, I.; Lee, G.; Park, J.; Kiritsis, D.; Cieminski, G. von (2018)
Smart manufacturing for industry 4.0, Springer, Cham, 2018

Moser, E.; Stricker, N.; Lanza, G. (2016)
Risk Efficient Migration Strategies for Global Production Networks. In: Procedia CIRP, 57. Jg., 2016, S. 104 - 109.

Motet, G.; Bieder, C. (2017)
The illusion of risk control - What does it take to live with uncertainty?, Springer, Cham, Switzerland, 2017

Mourtzis, D.; Doukas, M. (2012)
Decentralized manufacturing systems review - Challenges and outlook. In: Logistics Research, Nr. 3-4, 5. Jg., 2012, S. 113 - 121.

Mourtzis, D.; Doukas, M. (2014)
Design and Planning of Manufacturing Networks for Mass Customisation and Personalisation: Challenges and Outlook. In: Procedia CIRP, 19. Jg., 2014, S. 1 - 13.

Neuner, C. (2009)
Konfiguration internationaler Produktionsnetzwerke unter Berücksichtigung von Unsicherheit, 1. Aufl.; Gabler Verlag / GWV Fachverlage GmbH Wiesbaden, Wiesbaden, 2009

Niknejad, A.; Petrovic, D. (2017)
Analysis of impact of uncertainty in global production networks' parameters. In: Computers & Industrial Engineering, 111. Jg., 2017, S. 228 - 238.

Nöcker, J. C. (2012)
Zustandsbasierte Fabrikplanung, 1. Aufl.; Apprimus-Verl., Aachen, 2012

Olhager, J.; Pashaei, S.; Sternberg, H. (2015)
Design of global production and distribution networks. In: International Journal of Physical Distribution & Logistics Management, Nr. 1/2, 45. Jg., 2015, S. 138 - 158.

Patzak, G. (1982)
Systemtechnik - Planung komplexer innovativer Systeme - Grundlagen, Methoden, Techniken, Springer Berlin Heidelberg, Berlin, Heidelberg, 1982

Pede, E. (2020)
Planning for resilience - New paths for managing uncertainty, Springer Nature; Springer, Cham, Switzerland, 2020

Pieper, M. (1994)
Das interregionale Standortwahlverhalten der Industrie in Deutschland - Konsequenzen für das kommunale Standortmarketing, Schwartz, Göttingen, 1994

Porter, M. (1993)
Competition in global industries, [Nachdr.]; Harvard Business School Press, Boston, Mass., 1993

Preußig, J. (2020)
Agiles Projektmanagement - Agilität und Scrum im klassischen Projektumfeld, 2. Auflage; Haufe-Lexware GmbH & Co. KG, Freiburg, 2020

Produ, T.; Laperrière, L.; Reinhart, G. (2016)
CIRP Encyclopedia of Production Engineering, Springer Berlin Heidelberg, Berlin, Heidelberg, 2016

Prote, J.-P. (2017)
Verursachungsgerechte Bewertung von Standortalternativen in Produktionsnetzwerken, Dissertation, RWTH Aachen, 2017

Raffée, H. (1974)
Grundprobleme der Betriebswirtschaftslehre, Vandenhoeck & Ruprecht, Göttingen, 1974

Rajabally, E.; Sen, P.; Whittle, S.; Dalton, J. (2003)
Combining evidence to justify the appropiate use of models in engineering design. In: Folkeson, A./Gralen, K./ et al. (Hrsg.): Proceedings of ICED 03, the 14th International Conference on Engineering Design,, 2003, 529-530 (exec. summ.).

Reilly, R. (1986)
The Markowitz Utility Function and Some Experimental Evidence for Small Speculative Risks. In: The Journal of Risk and Insurance, Nr. 4, 53. Jg., 1986, S. 724.

Reuter, C.; Prote, J.-P.; Stöwer, M. (2016)
Evaluation of Performance Differences between Manufacturing Sites. In: Procedia CIRP, 50. Jg., 2016, S. 342 - 347.

Richter, M. (2009)
Zur Güte von Beschreibungsmodellen - eine erkenntnistheoretische Untersuchung, Univ.-Bibliothek; Verl. proWiWi, Ilmenau, 2009

Rimpau, C. (2011)
Wissensbasierte Risikobewertung in der Angebotskalkulation für hochgradig individualisierte Produkte, Utz, München, 2011

Rittstieg, M. (2018)
Einflussfaktoren der Leistungsfähigkeit von Produktionsstandorten in globalen Produktionsnetzwerken, Dissertation, RWTH Aachen; IIF - Institut für Industriekommunikation und Fachmedien GmbH, 2018

Rocquigny, E. (2012)
Modelling Under Risk and Uncertainty - An Introduction to Statistical, Phenomenological and Computational Methods, 2nd ed.; John Wiley & Sons, Hoboken, 2012

Rodemann, N.; Niederau, M.; Thomas, K.; Gützlaff, A.; Schuh, G. (2021)
Systematization of Adaptation Needs in the Design of Global Production Networks. In: Behrens, B.-A./Brosius, A./ et al. (Hrsg.): Production at the leading edge of technology - Proceedings of the 10th Congress of the German Academic Association for Production Technology (WGP), Dresden, 23-24 September 2020, Springer, Berlin, 2021, S. 650 - 659.

Rogalski, S. (2009)
Entwicklung einer Methodik zur Flexibilitätsbewertung von Produktionssystemen - Messung von Mengen-, Mix- und Erweiterungsflexibilität zur Bewältigung von Planungsunsicherheiten in der Produktion, Univ.-Bibl; Univ.-Verl. Karlsruhe, Karlsruhe, 2009

Roland Berger Strategie Consultants (2012)
Mastering product complexity,, 2012

Romeike, F.; Hager, P. (2020)
Erfolgsfaktor Risiko-Management 4.0 - Methoden, Beispiele, Checklisten Praxishandbuch für Industrie und Handel, 4th ed. 2020, 2020

Rommelfanger, H. (2006)
Mathematik für Wirtschaftswissenschaftler III - Band 3: Differenzengleichungen - Differentialgleichungen - Wahrscheinlichkeitstheorie - Stochastische Prozesse, Springer Berlin Heidelberg, Berlin, Heidelberg, s.l., 2006

Rother, M.; Shook, J. (2009)
Learning to see - Value-stream mapping to create value and eliminate muda, Version 1.4; Lean Enterprise Inst, Cambridge, Mass., 2009

Rudberg, M.; Olhager, J. (2003)
Manufacturing networks and supply chains - An operations strategy perspective. In: Omega, Nr. 1, 31. Jg., 2003, S. 29 - 39.

Rudtsch, V. (2016)
Methodik zur Bewertung von Produktionssystemen in der frühen Entwicklungsphase, Dissertation, Universität Paderborn, 2016

Saaty, T. (1977)
A scaling method for priorities in hierarchical structures. In: Journal of Mathematical Psychology, Nr. 3, 15. Jg., 1977, S. 234 - 281.

Sager, B. (2019)
Konfiguration globaler Produktionsnetzwerke, utzverlag GmbH, München, 2019

Schacht, U. (2009)
Praxishandbuch Unternehmensbewertung, Springer Fachmedien, Wiesbaden, 2009

Schäffler, S. (2017)
Verallgemeinerte stochastische Prozesse - Modellierung und Anwendung technischer Rauschprozesse, Springer Spektrum, Berlin, 2017

Schenk, M.; Wirth, S. (2004)
Fabrikplanung und Fabrikbetrieb - Methoden für die wandlungsfähige und vernetzte Fabrik, Springer-Verlag Berlin Heidelberg, Berlin, Heidelberg, 2004

Schenk, M.; Wirth, S.; Müller, E. (2014)
Fabrikplanung und Fabrikbetrieb - Methoden für die wandlungsfähige, vernetzte und ressourceneffiziente Fabrik, 2., vollständig überarbeitete und erweiterte Auflage 2014; Springer Vieweg, Berlin, 2014

Schmitz, S. (2015)
Gestaltungsmethodik für eine Produktstruktur variantenreicher rotationssymmetrischer Bauteile, 1. Aufl.; Apprimus-Verl., Aachen, 2015

Schmitz, T. (2018)
Kalibrierte Kostenmodellierung von Produktallokationen in Produktionsnetzwerken unter Berücksichtigung externe Unsicherheiten, Dissertation, RWTH Aachen; Fraunhofer-Institut für Produktionstechnologie IPT, 2018

Schneeweiß, H. (1967)
Entscheidungskriterien bei Risiko, Springer, Berlin, Heidelberg, 1967

Schuh, G. (2015)
Leitfaden zur Baukastengestaltung - Ergebnisse des Forschungsprojekts Gestaltung innovativer Baukasten- und Wertschöpfungsstrukturen (GiBWert) ; ... innerhalb des Rahmenkonzeptes "Foschung für die Produktion von morgen", VDMA Verl., Stuttgart, 2015

Schuh, G.; Gützlaff, A.; Thomas, K.; Rodemann, N. (2020)
Framework for the Proactive Identification of Adaptation Needs in the Configuration of Global Production Networks2020 IEEE International Conference,, 2020, S. 69 - 73.

Schuh, G.; Potente, T.; Varandani, R.; Schmitz, T. (2014)
Global Footprint Design based on genetic algorithms – An "Industry 4.0" perspective. In: CIRP Annals, Nr. 1, 63. Jg., 2014, S. 433 - 436.

Schuh, G.; Prote, J.-P.; Dany, S. (2017)
Reference process for the continuous design of production networks. In: IEEE IEEM (Hrsg.): 2017 IEEE International Conference on Industrial Engineering & Engineering Management, IEEE, Piscataway, NJ, 2017, S. 446 - 449.

Schuh, G.; Prote, J.-P.; Fränken, B.; Dany, S.; Gützlaff, A. (2018)
Reduction of Decision Complexity as an Enabler for Continuous Production Network Design. In: Moon, I./Lee, G. M./ et al. (Hrsg.): Advances in Production Management Systems. Production Management for Data-Driven, Intelligent, Collaborative, and Sustainable Manufacturing - IFIP WG 5.7 International Conference, APMS 2018, Seoul, Korea, August 26-30, 2018, Proceedings, Part I, Springer International Publishing, Cham, 2018, S. 246 - 253.

Schuh, G.; Prote, J.-P.; Fränken, B.; Gützlaff, A. (2017)
Assessment of production network scenarios based on economic value added. In: Fertsch, M. (Hrsg.): 24th International Conference on Production research (ICPR 2017) - Posnan, Poland, July 30-August 3, 2017, DEStech Publications, Lancaster, 2017, S. 116 - 121.

Schuh, G.; Prote, J.-P.; Gützlaff, A.; Ays, J.; Donner, A. (2019)
Fixed Cost Management as an Enabler for Agile Manufacturing Networks. In: Procedia Manufacturing, 39. Jg., 2019, S. 625 - 634.

Schuh, G.; Prote, J.-P.; Gützlaff, A.; Henk, S. (2019)
Handling Uncertainties in Production Network Design. In: Ameri, F.;Stecke, K. E. et al. (Hrsg.): Advances in production management systems - Towards smart production management systems ; IFIP WG 5.7 International Conference, APMS 2019 Austin, TX, USA, September 1-5, 2019 proceedings, Part II, Springer International Publishing, Cham, 2019, S. 43 - 50.

Schuh, G.; Prote, J.-P.; Sauermann, F.; Franzkoch, B. (2019)
Databased prediction of order-specific transition times. In: CIRP Annals, Nr. 1, 68. Jg., 2019, S. 467 - 470.

Schuh, G.; Reuter, C.; Prote, J.-P.; Stöwer, M.; Witthohn, C.; Fränken, B. (2016)
Konsortial-Benchmarking - Gestaltung von globalen Produktionsnetzwerken, AWD, Alsdorf, Rheinl, 2016

Schweitzer, M.; Küpper, H.-U. (1997)
Produktions- und Kostentheorie - Grundlagen - Anwendungen, 2., vollständig überarbeitete und wesentlich erweiterte Auflage; Gabler Verlag, Wiesbaden, 1997

Sedehi, O.; Teymouri, D.; Katafygiotis, L.; Papadimitriou, C. (2019)
Quantification of Aleatory Uncertainty in Modal Updating Problems using a New Hierarchical Bayesian Framework13th International Conference on Applications of Statistics and Probability in Civil Engineering,, 2019

Shi, Y.; Gregory, M. (1998)
International manufacturing networks-to develop global competitive capabilities. In: Journal of Operations Management, Nr. 2-3, 16. Jg., 1998, S. 195 - 214.

Spetzler, C. S. (2016)
Decision quality - Value creation from better business decisions, John Wiley & Sons Inc, Hoboken, New Jersey, 2016

Sprenger, P.; Parlings, M.; Hegmanns, T. (2014)
Planning Approach for Robust Manufacturing Footprint Decisions. In: Kersten, W. (Hrsg.): Next generation supply chains - Trends and opportunities, 1 ed.; epubli, Berlin, 2014, S. 29 - 47.

Srai, J.; Christodoulou, P. (2014)
Capturing value from global networks - Strategic approaches to configuring international production, supply and service operations, Institute for Manufacturing Department of Engineering, Cambridge, United Kingdom, 2014

Stachowiak, H. (1973)
Allgemeine Modelltheorie, Springer, Wien, 1973

Stadtler, H. (2005)
Supply chain management and advanced planning—basics, overview and challenges. In: European Journal of Operational Research, Nr. 3, 163. Jg., 2005, S. 575 - 588.

Staritz, C.; Gereffi, G.; Cattaneo, O. (2010)
Global value chains in a postcrisis world - A development perspective, World Bank, Washington, D.C, 2010

Steglich, M.; Feige, D.; Klaus, P. (2016)
Logistik-Entscheidungen, De Gruyter, 2016

Steven, M.; Klünder, T. (2020)
Big Data - Anwendung und Nutzungspotenziale in der Produktion, 1. Auflage; Verlag W. Kohlhammer, Stuttgart, 2020

Stoffel, M. (2016)
V-Modell zur Auslegung großer Produktionsnetzwerke, 1. Auflage; Apprimus Verlag, Aachen, 2016

Svetlova, E.; van Elst, H. (2012)
How is non-knowledge represented in economic theory?,, 2012

Swiler, L.; Swiler, P.; Mayes, R. (2009)
Epistemic uncertainty quantification tutorial27th Conference and Exposition on Structural Dynamics 2009 - (IMAC XXVII) ; Orlando, Florida, USA, 9 - 12 February 2009, Curran, Red Hook, NY, 2009, S. 1005 - 1021.

Tempelmeier, H. (2018)
Planung logistischer Systeme, Springer Vieweg, Berlin, 2018

The University of Chicago Press (1948)
Journal of Political Economy,, 1948

Theyel, G.; Hofmann, K.; Gregory, M. (2018)
Understanding Manufacturing Location Decision Making: Rationales for Retaining, Offshoring, Reshoring, and Hybrid Approaches. In: Economic Development Quarterly, Nr. 4, 32. Jg., 2018, S. 300 - 312.

Thommen, J.-P. (2007)
Betriebswirtschaftslehre, 7., überarb. Auflage; Versus Verlag AG, Zürich, 2007

Thommen, J.-P. (2008)
Lexikon der Betriebswirtschaft - Managementkompetenz von A bis Z, 4., überarb. und erw. Aufl.; Versus-Verl., Zürich, 2008

Thommen, J.-P. (2008)
Managementorientierte Betriebswirtschaftslehre, 8., überarb. und erw. Auf; Versus-Verl., Zürich, 2008

Thunnissen, D. (2003)
Uncertainty Classification for the Design and Development of Complex Systems. In: PMC2003 - 3rd Annual Predictive Methods Conference, 2003

Tiwari, S.; Wee, H.; Daryanto, Y. (2018)
Big data analytics in supply chain management between 2010 and 2016: Insights to industries. In: Computers & Industrial Engineering, 115. Jg., 2018, S. 319 - 330.

Tomczak, T. (1992)
Forschungsmethoden in der Marketingwissenschaft. Ein Plädoyer für den qualitativen Forschungsansatz. In: Marketing ZFP, Nr. 2, 14. Jg., 1992, S. 77 - 87.

Tröger, P. (2018)
Unsicherheit und Uneindeutigkeit in Verlässlichkeitsmodellen, Springer Vieweg, Wiesbaden, 2018

Ude, J. (2010)
Entscheidungsunterstützung für die Konfiguration globaler Wertschöpfungsnetzwerke - Ein Bewertungsansatz unter Berücksichtigung multikriterieller Zielsysteme, Dynamik und Unsicherheit, Shaker, Aachen, 2010

Ulrich, H.; Dyllick, T.; Probst, G. J. B. (1984)
Management, Haupt, Bern, 1984

Ulrich, H.; Probst, G. J. (1991)
Anleitung zum ganzheitlichen Denken und Handeln - Ein Brevier für Führungskräfte, 3. Aufl.; Haupt, Bern, 1991

Ulrich, H.; Schwaninger, M. (2001)
Systemorientiertes Management - Das Werk von Hans Ulrich ; [Auszug aus dem Werk von Hans Ulrich, Studienausg; Haupt, Bern, 2001

Ulrich, P.; Hill, W. (1976)
Wissenschaftstheoretische Grundlagen der Betriebswirtschaftslehre (Teil I) Wirtschaftswissenschaftliches Studium: Zeitschrift für Ausbildung und Hochschulkontakt, Beck, München, 1976, S. 304 - 309.

Váncza, J. (2016)
Production Networks. In: Produ, T. I. A. f./Laperrière, L./ et al. (Hrsg.): CIRP Encyclopedia of Production Engineering, Springer Berlin Heidelberg, Berlin, Heidelberg, 2016, S. 1 - 8.

Varandani, R. M. (2014)
Managementkomplexität als Gestaltungsgröße kostenoptimierter globaler Produktionsnetzwerke, 1. Aufl.; Apprimus-Verl., Aachen, 2014

Walker, W.; Harremoës, P.; Rotmans, J.; van der Sluijs, J.; van Asselt, M.B.A.; Janssen, P.; Krayer von Krauss, M. (2003)
Defining Uncertainty - A Conceptual Basis for Uncertainty Management in Model-Based Decision Support. In: Integrated Assessment, Nr. 4, 2003, S. 5 - 17.

Wander, C. (2018)
Logistik und Wettbewerb - Zur Rolle logistischer (Re-)Organisation in einer wettbewerbsbasierten Marktwirtschaft, 1st, New ed.; Peter Lang GmbH Internationaler Verlag der Wissenschaften, Frankfurt a.M, 2018

Weck, O. de; Eckert, C.; Clarkson, J. (2007)
A Classification of Uncertainty for Early Product and System Design. In: Bocquet, J. C. (Hrsg.): International Conference on Engineering Design (ICED'07). Paris, France, 2007, 28-31 August 2007.,, 2007

Westkämper, E.; Decker, M. (2006)
Einführung in die Organisation der Produktion, Springer-Verlag Berlin Heidelberg, Berlin, Heidelberg, 2006

Wiendahl, H.-P. (1997)
Fertigungsregelung - Logistische Beherrschung von Fertigungsabläufen auf Basis des Trichtermodells, Hanser, München, 1997

Wiendahl, H.-P. (2005)
Planung modularer Fabriken - Vorgehen und Beispiele aus der Praxis, Hanser, München, 2005

Wiendahl, H.-P.; ElMaraghy, H.; Nyhuis, P.; Zäh, M.; Wiendahl, H.-H.; Duffie, N.; Brieke, M. (2007)
Changeable Manufacturing - Classification, Design and Operation. In: CIRP Annals, Nr. 2, 56. Jg., 2007, S. 783 - 809.

Wiendahl, H.-P.; Nofen, D.; Klußmann, J.; Breitenbach, F. (2005)
Planung modularer Fabriken. In: Wiendahl, H.-P. (Hrsg.): Planung modularer Fabriken - Vorgehen und Beispiele aus der Praxis, Hanser, München, 2005, S. I - XIV.

Wiezorrek, A. (2017)
Beitrag zur Konfiguration von globalen Wertschöpfungsnetzwerken, Technische Universität Dortmund, 2017

o.V. (1976)
Wirtschaftswissenschaftliches Studium : Zeitschrift für Ausbildung und Hochschulkontakt, Beck, München, 1976

Wöhe, G.; Döring, U.; Brösel, G. (2016)
Einführung in die allgemeine Betriebswirtschaftslehre, 26., überarbeitete und aktualisierte Auflage; Verlag Franz Vahlen, München, 2016

o.V. **(2003)**
Zeitschrift für Betriebswirtschaft, Springer, Berlin, Heidelberg, 2003

9 Anhang

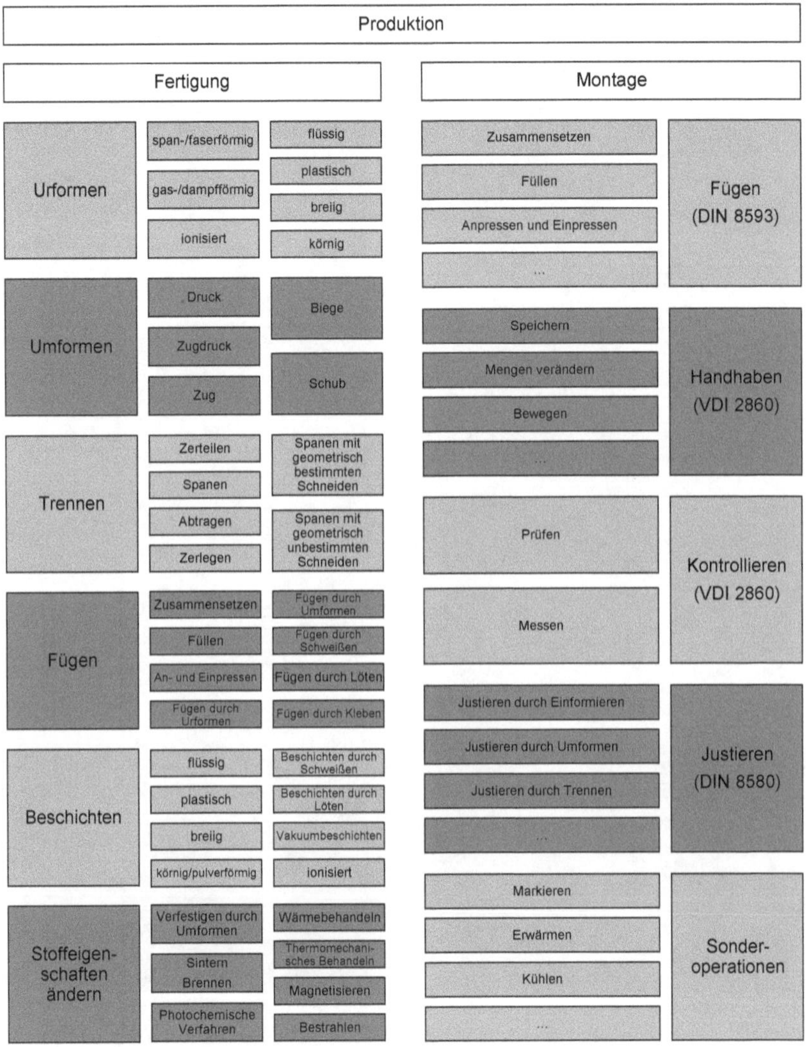

Abbildung 9-1: Einteilung der Fertigungs- und Montageverfahren [477]

[477] Eigene Darstellung in Anlehung an Förster, Förster (2018) Einführung in die Fertigungstechnik, S. 23 ff., Lotter, Wiendahl (2012) Montage in der industriellen Produktion, S. 2

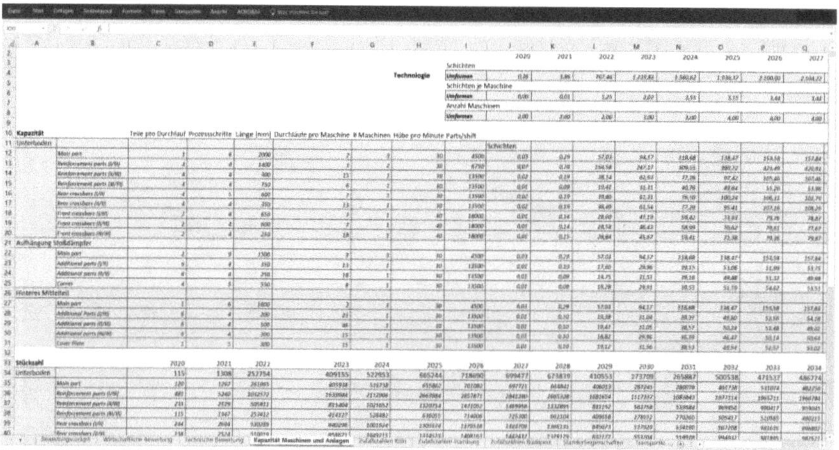

Abbildung 9-2: *Modellierung von Stückzahlen und Kapazitäten im Softwaretool*

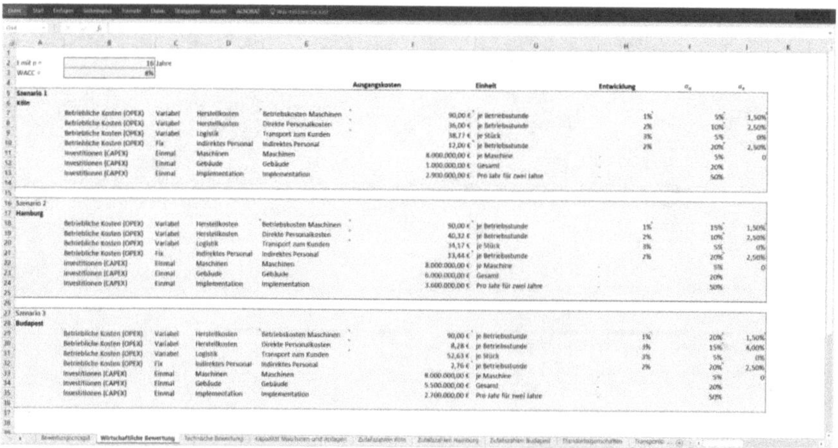

Abbildung 9-3: *Modellierung der wirtschaftlichen Einflussfaktoren und ihrer Unsicherheit im Softwaretool*

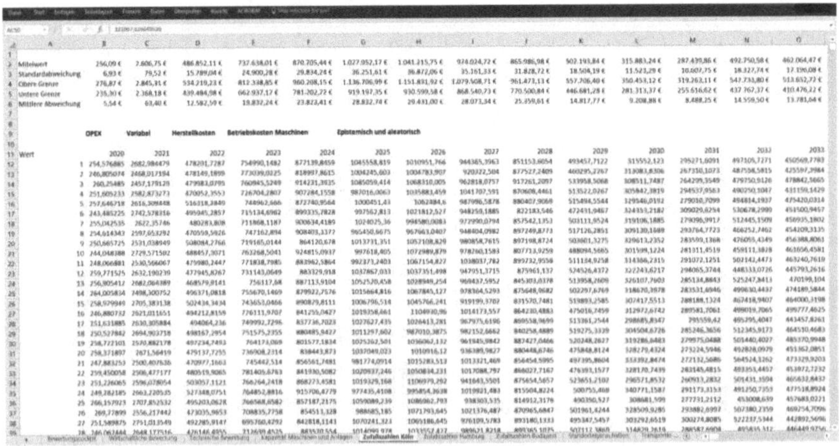

Abbildung 9-4: **Auszug aus den numerischen Ergebnissen der Monte-Carlo-Simulation im Softwaretool**

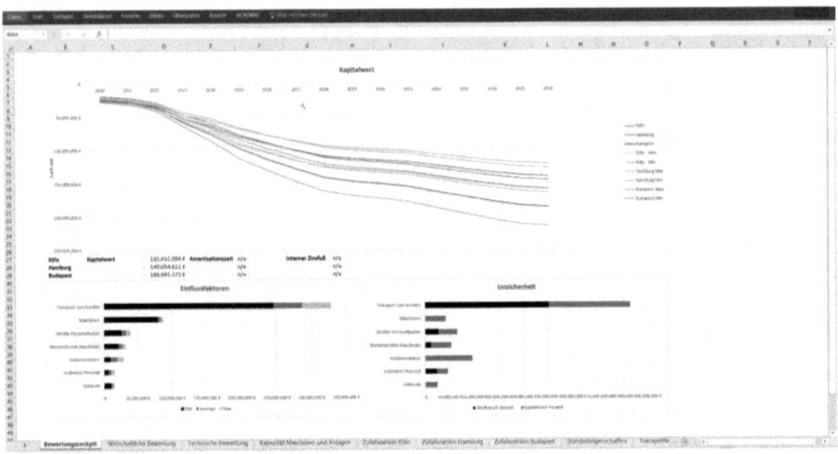

Abbildung 9-5: **Bewertungscockpit zur ersten Entscheidungssituation im Softwaretool**

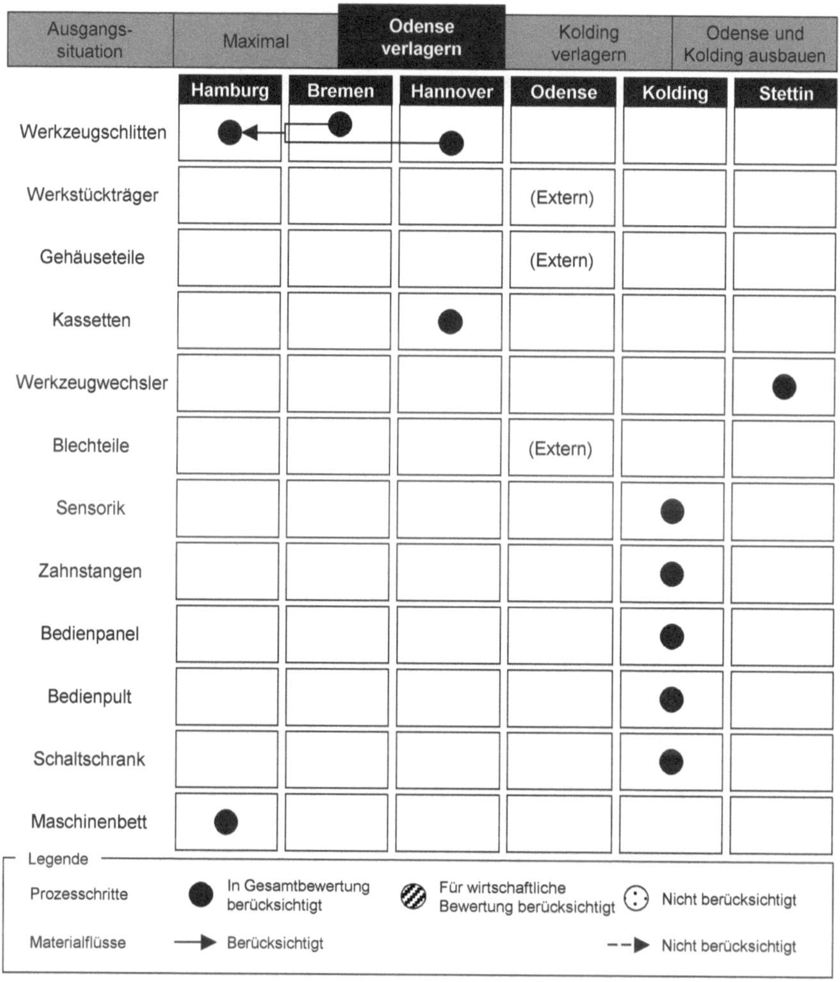

***Abbildung 9-6:** Allokation der betrachteten Produktfamilien in der Alternative Odense verlagern*

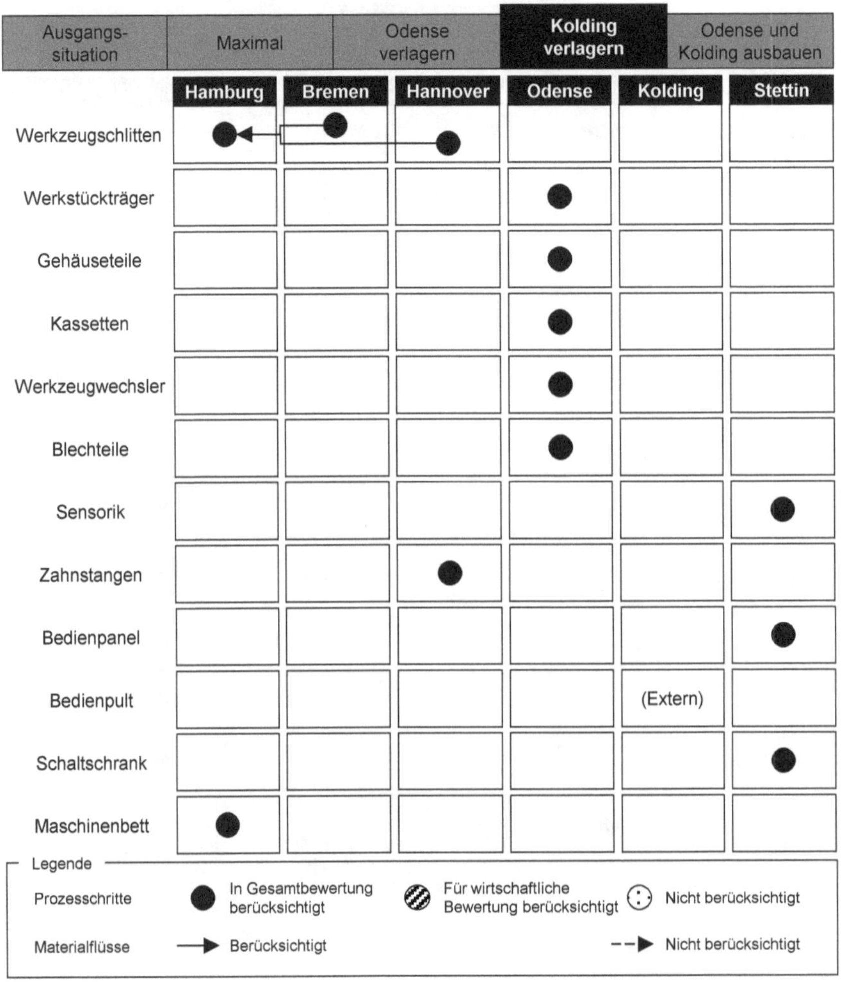

Abbildung 9-7: Allokation der betrachteten Produktfamilien in der Alternative Kolding verlagern

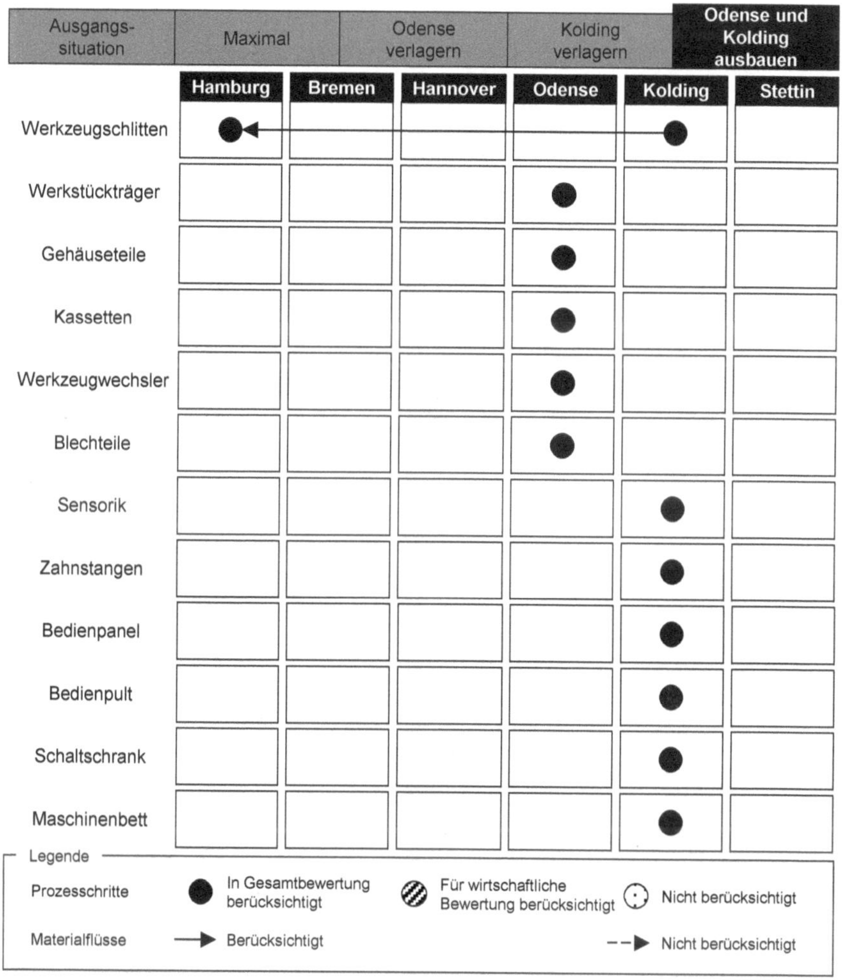

Abbildung 9-8: Allokation der betrachteten Produktfamilien in der Alternative Odense und Kolding ausbauen

In der Reihe **Ergebnisse aus der Produktionstechnik** zuletzt erschienen:

Goertz, David:
Gestaltungsmodell für eine vernetzte adaptive Montage im Werkzeugbau
ISBN 978-3-98555-072-2
Erscheinungsdatum: 05.05.2022

Wollbrink, Moritz:
Methodik zur Integration pulverbettbasierter additiver Fertigungstechnologien in Fertigungsprozessketten
ISBN 978-3-98555-070-8
Erscheinungsdatum: 22.04.2022

Menges, Alexander:
Bewertung von Produktvarianten mittels Process Data Mining
ISBN 978-3-98555-066-1
Erscheinungsdatum: 13.04.2022

Krauß, Jonathan:
Optimizing Hyperparameters for Machine Learning Algorithms in Production
ISBN 978-3-98555-020-3
Erscheinungsdatum: 13.04.2022

Schwenzer, Max:
Closing the Loop of Model Predictive Force Control in Milling with Ensemble Kalman Filtering
ISBN 978-3-98555-057-9
Erscheinungsdatum: 11.04.2022

Scholz, Paul:
Applikation maschinell lernender Systeme in der vernetzten adaptiven Produktion
ISBN 978-3-98555-069-2
Erscheinungsdatum: 28.04.2022

Ochs, Jelena Katherina:
Model-Based Process Prediction for Predictive-Reactive Scheduling in Automated Stem Cell Production
ISBN 978-3-98555-059-3
Erscheinungsdatum: 22.04.2022

Fränken, Bastian:
Standortrollen in Produktionsnetzwerken
ISBN 978-3-98555-052-4
Erscheinungsdatum: 13.04.2022

Schäfer, Alexander:
Werkzeugseitiger Einsatz von NiTi-FGL zur Verbesserung der dynamischen Prozessstabilität bei der Fräsbearbeitung
ISBN 978-3-98555-060-9
Erscheinungsdatum: 11.04.2022

Grünebaum, Timm:
Methodik zur Gestaltung von Technologieketten und Prozessfolgen nach lebensphasenübergreifend ökologisch-ökonomischen Kriterien
ISBN 978-3-98555-043-2
Erscheinungsdatum: 24.03.2022

Edition Wissenschaft
Apprimus

Gützlaff, Andreas:
Entscheidungsprozess zur kontinuierlichen Gestaltung von Produktionsnetzwerken
ISBN 978-3-98555-058-6
Erscheinungsdatum: 22.03.2022

Patzwald, Marc:
Entwicklung von Technologiestrategien in einem volatilen Unternehmensumfeld
ISBN 978-3-98555-044-9
Erscheinungsdatum: 16.03.2022

Galland, Laura:
An Empiric Quality Control Framework to Enhance Conventional Manufacturing
ISBN 978-3-98555-054-8
Erscheinungsdatum: 01.03.2022

Boshof, Julian:
Definition und Auslegung von datenbasierten Dienstleistungen im Werkzeugbau
ISBN 978-3-98555-039-5
Erscheinungsdatum: 11.02.2022

Hermann, Lennard Wolfgang:
Cost-Efficient Design of Adaptations for Manufacturing Process Sequences of Safety-Critical Components
ISBN 978-3-98555-040-1
Erscheinungsdatum: 09.02.2022

Flender, Jerome:
Interdisziplinäre Spezifikation produktionstechnischer Systeme
ISBN 978-3-98555-032-6
Erscheinungsdatum: 26.01.2022

Hardt, Marvin:
Modeling the Material Behavior under Metal Cutting Conditions
ISBN 978-3-98555-045-6
Erscheinungsdatum: 16.03.2022

Buschhoff, Clemens:
Beitrag zur Qualitätssicherung beim in-situ Tape-Legen komplexer Laminate
ISBN 978-3-98555-047-0
Erscheinungsdatum: 14.03.2022

Zhou, Beiyan:
Model Predictive Control Strategy to Coordinate Production Planning and Building Automation
ISBN 978-3-98555-042-5
Erscheinungsdatum: 15.02.2022

Scholz, Patrick:
Methodik zur potenzial- und risikobasierten Technologiebewertung
ISBN 978-3-98555-046-3
Erscheinungsdatum: 10.02.2022

Vallarelli Guerreiro, Bruno:
Smart Retrofitting as a Structured Approach for an Organization to Implement Industry 4.0 Using its Existing Resources
ISBN 978-3-98555-041-8
Erscheinungsdatum: 09.02.2022

Frank, Daniel:
Selbstoptimierendes Haptikprüfsystem
ISBN 978-3-98555-027-2
Erscheinungsdatum: 14.01.2022

Edition Wissenschaft
Apprimus

FSC
www.fsc.org
MIX
Papier | Fördert gute Waldnutzung
FSC® C083411

Zeitfracht Medien GmbH
Ferdinand-Jühlke-Straße 7
99095 Erfurt, Deutschland
produktsicherheit@kolibri360.de